知行合一

实现价值驱动的
敏捷和精益开发

丛斌 著

UNITY OF
LEARNING AND DOING:

Value Driven Agile and
Lean Software Development

人民邮电出版社

北 京

图书在版编目（ＣＩＰ）数据

知行合一：实现价值驱动的敏捷和精益开发 / 丛斌
著. -- 北京 ： 人民邮电出版社，2017.10（2021.6重印）
ISBN 978-7-115-46556-6

Ⅰ．①知… Ⅱ．①丛… Ⅲ．①软件开发—研究 Ⅳ.
①TP311.52

中国版本图书馆CIP数据核字(2017)第196352号

内 容 提 要

本书是作者几十年从事软件工程教学、咨询和研究的一个总结，它从软件产品开发的"软""易变""非线性增长复杂度""创新"等特点入手，系统讨论了软件工程自身的特殊性，清楚揭示了我们遵循几十年的借鉴传统行业开发模式的方法不能高效匹配软件开发，导致软件工程成为低效工程领域的原因。本书系统探讨了从瀑布模式到敏捷模式转型的成功实践，在特定企业环境下让敏捷在组织、团队、项目中落地，并使其价值最大化，摆脱常见的"形似神不似"的敏捷实施。本书关于 CMMI 和敏捷开发模式结合的内容对国内众多的 CMMI 企业有很好的现实意义，二者的互补性使其结合弥补了各自的不足，使企业能更好地提升其开发过程的能力。如何将新一代精益开发的原则、实践移植到软件开发中的内容是本书另一个亮点。

各类软件组织的管理人员、技术人员、质量控制人员和过程改进人员都可以从本书中获得所需的知识，本书也可以作为高校软件工程相关课程的参考书。

◆ 著　　　　　丛　斌
　　责任编辑　杨海玲
　　责任印制　焦志炜

◆ 人民邮电出版社出版发行　　北京市丰台区成寿寺路 11 号
　　邮编　100164　　电子邮件　315@ptpress.com.cn
　　网址　http://www.ptpress.com.cn
　　北京捷迅佳彩印刷有限公司印刷

◆ 开本：720×960　1/16
　　印张：18.5
　　字数：350 千字　　　　　　　　2017 年 10 月第 1 版
　　印数：5 001 – 5 300 册　　　　2021 年 6 月北京第 10 次印刷

定价：109.80 元
读者服务热线：(010)81055410　　印装质量热线：(010)81055316
反盗版热线：(010)81055315
广告经营许可证：京东市监广登字 20170147 号

对本书的赞誉

多年来，北京直真科技股份有限公司在丛斌博士的指导下，开展了 CMMI ML5 与敏捷、精益相结合的软件工程实践，为公司实现商业目标提供了保障，形成的方法论成为公司业务发展的基石和企业文化的组成部分，公司受益颇深。本书是丛斌博士对自己丰富软件工程理论精华的提炼、对优秀软件工程实践的总结，是业界难得的经典力作，是软件开发组织管理者构建和持续改进组织研发管理体系的指南，是软件项目管理者的常备手册，是软件工程实践者开展工程实践的导图。相信本书能带领读者深刻理解多种敏捷开发优秀实践和 CMMI 模型，带领读者找到解决软件研发管理中遇到问题的钥匙。

——金建林，北京直真科技股份有限公司总经理

美林数据的研发管理涅槃与进阶得益于丛斌博士系统的知识体系和价值观。在公司 CMMI ML5 模型导入过程中，丛斌博士富有远见地把个性化市场需求与产品化设计、研发规范与敏捷开发、精益生产与 CMMI 体系有机结合，支撑我们研发出业界一流的数据分析产品。尤其是丛斌博士将价值最大化和价值可衡量作为软件开发方法工具选择的核心度量指标，体现了从传统瀑布模式转向敏捷、精益主导模式的理念变化。现在这些成果有了可分享的途径。书名中的"知行合一"更是从理论研究到深度实践的写照。作者对技术方法总结的严谨和诲人不倦的质朴，让我感受到旅居海外的技术专家对国内企业的一份厚望。

——王璐，美林数据技术股份有限公司 CEO

正如书名所言，作者将哲学概念引入到软件工程中，将古代贤人哲思与现代科学做了一个很好的结合。书中不仅引入了"知行合一"的理念，在书籍写作的过程中也切实体现了"知行合一"，内容不断跟随软件开发领域的新发展进行及时调整和更新。作者通过在软件工程中的多年实践，对项目管理的"铁三角"进行了重新定义，抓住了多数软件开发企业完成项目的本质。全书重点体现了实操性，不失为了解业界动态的一扇窗口，既在软件理论方面引入了新的概念，又为软件企业指明了创新发展的方向。

——潘润红，中国金融电子化公司副总经理

敏捷已经成为当今软件开发的主流，但是如何有效地在大型项目中进行敏捷开

发仍是一个棘手的问题。很多团队重复着"形似神不似"的敏捷，其效果甚至比传统瀑布式开发更差。丛斌博士以他严谨的学术态度和几十年软件实践的经验，深度剖析了实践中的误区和弊端，给软件项目管理和开发人员提供了一整套行之有效的敏捷方法。如果你是一位软件从业人员，想给你的用户带来有价值、有质量的体验，这将是一本必读的书。

——陈卫东，思科云协作技术部总监

看到丛斌博士用"知行合一"来形容敏捷开发方法论，我油然起敬，拍案叫绝。我很久之前就接触并实践了敏捷开发方法，被此方法论在聚焦用户价值、提升团队绩效方面的效果所折服。但由于没有很好的理论能解释敏捷这一现象，所以其在推广过程中也常常被质疑、被歪曲。而丛斌博士的书不但有大量生动的实际案例与最佳实践的介绍，更从理论上为我们解答了"为什么敏捷是高效的"这一疑问，告诉我们敏捷与 CMMI 不相冲突，甚至在最后还给出了从传统开发方法到敏捷开发转型的实践之路。从这个意义上说，本书就是一本以"知行合一"贯穿始终的介绍敏捷开发的经典之作。

——何伟杰，富士通株式会社亚洲区业务保障总经理

我认识丛斌博士已经有十多年了。丛斌博士令我敬佩的不仅是他深厚的过程控制理论基础和丰富的软件项目管理经验，他严谨的治学和行事风格以及儒雅风趣的沟通方式也给我留下了深刻的印象。丛斌博士的这本书系统地梳理了如何通过 Scrum 和 CMMI 来实践敏捷软件开发。本书和其他同类书籍的不同之处在于，丛斌博士从理念和价值等更高层次对这些实践进行了反思，并通过实例指出了实际落地需要注意的问题。本书适用于企业信息化主管、项目经理、架构师、QA 主管、高级软件开发工程师等系统地学习 Scrum 和敏捷开发，也非常适合随手拿起来翻阅特定的章节，通过丛斌博士独特的视角，更透彻地认识和处理所面临的问题。

——沈贤义，华微软件公司总经理，华为云计算顾问

作为一名坚持践行"知行合一"的软件工程领域咨询专家，丛斌博士总结自己30 多年的从业经验，客观评价软件行业发展过程中涌出的各类体系、开发模型，将 CMMI 与敏捷有效进行融合，两者的精益求精、相辅相成，也促使过程体系更加贴近实际，开发活动更加高效。相信大多数软件从业者看完丛斌博士的书一定能够产生共鸣。语言质朴、观点鲜明，反映软件工程领域现状，直击软件从业者的困苦，能够让大家从僵化的"拿来主义"中走出来，真正梳理适合自己的研发过程与体系，舍去守旧的思维模式，发挥动力，聚焦企业价值驱动的活动。"Just Enough"，做真正有价值的需求、真正有价值的开发与支持活动应该是我们每个软件人心中追逐的梦想。

——熊芸，北京久其软件股份有限公司副总裁

　　我认识丛斌博士是从我们单位开始引入CMMI高成熟度管理开始的，至今已经有8年多时间。作为资深的CMMI评估师和培训专家，丛斌博士以他独有的教学方式和幽默、深入浅出的语言风格带领大家进入了CMMI充满魅力的世界，为软件工程学基础理念在国内落地、开花结果做出了努力。近年来，丛斌博士十分关注敏捷开发模式等新的软件开发方法与CMMI模型、体系、理念的有效融合与实践，促使软件开发过程、方法更贴近实际，使软件开发活动更加有效、高效。

　　"知行合一"可以说是丛斌博士自己对新型软件开发方法与CMMI模型相结合的一次有效实践，他以务实、有效的做法，以朴实、生动的语言，帮助软件开发者、企业获得高效率的软件开发途径，他以自己30多年的工作经验洞悉了软件行业开发人员的困苦，也为解决行业难题提供了解决方案。我很高兴向大家推荐这本书，非常值得一读！

　　　　　　　　　　　　　　　　　——张宁红，南京电子工程研究所技术专家

　　我们处在一个激荡变革的年代，对技术的要求也从支持业务创新发展到了协同业务创新，甚至引领业务创新。任何形式创新的实施，必由具体的技术过程实现；任何管理方法论的引入都被寄予了极大的希望。然而实际效果往往不尽如人意，CMMI成了规范的代名词，却顶上了影响效率的恶名；敏捷承载着高效的期望，最后却可能因质量问题不堪重负。本书在探讨Scrum、极限编程、在CMMI框架下实施敏捷、看板、新一代精益的核心理念、架构、实践时，紧密围绕核心的"价值"，从理念层面到实践层面都有具体实施的建议，是一本不可多得的教材。我想，读者通过阅读本书，在理解新一代精益内在精髓的基础上，因地制宜，因时而变，找到符合组织个性的有效改进方法，才是符合作者所倡导的"知行合一"理念的最佳实践。

　　　　　　　——范宏婷，深圳证券交易所技术规划部体系建设与合规管理组组长

　　大多数金融组织的IT质量管理体系，基本是从CMM（CMMI）起步的，丛斌博士作为早期为数不多的CMMI高成熟度主任评估师，以其多年的海外工作经验、对模型的透彻理解、负责严谨的工作态度，指导帮助许多客户建立了以持续提升质量和效率为核心的研发管理体系，得到了客户的一致好评。近几年，敏捷、看板等一系列精益研发的实践开始流行，尤其在互联网与创新企业中被广泛采纳。面对瞬息万变的市场竞争，一些问题自然摆在我们面前：在始终要把防范风险放在首位的较为严格的金融监管大环境下，IT研发该如何转型？如何看待CMMI框架下的稳健的研发体系与探索式的敏捷开发模式之间的关系——是不可调和还是有融合的空间？我始终认为，任何管理变革都不应以颠覆为代价，这本书的意义正在于此，它不仅仅是一部敏捷开发的指导书，更是IT精益管理转型的点金石、指明灯。

　　　　　——欧红，招商银行总行信息技术部EPG负责人、过程改进及管理变革资深专家

　　软件过程改进是一个复杂、系统的工程，因为在人、技术、流程三者中，人的因

素在其中起着决定性的作用，唯有在不断的实践中提升人的认知水平，才能将软件过程改进渗透到企业的方方面面，最终达到"手中无剑，心中有剑"的游刃有余的境界。和丛斌博士合作 4 年有余，在复杂问题面前，他总是能够快速抽象出问题的关键要素；在具体的实践中，他总是能够提出精准有效的方法，带领我们一步步达到 CMMI 四级。非常高兴他将多年来的研究、实践和思考进行了系统的总结，形成了本书，从本书中读到的不仅仅是实践和方法，更多的是方法背后的"为什么"，而这正是促进人的认知水平快速提升的关键。

——徐凯健，中国航发控制系统研究所

本书点破了软件业的一个"行业之问"：符合进度和成本要求的项目就真正成功了吗？丛斌博士结合其丰富的软件行业实践和咨询经验，对 Scrum、XP、看板、CMMI、精益等一系列行业最佳 / 优秀实践进行深入剖析，基于现实操作中存在的问题和解决方案，让读者知道实践背后的 Know Why 和 Know How。对于软件企业的高层、EPG、项目经理、研发人员，这都是一本非常棒的"桌边读物"，相信我，当你遇到问题时，随手翻一翻，肯定能有一番收获。

——周成，614 所软件工程部

CMMI 体系究竟能够为公司带来什么样的价值和利益？这是每一个追求高品质的软件公司管理者应当高度关注的问题。作为资深的 CMMI 高成熟度主任评估师，丛斌博士拥有软件工程领域丰富的实践经验。他推崇价值驱动，在 CMMI 落地中倡导知行合一，将 CMMI 框架融合在公司经营目标、绩效管理与日常运营中，真正实现软件研发过程能力的提升；他倡导在 CMMI 框架下引入敏捷、精益的思想和优秀实践，并将二者有效结合，丰富和发展 CMMI 内容和方法，并使敏捷开发能够保持良好的稳定性。相信丛斌博士倾注心力的这本专业力作，将会令广大软件业同行受益匪浅。

——白静亚，中国电信系统集成公司质量控制部经理

作为一名过程改进、质量管理和项目管理的从业人员，丛斌博士这本新书升级了我的知识框架，也引发了我对敏捷价值的重新思考。我们的开发团队常徘徊在瀑布式开发和敏捷开发的交叉口处，对敏捷充满期待又面临诸多挑战。本书不是学术著作，也不同于许多只教授如何操作敏捷的书，它帮助我们回到初心——思考"为什么要这样做"，而不仅仅是"知道怎么做"。丛斌博士基于他几十年在教学、咨询、研究方面的丰富经验和深刻思考，从实践和理念层面提出具体实施建议，体现了业界对敏捷及精益的最新理解。如果你来自软件开发部门、质量部门、过程改进部门或者 PMO，我愿意推荐本书给你。相信它可以帮助你找寻到软件开发的金钥匙，从"邯郸学步"的尴尬中走出来，步入"形神兼备"的境界，实现敏捷的真正价值。

——穆京丽，神华和利时信息技术有限公司项目管理办公室总经理

　　丛斌博士一直致力于商业价值最大化的过程改进，他总是能做得恰到好处。只要有机会，我都会去听丛斌博士在各种会议上的演讲，因为他的工作总是我所见到的最富于思想性和创造力的。他总是能把复杂问题讲得通俗易懂、深入浅出。丛斌博士在网络、建模和软件领域经验丰富。他的方法既实用又具有深厚的理论背景。他总能在帮助软件组织引入新方法时，做到时机恰当，经过深思熟虑，并考虑周详。作为一个CMMI研究院最优秀的CMMI主任评估师，丛斌博士擅长把组织能力和业界最佳实践做对比并做出评价。有些人只能把知识局限在很窄的专业领域，而丛斌博士却能从系统角度出发，看到产品、项目和组织的全貌。另外，丛斌博士是我见到的最乐于帮助组织和个人学习进步的人，有幸读到这本书的人，都会从中获益。希望丛斌博士尽快出本书的英文版。

　　　　　　——Bradley Bittorf，雷神公司（Raytheon）跨领域高级主任工程师

　　我认识丛斌博士是在20年前一起做CMM评估时，他掌握新东西并形成自己特点的能力及速度令人叹为观止。当Scrum出现时，丛斌博士从其创始人Jeff Sutherland处学到了其原则及实践，并迅速将其和CMMI结合，形成了一套有效的Scrum和CMMI五级结合的方法，很多中国企业都从中获得了益处。我很高兴丛斌博士终于有机会将其多年敏捷和CMMI的经验展现给大众，毫无疑问，这本书将极大地帮助读者避免过程改进中的众多误区，并通过他们让众多软件组织受益。

　　　　　　——John Ryskowski，SEI及CMMI研究院第一批主任评估师、高级主任评估师

序一

　　探索软件开发方法和技术以提高计算机软件开发效率和质量是软件工程领域研究的主要话题。如何提升质量和产品功能的同时缩短开发周期、降低开发成本是许多优秀软件开发类企业不断追求、自我完善的重点，也是其在激烈市场竞争中生存的根本。这不只是简简单单的代码质量的问题，更是一个从管理学角度上不断优化、创新、面对需求调整适应的过程。因此，理解和研究新型的、现代化的开发管理模式对企业及其管理者来说具有非常重要的意义。为了解决这一问题，1987 年前后，美国卡内基梅隆大学软件工程研究所（CMU/SEI）的 Humphrey 等人提出了软件能力成熟度模型 CMM，2000 年正式发布了能力成熟度模型集成（CMMI）。

　　丛斌博士是我们的老朋友，多年来一直身体力行地把科学、先进的软件工程学管理方法 CMMI 介绍到国内来，在国内各个行业落地生根，开花结果。有幸先行拜读了丛斌博士的新书《知行合一：实现价值驱动的敏捷和精益开发》，深有感触，软件开发的模式和方法很多，再好的方法还必须和企业自身的实际情况相结合，能给企业带来实实在在效率、效益的才是好的模式和方法。当然，具体到怎么做，还是有技术和技巧可言的，那些对自己企业目前所采用的开发模式、方法不满意，想要改进、变革的朋友们，花点儿时间读读丛斌博士的新书，一定会有不错的收获。这本书通过生动的语言、形象的故事以及实践案例分析向我们阐述了软件类产品开发模式从传统的瀑布式向敏捷型、迭代型的精益开发管理模式逐渐演变的原因以及带来的价值。软件（尤其是应用软件）不同于普通的制造行业产品，其生命周期各个阶段的投入与管理较为特殊。针对这一特点，本书以客观的态度对比分析了传统模式与新型开发模式各自的优势与存在问题，结合时代背景与市场竞争的转变，阐述了敏捷型精益开发模式出现的必然性，以及实际运用中所需要注意的关键环节、关键角色，为有效提升软件类产品开发效率指明了方向。

　　2004 年开始，二十八所作为国防大型电子信息系统供应商率先引进了国际先进的 CMMI 模型作为软件研发过程能力提高的标准，近年来我们也不断总结、实践，以进一步提升研发能力，书中很多内容也是二十八所多年来过程改进的总结。作为一个实践者与使用者，我们觉得在 CMMI 框架下，不管是瀑布式开发还是敏捷开发，都有各自的特点与应用范围，在需求不确定或者频繁变动的情况下，敏捷与迭代的方法比较有助于快速跟进变化与需求。但是这种方式也需要一定的规范、在一定的原则下进行操作，保证响应速度的同时也要保证质量。沟通比流程更加重要，同时，在过程管理中也应加强团队能力的建设。开发方式是"道"，如何应用是"术"，我们的管理需要"术而载道"、根据实际情况在质量与速度中找到一个完美的平衡点，控制关键风险、提升效率。中国明代心学家王阳明提出的"知行合一"的思想，强调了思考与实践结合的重要性。"知"是基础、前提，"行"是重点、关键，"未有知而不行者；知而不行，只是未知"。必须知不弃行，行不离思，慎思之，笃行之。知行合一的思想、本书的精髓与我们贯彻 CMMI 模型的过程改进实践不谋而合。

本书面向项目管理与产品开发的操作实际，内容严谨缜密、逻辑清晰，引人思考，有非常高的科学理论指导意义与实践价值。虽然讲述与分析的对象抽象性、理论性很强，但整本书阅读、理解起来非常容易，内容生动有趣，有很强的可读性，是一本值得强烈推荐的科学与实践完美结合的书籍。

中国电子科技集团公司第二十八研究所过程改进组

序二

丛斌博士是软件工程方面著名的专家、大师级人物。他在该领域工作 30 多年，有非常深厚的理论功底、开阔的视野，同时也具有丰富的企业咨询经验。

从 2004 年开始，丛斌博士就为华为的多个部门做过基于 CMMI 流程改进与效率提升的咨询、评估。2012 年到 2013 年，我们有幸请丛斌博士辅导华为 4G 基站产品部（LTE PDU）的 CMMI 改进项目。当时 LTE 产品正处在快速部署和上量阶段，面对全球几百个电信运营商，产品开发遇到了很多困难和挑战：一方面是运营商的需求和网络问题如雪花而至，另一方面是研发团队和流程不够成熟，尚未经受过网络事故和问题的洗礼。这些问题主要表现在开发需求多、进度压力大；因为敏捷开发的推行，团队也有重代码轻流程的现象；产品质量问题变得更具挑战性，往往是修改了一个问题却带来更大的问题。在丛斌博士指导下，我们将 CMMI 评估项目变成了基于 CMMI 模型的研发效率与质量改进项目。我们在华为 IPD 及研发流程框架下，基于 CMMI 模型及敏捷开发方法，结合 LTE 业务实际，发起多个改进子项目，梳理改进了产品研发微流程，规范并建立了 IT 化的过程数据体系，建立了产品流程改进机制。通过一年多的努力，研发效率特别是研发质量获得很大提升，CMMI 评估也获得了非常满意的结果。

近年来，我们 4G 开发团队持续开展改进活动，在原来 CMMI 和敏捷开发改进的基础上，积极试点精益看板开发。我们虽有多年从事 CMMI、敏捷开发、精益开发的实践，但是对于这三者的渊源、发展以及在企业实践中的结合仍有很多困惑。知悉丛斌博士的扛鼎之作，我们非常欣喜。

我们从事新产品开发及软件工程领域 20 多年，一直在企业内部从事研发能力改进工作，见证了各种流派的发展：早期的新产品开发方法与模型，如 PRTM 的 PACE，IBM 和华为的 IPD；项目管理的 PMBOK；软件工程领域的 CMMI，特性驱动开发、迭代开发、增量开发、Scrum 等敏捷开发流派，以及近年来的大规模敏捷、精益软件开发、精益看板、精益创业方法。这些流派有各自的发展历史，有各自适用的业务场景与产品形态，有各自的突出特点及价值，但也往往代表各派利益，有时显得各说各话。不过，它们都可应用于软件开发，也都在持续创新、顽强生长。流派众多会对企业内部软件开发能力提升造成很大困惑：企业是要解决问题的，如何在各派中选择、如何结合自身情况形成解决方案，往往是一个大问题。丛斌博士作为软件工程领域的资深专家，对于 CMMI、敏捷开发、精益开发有非常深刻的理论见解和丰富的咨询实践；他历经数年，把软件工程领域的主要代表思想和方法——CMMI、敏捷、精益在一本书中写出来，相信会对华为以及实施 CMMI、敏捷开发、精益开发的软件开发企业有非常大的指导作用。

丛斌博士强调："贯穿本书的一个主题是如何通过敏捷、精益实践，用低成本实现软件产品的高价值点，时刻把握住软件开发中的核心经济指标，避免盲目追求可能没有真正价值的替代度量指标。"这正是敏捷与精益软件开发的目标，我们非常认同。

丛斌博士强调本书不是一部学术著作，但本书包含许多软件工程领域的洞见和创新思想，绝不是市面上不少敏捷、精益开发类书籍的人云亦云。丛斌博士的书讲述敏捷、精益实践，讲述敏捷与 CMMI 结合，更讲述如何在企业中加以实施以提高企业的研发效率与质量，支持企业价值增长。这恰如书名——"知行合一：实现价值驱动的敏捷精益开发"。丛斌博士在软件工程领域耕耘 30 多年，既从事软件工程的教学、理论研究，又从事企业咨询实践，他的多年工作经历也正好体现了"知行合一"。

贾建国博士，华为上海研究所质量运营部主任工程师

张双国，原华为 LTE 产品部部长

序三

　　与丛斌博士的相知源于中国银行软件中心 CMMI4 评估项目，丛斌博士是主任评估师。中国银行软件中心的唯一服务对象是中国银行，目标是为中国银行开发高质量的金融软件产品，支持中国银行业务的发展。和国内大部分软件企业引入 CMMI 评估不同，中国银行软件中心引入 CMMI 评估的主要目的是持续进行软件过程改进，提高软件开发过程能力，提升软件产品质量，更好地为中国银行的业务发展服务。顺利通过 CMMI2、CMMI3 的评估之后，CMMI4 评估工作在 2008 年遇到了困难，SEI 对 CMMI 高成熟级别的评估提出了更加严格的标准，原来的评估师无法满足要求，于是丛斌博士担任了 CMMI4 评估项目的主任评估师。事实证明，丛斌博士无论是在软件过程改进的理念和实践经验上，还是对 SEI CMMI 高成熟度级别评估标准的把握上，都是最优秀的几个评估师之一。经过一年多的辅导，中国银行软件中心于 2009 年 8 月正式通过 CMMI4 评估，成为中国金融 IT 企业中第一家通过 CMMI4 级评估的企业。

　　丛斌博士一直从事软件工程的教学、咨询和研究工作，既有美国软件企业的从业和咨询经验，也有较多的中国软件企业的咨询和评估经验。基于对软件工程管理改进的深刻理解和实践经验，丛斌博士总能够准确把握软件企业领导者真正关注的焦点，发现软件过程改进的误区，给出卓有成效的软件实践，为企业商业目标的达成带来巨大的帮助。

　　我很早就建议丛斌博士能够把他在软件开发、软件工程方面的经验撰写成书，以便帮助到更多的软件企业和软件管理人员少走弯路、实现价值最大化。今日受邀作序，欣然以从。

　　随着软件开发方法和软件工程理论的发展，从传统的瀑布式开发、迭代开发到敏捷开发和精益开发，恐怕很多大型软件企业都经历过一种或多种开发模式的实践。既体会了某种开发模式的好，也体会了单一开发模式的坏；既收获了开发模式转型带来的好处，也遇到了开发模式转型落地的困难。之所以如此，是因为每个企业面对的客户不同，客户的需求也不同。如何针对不同的客户需求，找到合适的软件开发模式和软件管理流程与之相匹，恐怕只有围绕着"价值驱动"才能找到最终的答案。

　　软件开发中永远不变的就是需求的变化，软件企业如何能够从纷繁多变的客户需求中解脱出来，从而赢得客户满意，只能从挖掘客户价值上做文章。从这个意义来讲，软件开发模式反而是实现客户价值的一种手段。传统的瀑布式开发适合需求较为清晰明确的开发，而敏捷开发模式则更适合对客户快速变化的需求的及时响应。

本书是丛斌博士对软件企业的一大贡献，粗读一遍，受益良多。本书既有对方法、思想、理念的要点解读，又有对错误理解的纠正；既有对不同企业在多种开发模式间转型的路线指导，也有行之有效的实践建议；更通过一个个的故事，形象具体地对比了不同实践中的得与失。正像作者所说：本书不是纯学术著作，而是一本结合实例讲解操作的书。本书应该会对大部分软件企业的软件开发工作具有指导作用。

软件开发没有统一的模式，不同企业、不同场景下会有不同的方案，唯有围绕"客户价值驱动"，才能找到软件开发方法之钥。

王铿，中国银行软件中心副总经理

前言

从 1968 年第一次提出软件工程的概念，软件产品和系统改变了人类的生活方式，它们已经渗透到了社会的各个角落。巨大的新系统开发以及现有系统的维护需求都保证了计算机在相当长的时间内都会是个容易找工作的热门专业。令人遗憾的是，和其他工程（如电子工程、土木工程、机械工程等）相比，软件工程的开发是效率最低、浪费最大一个领域。Frederick Brooks（1987）在 30 年前就清楚地阐述了软件系统开发的特殊性及困难点，也建议了一些可能的突破点。软件从业者也在实践中不断尝试，可惜几十年来都没有真正突破参照制造业形成的计划驱动、接力开发、按预定过程执行的软件开发模式。越来越多的人意识到这种模式不能有效支持解决软件开发中存在的需求不确定性、技术创新要求的问题。

这几十年来我一直从事软件工程的教学、咨询和研究工作。在这个过程中，我深深体会到学校教的软件工程方法和企业实际用的开发模式都有不少不合理的地方。我们用来度量项目好坏的指标，很多时候并不能体现企业领导者真正关注的点，同时软件过程改进的一些误区也给企业、团队及个人带来了不同程度的危害，如盲目僵化地使用六西格玛方法指导软件过程改进；在不理解 CMMI 模型实践希望解决的问题的前提下，进行评估驱动的 CMMI 导入。这些做法使得过程改进对组织的质量文化起了负面作用，对企业商业目标的实现没有起到真正的支持作用。

老实说，我也发表过一些研究性的论文，在不少软件工程会议上也做过一些案例分享，却一直没有触发写书的念头，因为写书真的是一个重体力活。最近十几年来以敏捷和精益开发为代表的软件工程革命性变革，让我感觉到我们比以往任何时候都更加接近软件方法开发之匙。从大的框架角度，从开发管理原则角度，从具体实践角度，从企业实施效果角度，已经形成了一套相对完整、具备指导意义、具备系统性的新一代软件开发方法。

摸索出一些有效软件开发模式是我这些年投入很大精力在做的事情。如果有一本能够充分反映这几方面成果的书显然具有重要意义，这极大地促使了我忽略肩周炎、腰椎间盘突出的痛苦，下决心开始码字写书。本书不追求所谓纯粹的敏捷或精益，而是希望找到解决软件开发中长期没有很好解决问题的钥匙。我一贯相信存在必有其合理性，所以这把钥匙一定是各种模式中好的实践的结合物。

软件组织的管理人员、技术人员、质量人员和过程改进人员都可以从本书中获得他们需要的知识点。本书的一个特点是希望把原因讲清楚，回答好"为什么"的问题，因为理解"为什么"比知道"如何做"更重要。理解了"为什么"才能从"形似神不似"中走出第一步。贯穿本书的一个主题是如何通过敏捷、精益实践，用低成本实现软件产品的高价值点，时刻把握住软件开发中的核心经济指标，避免盲目追求可能没有真正价值的替代度量指标。

我在近几年做敏捷、精益培训及实施指导中发现，大部分 Scrum、极限编程、看板（Kanban）实践者虽然接受过敏捷培训，阅读过一些敏捷和看板书籍，也有些实施经验，都会提一些类似的问题：什么是正确实施方法？如何在自己特定的企业让敏捷、精益在组织、团队、项目中落地，使其价值最大化？许多在 CMMI 框架下建立了开发体系的读者，都面临着和 CMMI 模型有效结合的挑战。希望本书能对持有类似疑问的读者有所帮助。

本书主要包含 4 部分内容，相互之间有一定的独立性。本书读者并不一定需要有敏捷和精益的背景知识，他们可以根据自己的需求获得有价值的帮助。前三部分的重点是讨论以 Scrum 和极限编程为代表的敏捷实施，第四部分则是深入探讨看板及新一代精益软件开发方法。在探讨 Scrum、极限编程、看板、新一代精益的核心理念、架构、实践时，我会提出具体实施的建议。这些建议包含实践层面及理念层面的东西，体现了近年来业界对敏捷及精益的最新理解。有些建议也许会是有争议的，这些争议可能源于作者坚持敏捷、精益核心实践的完整执行以保证价值最大化，也可能源于对灵活度的把握的理解不一。

由于各种原因，本书的撰写耗时很久，未能按计划交付，在此向一直耐心等候的编辑致谢，向一直期待此书完成的读者致歉。作为延期的代价，我有必要将近几年软件开发模式及方法的新实践追加进去，同时将一些因时间推移而价值变低的内容做些删减。例如，新一代精益软件开发的内容本不在本书最初计划范围内，但今天它已经成为不可忽略的内容，因为新一代精益模式将敏捷革命带入了一个新的境界，它在方法论、原则、具体实践等方面大大丰富了软件工程的内容。

建议读者从第 1 章评价项目成功标准入手，真正理解传统开发方法和软件产品的不匹配之处，以及造成的低效后果。在这个基础上，读者可以从第 2 章和第 3 章中了解到敏捷方法价值观、框架、原则以及为何它能够在很大程度上解决传统开发模式的不匹配问题，并明确为什么从"先知后行"到"知行合一"是软件开发的必然之路。从传统的瀑布开发模式转向敏捷主导的模式是一件痛苦的事，如何管理这个转型也是第 3 章讨论的问题之一。例如，导入 Scrum 不能保证解决企业软件开发中的所有问题，但它会让这些问题突出地暴露出来。实施敏捷的企业有两种选择：一是面对问题，努力将敏捷中对应问题的实践作为解决方案的一部分；二是为了避免变革的痛苦，将问题埋在地毯下，仅仅引入容易在企业内部实施的实践。令人遗憾的是，许多引入敏捷的企业选择了第二种方式。它们也能取得一定效果的改进，但那些被忽略的实践，往往很可能是对它们最有价值的实践，敏捷的一些重要价值没有得到真正地实现。

本书第二部分重点讨论如何建立以 Scrum 为框架的软件开发管理体系，并从有效管控技术债务角度出发，形成和 Scrum 框架匹配的工程实践。我最近将业界常用的技术债务扩展成质量债务的概念（Cong，2017），这是一个非常重要的课题，是对敏捷、精益环境下的质量管理的一个新尝试。如何有效管理技术、质量债务，做到健康迭代而不是带病迭代，其实也是贯穿本书的一个主题。国内许多软件组织已经引入了 Scrum 开发模式，从第 4 章到第 6 章，我在 Scrum 布局准备、管理方法的落地以及和极限编程的结合等方面中做了比较系统的整理。不论是否具备敏捷实践经验，读者都可以通过一些实施案例及作者观察到的优秀实践，进一步理解这些章节中的内容。

本书第三部分详细描述了 CMMI 和敏捷开发模式结合的有效方法，其内容是许多软件企业非常关注的，因为目前许多国内的软件组织都引入了 CMMI 开发模型。许多政府、企业项目招标时，把 CMMI 资质作为一个重要的评分项。当这些组织实施敏捷时，就面临如何在 CMMI 框架下实施敏捷的挑战。第 7 章澄清了一些敏捷和 CMMI 的偏见，通过实例解释了二者的互补性。我也把 CMMI 研究院在敏捷和 CMMI 结合方面获得的最新成果纳入了相关章节中。读者在读第 8 章时，可以详细了解到如何在敏捷环境下实施 CMMI 开发模型中的所有过程域，做到在合理平衡稳定度与敏捷度的前提下，不断提升开发过程的能力。本书第三部分不仅能让读者对敏捷的不足之处有更深入的了解，也可以纠正一些业界常见的 CMMI 的价值及使用方法的偏见。为了保证让对 CMMI 开发模型不了解的读者也能看懂相关内容，我尽我的能力对模型做了通俗易懂的解释。

本书第四部分首先重新深入探讨了软件工程和其他工程的差异，特别是其"软""易变""非线性增长复杂度""创新"等特点，读者可以更加深入理解为什么我们遵循几十年的，借鉴制造业的开发模式并不能高效匹配软件系统的开发。这有助于读者理解敏捷、精益存在的基础，同时读者也可以看到以 Scrum 和极限编程为代表的敏捷方法的一些不足之处。国内一些软件组织已经开始引入初级精益方法——看板，我在第 10 章首先澄清了一些看板实施的误区，然后重点阐述了如何把 Don Reinertsen（2009）提出的支持创新的新一代精益开发方法移植到软件产品开发中，将其原则、实践作为精益软件工程的核心内容。软件的实践者其实已经用了其中不少原则，但他们只是凭直觉，只是支零破碎地在用些皮毛。第 10 章从系统角度全面探讨了软件开发应该遵循的原则，这对软件组织的管理者、工程人员、过程改进人员都会有很大的帮助。

本书不是纯学术著作，而是一本结合实例讲解操作方法的书。我同时希望将操作步骤背后的方法论、存在的价值解释清楚。引入敏捷、精益是一场变革，我想清楚地告诉读者：为什么要变？需要变什么？如何管理这些变化？如何实现价值？本书的续篇应该通过读者的实践来完成，如果阅读本书能让一些读者受到些启发，并开始在自己工作范围内做一些改进的尝试，我想，这也就达到了我写此书的初衷。

　　最后我特别感谢人民邮电出版社的编辑杨海玲女士，她对本书的编写给出了很多好的建议，付出了大量心血。再次谢谢我服务过的众多软件企业，这本书算是对你们的信任的一个小小回报。

目录

第一部分　神形兼备的敏捷开发模式

第1章　从"先知后行"到"知行合一"——从传统开发模式到敏捷开发模式 …… 2

1.1　重新审视项目成功的标准 ……………………………………………… 3

1.1.1　传统的三要素不一定能客观度量项目的成功与否 …………… 3

1.1.2　新的项目管理铁三角 ………………………………………… 5

1.1.3　敏捷让我们实现价值驱动管理 ……………………………… 8

1.2　重新审视瀑布模式为代表的传统开发方法 …………………………… 9

1.2.1　来自制造业的接力式开发模式 ……………………………… 9

1.2.2　瀑布开发模式的不合理之处 ………………………………… 11

1.3　复杂软件项目的共性：需求的不确定及技术的不确定 ……………… 11

1.3.1　客户对自己真正需要的产品需要一个认识的过程 ………… 12

1.3.2　实现每个客户需求都有代价，但不是每个需求都有价值 … 13

1.3.3　技术平台的不确定性 ………………………………………… 14

1.3.4　团队一开始不了解自己的效率 ……………………………… 15

1.3.5　传统方法不能高效解决这些不确定性带来的问题 ………… 15

1.4　从"先知后行"到"知行合一" ……………………………………… 16

1.4.1　知行合一是自然的结论 ……………………………………… 16

1.4.2　敏捷就是在开发中学习、成长、调整和完善 ……………… 18

1.4.3　敏捷是实现价值驱动管理的好方法 ………………………… 19

两个团队的故事 …………………………………………………………… 20

第2章　敏捷开发方法——摸着石头过河的智慧 ………………………… 24

2.1　经常被错误解读的敏捷宣言及敏捷原则 ……………………………… 25

2.1.1　敏捷宣言是价值宣言 ………………………………………… 25

2.1.2　敏捷的 12 原则背后的故事 ………………………………… 26

2.2　敏捷开发架构与 Scrum：调整中增量开发 …………………………… 31

　　　2.2.1　敏捷开发架构 ··· 31
　　　2.2.2　用一分钟来解释一下 Scrum 以及 Scrum 中的 3 个角色、3 个文档和
　　　　　　5 个会议 ··· 34
　　　2.2.3　敏捷框架下看 Scrum ·· 38
　　　2.2.4　Scrum 和极限编程的结合使用 ································ 38
　2.3　Scrum 是一个实现敏捷价值及原则的开发管理架构 ············· 39
　　　2.3.1　Scrum 让敏捷价值的实现变得自然 ························· 39
　　　2.3.2　Scrum 是敏捷原则的具体体现 ····························· 40
　一个团队的两个故事 ··· 40

第 3 章　形神兼具——实现敏捷的核心价值 ························· 43

　3.1　形似神不似的 Scrum 实施 ····································· 44
　　　3.1.1　Scrum 不能保证解决问题，但能保证暴露问题 ············· 44
　　　3.1.2　没有本地化的适配，敏捷过程很难落地生根 ··············· 45
　　　3.1.3　不要因为错误的原因引入 Scrum，要明确引入敏捷的目的 ····· 45
　3.2　使用 Scrum 的艺术 ··· 46
　　　3.2.1　Scrum 中的自我管理及实现方式 ························· 46
　　　3.2.2　管理者从监控型到服务型的转变 ························· 48
　　　3.2.3　追求问题的解决而不是最佳解决方案 ····················· 49
　　　3.2.4　对工程人员能力提升及自律的要求 ······················· 50
　　　3.2.5　Scrum 实践的互补，完整的 Scrum 才最有价值 ··········· 51
　3.3　极限编程是 Scrum 最好的伙伴 ······························· 54
　　　3.3.1　技术债务：Scrum 的杀手 ······························ 55
　　　3.3.2　极限编程的 4 个核心价值 ······························ 55
　　　3.3.3　极限编程的原则 ······································· 57
　　　3.3.4　极限编程的 4 个核心工程活动 ··························· 58
　　　3.3.5　极限编程的 12 条实践 ································· 59
　　　3.3.6　极限编程 +Scrum：1+1>2 ····························· 60
　3.4　引入 Scrum 等敏捷方法是一场需要勇气的变革 ··············· 61
　　　3.4.1　精益组织与敏捷团队 ··································· 62
　　　3.4.2　管理者的勇气：做有远见的智慧型领导者 ················· 63
　　　3.4.3　工程人员的勇气：合奏与独奏 ··························· 65
　　　3.4.4　过程改进人员的勇气：找到你的定位 ····················· 65
　3.5　变革之路：从瀑布模式到敏捷模式的转化 ··················· 66
　　　3.5.1　瀑布模式到敏捷模式中人和组织的转化 ··················· 66

　　3.5.2　瀑布模式到敏捷模式中企业文化及习惯的转化 ················ 67

　　3.5.3　瀑布模式到敏捷模式的转化过程 ························ 68

　两个团队的故事 ·· 69

第二部分　建立以 Scrum 为框架的软件开发管理体系

第4章　布好自己的局——确定 Scrum 中的角色、文档和活动 ········· 76

4.1　敏捷转型的布局规划 ·· 76

4.2　建立自己的敏捷过程 ·· 76

　　4.2.1　建立一个端到端的敏捷过程 ·························· 77

　　4.2.2　进入 Scrum 迭代的准备过程 ························· 79

　　4.2.3　敏捷迭代过程及验证过程 ···························· 80

　　4.2.4　敏捷的改进过程 ···································· 82

　　4.2.5　选择敏捷实践 ······································ 82

4.3　确定 Scrum 的角色 ·· 84

　　4.3.1　猪和鸡合作创业的对话 ······························ 85

　　4.3.2　选择 Scrum 产品经理 ································ 85

　　4.3.3　选择 Scrum 过程经理 ································ 88

　　4.3.4　选择 Scrum 团队成员 ································ 90

　　4.3.5　架构师在 Scrum 团队中的定位 ······················ 91

　　4.3.6　Scrum of Scrum（大敏捷项目的管理）的安排 ·········· 92

　　4.3.7　Scrum 中的共享团队资源 ···························· 95

4.4　敏捷过程对文档的要求 ·· 95

　　4.4.1　文档的价值及应用 ·································· 95

　　4.4.2　敏捷文档制作指南 ·································· 96

　　4.4.3　敏捷过程的需求文档 ································ 97

　　4.4.4　敏捷环境下的工程文档 ······························ 99

　　4.4.5　必要的维护文档 ···································· 99

　　4.4.6　敏捷（Scrum）的管理文档 ·························· 100

4.5　建立一个成熟的 Scrum 过程 ···································· 100

　　4.5.1　什么是成熟的敏捷过程 ······························ 101

　　4.5.2　保证敏捷过程的执行力 ······························ 101

　　4.5.3　保证敏捷过程的改进力 ······························ 102

4.6　敏捷工具 ·· 102

　两个敏捷角色的故事 ·· 103

第 5 章 迭代管理亦有道——执行 Scrum 项目管理 ·············· 106

5.1 应对变化的敏捷计划：波浪式的版本规划 ·············· 106
　　5.1.1 掌握你的团队速率 ·············· 107
　　5.1.2 允许项目需求范围有一定的灵活性 ·············· 109
　　5.1.3 遵循"最小有市场价值"原则制订产品版本计划 ·············· 111
　　5.1.4 制订第一个版本计划 ·············· 112
5.2 Scrum 迭代中的管理：频繁反馈，及时调整 ·············· 114
　　5.2.1 细化版本需求列表中的用户故事：准备好下一轮迭代的工作 ··· 114
　　5.2.2 计划下一轮迭代 ·············· 116
　　5.2.3 开好每日站立会议 ·············· 117
　　5.2.4 展示团队的迭代成果：开好迭代评审会议 ·············· 119
　　5.2.5 不断完善 Scrum 过程：开好迭代回顾会议 ·············· 120
5.3 建立、维护你的敏捷岛 ·············· 122
　　5.3.1 迭代任务状态板块 ·············· 122
　　5.3.2 其他信息板块 ·············· 125
　　5.3.3 白板是最有效的沟通方式 ·············· 128
5.4 Scrum 中的风险管理 ·············· 129
　　5.4.1 软件项目的 5 大风险来源 ·············· 129
　　5.4.2 把握你的进度风险 ·············· 130
　　5.4.3 把握好需求使之自然完善而不是遍地蔓生 ·············· 131
　　5.4.4 建立一个 T 字型能力团队缓解团队不稳定风险 ·············· 132
　　5.4.5 建立维护好产品规格 ·············· 132
　　5.4.6 克服低效率风险的几个法宝 ·············· 133
两个团队的故事 ·············· 134

第 6 章 把握好敏捷的度——敏捷工程及质量控制实践 ·············· 139

6.1 再议技术债务 ·············· 139
　　6.1.1 技术债务的来源 ·············· 140
　　6.1.2 管理技术债务 ·············· 140
　　6.1.3 减少技术债务的实践 ·············· 142
　　6.1.4 减少技术债务的具体步骤 ·············· 143
　　6.1.5 技术债务的度量 ·············· 144
6.2 敏捷中的需求开发及管理 ·············· 145
　　6.2.1 敏捷四级产品计划 ·············· 146

　　　6.2.2　用户类型的识别过程 ·· 146
　　　6.2.3　建立维护典型用户档案 ·· 148
　　　6.2.4　从用例到用户故事 ·· 148
　　　6.2.5　贯穿整个开发过程中的需求澄清：串讲及反串讲 ············· 149
　　6.3　敏捷中的设计和开发 ··· 150
　　　6.3.1　简明设计原则 ·· 151
　　　6.3.2　设计决策的时机 ·· 153
　　　6.3.3　再议程序开发中的代码重构 ·· 154
　　　6.3.4　敏捷中的评审 ·· 156
　　6.4　敏捷中的测试 ··· 157
　　　6.4.1　测试驱动开发的价值及方法 ·· 158
　　　6.4.2　持续集成：提高开发效率的重要保证 ···································· 158
　　　6.4.3　敏捷测试策略及方法 ··· 160
　　　6.4.4　让发现的缺陷的价值最大化 ·· 162
　　6.5　健康迭代比速度更重要 ·· 163
　　两个团队的故事 ·· 165

第三部分　CMMI 框架下的敏捷实施

第 7 章　盲人摸象——关于敏捷和 CMMI 的错误偏见 ····························· 170
　　7.1　来自两个阵营的偏见 ··· 170
　　7.2　CMMI 的核心和价值 ··· 172
　　7.3　CMMI+ 敏捷：解决软件开发问题之匙 ·· 175
　　7.4　来自敏捷宣言起草者及 CMMI 作者的最新声音 ······························· 178
　　敏捷和 CMMI 的故事 ··· 180

第 8 章　建立敏捷的保护网——CMMI 架构下的敏捷实施 ························· 187
　　8.1　从使用角度看 CMMI ··· 187
　　　8.1.1　一个产品开发最佳实践的集合 ·· 187
　　　8.1.2　CMMI 的 4 条主线 ·· 188
　　　8.1.3　正确解读 CMMI 评估 ·· 190
　　　8.1.4　CMMI 对工作产品（文档）的要求 ······································ 191
　　8.2　完善 Scrum 实现 CMMI 项目管理的要求 ····································· 192
　　　8.2.1　需求管理和“Scrum+ 极限编程” ··· 193
　　　8.2.2　项目计划和“Scrum+ 极限编程” ··· 194

      8.2.3 项目监督与控制和"Scrum+ 极限编程" ·············· 195

      8.2.4 供方协议管理和"Scrum+ 极限编程" ·············· 196

      8.2.5 集成项目管理和"Scrum+ 极限编程" ·············· 197

      8.2.6 风险管理和"Scrum+ 极限编程" ················· 198

  8.3 用敏捷实践实现 CMMI 工程活动的要求 ················· 199

      8.3.1 需求开发和"Scrum+ 极限编程" ················· 199

      8.3.2 技术解决方案和"Scrum+ 极限编程" ·············· 201

      8.3.3 产品集成和"Scrum+ 极限编程" ················· 202

      8.3.4 验证和"Scrum+ 极限编程" ···················· 203

      8.3.5 确认和"Scrum+ 极限编程" ···················· 205

  8.4 用敏捷手段实现 CMMI 支持活动的要求 ················· 206

      8.4.1 敏捷环境下的过程与产品质量保证 ················· 206

      8.4.2 敏捷环境下的配置管理 ······················· 210

      8.4.3 敏捷环境下的度量与分析 ····················· 212

      8.4.4 敏捷环境下的决策分析与解决 ··················· 214

  8.5 敏捷环境下实现 CMMI 过程管理的要求 ················· 215

      8.5.1 敏捷环境下的组织级过程关注 ··················· 215

      8.5.2 敏捷环境下的组织级过程定义 ··················· 217

      8.5.3 Scrum 环境下的组织级培训 ···················· 218

  8.6 敏捷环境下实现 CMMI 高成熟度的要求 ················· 219

      8.6.1 敏捷下的量化管理：QPPO、基线及模型（OPP 和 QPM）······ 219

      8.6.2 敏捷环境下过程优化管理：CAR 和 OPM ·············· 221

  8.7 敏捷环境下的 CMMI 评估应关注的两个问题 ·············· 224

      8.7.1 实施选择还是模型要求 ······················· 224

      8.7.2 理解模型的目的 ··························· 225

  敏捷环境下的两个 CMMI 实施和评估故事 ················· 226

第四部分   新一代精益软件工程

第 9 章   敏捷不是解决软件开发问题的银弹 ················· 232

  9.1 再议软件过程的特殊性 ························· 233

      9.1.1 软件过程公理 ···························· 233

      9.1.2 软件过程体系应追求的价值 ····················· 235

  9.2 敏捷的局限及挑战 ··························· 236

      9.2.1 如何尽早获取有价值的用户反馈 ··················· 236

9.2.2　如何设计软件架构支持快速迭代开发 ……………………… 237

9.2.3　缺乏具体有效方法实现敏捷原则 ……………………… 238

9.2.4　忽略了开发中的等待队列 …………………………… 238

9.2.5　忽略了开发过程中的变异管理 ………………………… 239

9.3　有效软件开发借鉴之源及应具备的特点 ……………………… 239

9.3.1　软件开发借鉴之源 …………………………………… 239

9.3.2　有效软件开发模式应具备的特点 ……………………… 240

第 10 章　软件开发的新模式——新一代精益软件工程 …………… 242

10.1　初级软件精益开发模式：看板方法 ………………………… 243

10.2　精益软件开发框架 …………………………………………… 244

10.3　用经济指标指导软件开发 …………………………………… 245

10.4　用基本队列理论、统计方法管理软件开发过程 …………… 247

10.4.1　管理好软件开发中的等待队列问题 …………………… 248

10.4.2　软件开发过程中变异量的管理 ………………………… 251

10.5　两个关键关注点 ……………………………………………… 254

10.5.1　控制好软件批量开发规模 …………………………… 255

10.5.2　控制好软件开发队列的 WIP 个数 …………………… 256

10.6　精益管理控制实践 …………………………………………… 257

10.6.1　在充满不确定的环境下，尽可能保持流畅的软件开发通道 … 257

10.6.2　充分、及时、有效地利用开发过程中的反馈信息 …… 259

10.6.3　软件开发中集中与分散协调控制机制 ………………… 260

10.7　实践出真知 …………………………………………………… 262

参考文献 ……………………………………………………………… 264

第一部分

神形兼备的敏捷开发模式

■ 第1章 从"先知后行"到"知行合一"——从
　　　　传统开发模式到敏捷开发模式

■ 第2章 敏捷开发方法——摸着石头过河的智慧

■ 第3章 形神兼具——实现敏捷的核心价值

从"先知后行"到"知行合一"——从传统开发模式到敏捷开发模式

北大西洋公约组织的科技委员会在 1968 年 10 月组织了一次会议，在那次会议上，出现了"软件工程"这个词。50 位来自 11 个国家的软件用户、软件生产者和高校从事软件教学的教授一起讨论了下列一些软件工程中碰到的突出问题。

- ☐ 随着数据系统不断渗透到现代社会日常活动中，如何保证这些系统的可靠性成了一个日益突出的问题。
- ☐ 大的软件项目的进度及特性需求难以控制。
- ☐ 软件工程师的再教育。
- ☐ 软件的定价是否要和硬件分开。

除了第 4 个问题外（今天软件的价格常常已经超过了硬件的价格），其他 3 个问题在今天依然是让我们头痛的问题。随着互联网变成公众生活中不可缺少的部分，软件系统的应用比当年多出了百倍，而质量成本依然是软件项目的杀手。软件产品的需求比以往更加难于控制，需求蔓延（requirement creep）是软件开发中最常见的风险之一。IT 行业技术变化之快远超其他行业，学习新的技术、方法是软件工程师常态工作的一部分。

根据这些问题，在这次会议上首次提出了"软件危机"的问题。会后不久，Winston Royce（1970）博士根据制造业的实践，提出了一个至今依然影响软件业的开发模式——瀑布式软件开发生命周期，希望能够借鉴其他行业的经验，解决软件开发中的问题。但 40 多年后，危机并没有消失，依然威胁着软件公司的生存发展。

近 20 年来，越来越多的软件工程实践者开始了深层次的反思：问题出在哪里？解决问题的方向又在哪里？在反思的同时，一些有勇气的软件工作者开始了新的探索。他们在软件开发过程中，尝试了新的实践，并不断总结交流，形成了我们今天看到的敏捷宣言、敏捷原则、敏捷实践以及敏捷方法与传统方法结合的实践。今天我们比以往任何时候都更接近找到解决软件危机之匙。

我们首先审视下列 4 个问题。

（1）什么是成功的项目？项目中的决策应该由什么来驱动？

（2）Royce 博士提出的瀑布开发模式真的适用于复杂软件产品开发吗？

（3）复杂软件项目的特点是什么？

（4）根据复杂软件项目特点，我们需要建立一个什么样的开发模式？

通过对这 4 个问题的讨论，希望读者能意识到为什么"先知后行"的传统开发模式会让我们在原地踏步，很难走出软件危机的圈子。走出瀑布模式，拥抱"知行合一"的敏捷方法才可能是解决软件危机的正确思路。在这里我虽然借用了王阳明的核心理念，但要表达的意思远远没有达到王阳明先生表达的深度。在本书中，"先知后行"指的是确定了实现目标要走的路再开始行动，也就是在项目前期，确定产品范围、实施方法后，才开始软件开发活动。"知行合一"指的是明确了愿景后，尽管我们不完全清楚到达目标的路径，但我们先往前走，边走边看边调整，在开发中学习、总结、调整、提高，逐步实现客户需要的产品。

1.1　重新审视项目成功的标准

在预算范围内，按期向客户提交需求范围要求的产品是长期以来 IT 企业判定项目成功与否的标准。这个著名的项目管理铁三角（需求范围、成本、进度）直到今天仍定义着大部分软件项目的实施目标。多年来我一直觉得这个铁三角有一个致命问题：它们到底是项目追求的终极目标，还是项目实施的约束条件？项目的**价值**似乎没有在这 3 个度量指标中明确体现。

我看到很多项目为实现不合理的进度目标辛苦努力，其他很多重要的东西被忽略，特别是没有关注项目要获取的价值，似乎价值这个东西随着进度目标的完成自然就会实现。也有些项目沉迷于具体的需求项，而看不见这些需求项到底给用户带来什么价值。一个令软件业同行不得不面对的事实是超过 50% 的软件产品功能基本没有被用户使用过，换句话说，对软件项目团队辛辛苦苦实现的一半以上的功能，客户并无兴趣使用，它们没有给用户带来什么价值。这就应了一句老话：每条需求都有成本，但并不是每条需求都有价值。推想一下，又有多少没有完成的项目，因为追求一些没有价值的需求，导致了过多延期和预算超支，使得企业只能放弃它们。

1.1.1　传统的三要素不一定能客观度量项目的成功与否

图 1-1 定义了传统项目管理铁三角：需求范围（特性、功能）、成本（资源、预算）和进度（时间）。成功的项目应该依据客户需求（范围），在不超出预算的前提下，按

时提交项目。

　　"传统铁三角"定义的项目成功三要素有两个
重要隐含假设。

　　□ 项目定义的需求范围真正反映了客户的真
　　　实需要，通过使用这些需求功能，用户可
　　　以实现其价值目标。
　　□ 项目计划是正确的，实际和计划不符意味
　　　着错误。

图1-1　项目管理"传统铁三角"

　　在这两个假设下，和计划不符的都会被视为问题，项目管理工作就是消灭计划
的偏差。让我们认真思考一下上面的假设，它真的总是正确吗？按时完成，没有超出
预算提交了需求范围的功能，一定就意味着项目是成功的吗？如果这 3 个目标没有实
现，项目就一定是个失败的项目吗？

　　请你回顾一下以前你们公司发布的产品，在这 3 个目标方面都做得好的产品中，
有多少卖得好，为公司带来了价值？有多少用户并不买账，产品并未对扩大市场占有
率有任何正面贡献？而在没有按时完成，没有实现所有项目计划阶段定的需求范围，
预算有超出的项目中，有没有卖得好、客户喜欢的产品？这其中有没有为公司带来新
的机会的项目？

　　我们看几个例子。如果微软的 Vista 符合这 3 个要求，你能认为这是个成功的项
目吗？如果你用过这个系统的话，相信你的体验不会很好。另一方面，你很有可能
没有机会用过这个系统，因为它的市场寿命很短，Windows 7 很快就替代了它。多年
前，我开始为一家国际知名企业内部 IT 部门做过程改进的咨询工作。作为诊断工作
的一部分，我列席了内部 IT 部门的年终管理会议。这个由公司 CIO 主持的会议只有
一个议题：如何向董事会展示 IT 部门一年的贡献。度量内部 IT 部门的贡献要稍微复
杂一些，因为这个部门不挣钱、只花钱。让我吃惊的是，超过 30% 项目由于完成后
无人用，很快就停止维护了。这些项目就算是按时完成、不超出预算又有什么意义
呢？我看到完成的项目中包含了不少重复实现的功能，这些功能的成本又该怎么算
呢？虽然在这次会议上，他们做了一个看起来还是不错的部门年度贡献列表（其中包
括所有项目），CIO 不久以后还是不自愿地离开了这家公司。

　　《泰坦尼克号》是一部国内观众熟悉的电影。也许有些内幕你可能不太清楚，它
的预算严重超支（整个电影的制作费用超过 2 亿美元），进度一再延期，剧情有无数
的变化调整。如果按传统三要素来度量的话，这绝对是个非常失败的项目。但面对全
球 20 亿美元左右的票房，导演和演员地位火箭式的蹿升，你能说这是一个失败的电
影项目吗？

　　"传统铁三角"的致命问题是前面的两个假设。因为对一个软件项目来说，一开
始我们往往不完全清楚用户真正的需求，产品需求的理解有个逐步演化的过程。哪怕

在项目结束时，很可能我们还不能完全确定实现用户价值的需求集合，这也是产品需要不断升级的原因之一。

另一方面我们如何看项目初期制订的计划呢？我们能假设它的正确性吗？几乎无一例外，答案是否定的。在做计划时，你要面对很多不确定的东西，如需求范围、实施技术、团队能力、外在制约等。虽然你参考了组织提供的团队效率数据，但考虑到影响效率的各种因素及具体团队的特殊性，估算出的进度计划的准确性是让人质疑的。更让人头疼的是，在开发过程中，很多影响项目进度的因子（如需求、人员、环境等）会发生变化。把符合一个不靠谱的计划作为项目的主要目标之一，恐怕不是一件很明智的事。

明确成功项目的标准意义十分重要，它是软件开发方法的纲。借用一句老话，"纲举目张"，这是理解敏捷方法的一个很好的切入点。在本章里，我们一起重新审视项目成功要素，对旧的项目管理铁三角做必要的修正。

1.1.2　新的项目管理铁三角

那么究竟什么应该是衡量项目成功的终极标准呢？我们在前面已经提到了它——**价值**。

Jim Highsmith（2011）提出了敏捷铁三角的概念，他提出了 3 个新目标。

- 价值目标：开发出可发布的产品。
- 质量目标：开发出可靠、易更改的产品。
- 约束目标：在特定的约束条件下实现价值目标和质量目标。

我十分认同敏捷铁三角的核心理念，这和我多年在咨询、教学中推荐的原则高度一致。对其略做修改，图 1-2 显示了新的项目管理铁三角。考虑到不同的软件企业的差异性（例如，并不是每个软件企业都是在开发产品）这里有必要对 3 个目标做深入说明。

图1-2　新的项目铁三角

1.　价值+能力目标

将项目的价值最大化是项目管理的主导因素，不同类型的项目追求的价值目标会有差异。其度量指标可能是：

- 销售额及市场占有率的增加；
- 公司品牌及竞争力的提升；
- 客户忠诚度的提升；
- 技术创新带来的新机会。

不同类型的项目会有不同的价值目标，但它们有一个共同点，就是项目价值是站在组织而不是项目的角度来看的。

另一方面，在考核项目时不能忽略人的能力的提升。这也应该是一个项目后评价中的重要指标。在项目结束后，软件工程师设计、开发、测试各环节的能力是否得到了提升？需求架构人员是否对产品的价值、合理的架构有了更好的理解？管理人员对团队能力是否更加了解？客户或用户是否对后续产品方向更加清晰？过程人员，如质量保证（quality assurance，QA）人员，是否对过程的适用及执行难处有了更好的认识？对于许多软件应用服务开发商来讲，人会是企业的最重要财富，人的能力成长对公司的发展至关重要。

2. 质量目标

我们不应忽视敏捷对质量管理的贡献，它从实践上强调质量不仅是清除缺陷，不仅是功能正确。它提出了技术债务（technical debt）的概念，将其作为后期软件维护隐患的指标，并作为迭代开发的重要质量评估项。敏捷领军人物也提出了许多经过验证的有效实践来管理技术债务，所以敏捷质量目标不仅是可发布（功能正确），同时也是可维护的！

3. 约束目标

约束目标主要是进度和成本，约束不应该是目标，它是前提。例如，刚性的进度要求，应该理解成在按期交付的前提下，团队将尽可能实现最大的价值。

我对新的项目管理铁三角的解读是：**在特定约束条件下，控制产品遗留隐患对交付产品的使用及维护的影响，关注人员能力提升，尽可能将项目 / 产品价值最大化。**

旧的项目管理铁三角有时会让团队追求错误的目标，如片面追求按时交付，而忽略了是否交付了客户需要的产品。Donald Reinertsen（1997）指出很少有人考虑延期成本，他认为这是个非常重要的度量项，每个组织都应该考虑。在某一特定时间提交产品固然很重要，但提交的产品是可以发布的，也就是说它已经实现的功能特性对客户和用户是有价值的，这一点应该是更重要的。顾名思义，延期成本度量的是产品不能按期提交的代价。如果它小于通过延时实现的功能带来的价值的话，项目延期应该是顺理成章的事。如果延时带来的后果是组织不能承受的，在规定时间发布一个新的版本就是必须要做到的事了。当然在这种情况下，需求范围往往是可调整的变量了。

至于将需求范围作为项目的主导目标就更不合适，项目前期用户很难对需求有全面、充分的理解。如果项目开发周期较长，用户的想法在开发期间发生变化也是一件很正常的事情。在美国 IT 行业有个说法：有生就有死，工作就要交税；做软件，需求一定会变。

如何衡量项目价值呢？应该看它对自身企业的贡献、对客户的贡献，以及对开发的产品用户的贡献。如何度量价值不是件容易的事，我们可以从这几个方面来考虑：产品的销售额、对品牌及竞争力的影响、对客户忠诚度的影响、通过创新给企业带来的新的机会等。实现价值目标一定意味着你发布了一版为客户解决问题、实现了用户一定需求的软件产品。价值必须是项目管理的主导因素，如果值得，为什么不能延时提交？如果不会增加价值，一分钱也不应该投入。

IT 业对人的要求比制造业高得多。学校教的东西和业界需要的技能有很大的差距，这个问题估计在相当长时间不可能解决。同时 IT 技术的生命周期比其他行业更短。持续更新提升软件管理人员、工程人员的能力是每一个 IT 企业面临的挑战。对一个软件人员来讲，在工作中学习是最主要的能力提升方式。每个项目结束后，相关人员能力的提升也应该是考核一个项目的指标：开发人员的编程能力、工具使用能力是否有提升？设计人员的设计能力是否有提升？管理人员对自身团队的能力是否更清晰？对项目的风险点是否更加清楚？产品经理、客户、用户代表对产品的理解是否更清晰？关注团队能力的提升是每一个管理者的责任，而每一个软件工程师都有学习提高的义务。项目相关人员能力的提升应该是项目评价的因子之一，它也应该是项目价值的考虑因素之一。

新的项目管理铁三角的质量目标明确了更高的软件质量要求。仅仅将通过验收测试作为目标的话是不能接受的。质量更应该关注的是项目遗留的技术隐患对客户使用和后期维护的负面影响。如果开发团队为追求速度，走了很多捷径，由此植入的隐患有时是不能通过测试发现的。但随着代码的增长，这些隐患会对产品的使用特别是维护有很大的负面影响。有时借一些技术债是必需的，但这些债是需要及时偿还的，不然它们会严重损害产品的价值。在产品开发过程中有效管理这些技术债务，应该是团队的一个重要责任。技术债务也可以是一个变量，可接受的债务多少和项目的质量目标应该是一致的。

需求范围、成本和进度要求可以作为项目约束条件，项目的实施一定是在一个鸟笼子里面进行的，我们需要逐步了解这个笼子的空间、自由度。一般来讲约束条件可以有 3 个度的度量：刚性、部分灵活、灵活。刚性就是绝对的约束条件，部分灵活意味着有一定的自由度，而灵活则表示更大的自由度。把握了解这个鸟笼子的自用空间是项目管理的一个关键活动。

新的项目管理铁三角要求我们用投资回报分析（return on investment，ROI）作为管理者的决策方式。如果追加了投入，回报是什么？回报大于投入吗？如果延时，延期成本是什么？追加时间完成的工作价值大于延期成本吗？追求价值最大化应该是每一个项目的管理目标，也是所有重要决策的依据。在整个开发过程中，管理决策都应该围绕着价值目标的实现来进行。

从简单常识来讲，价值驱动不光应该是企业层面和部门层面的决策方式，也应该是项目层面决策方式。所有的管理者应该习惯这种管理思路：不论项目中需要做什么大小决策，都应该做投资回报分析，可是传统开发模式常常不能有效支持价值驱动管理模式。

1.1.3　敏捷让我们实现价值驱动管理

实现价值驱动管理不是一件容易的事，我们通过下面这个简单的例子来说明其难度。

收视率是每部电视剧追求的目标。高收视率对投资人意味着高额广告费，对导演意味着在影视圈中的地位，对演员意味着职业生涯的飞跃。所以电视剧在制作过程中，每个重要的决策都是价值（收视率）驱动的，如剧情、演员的选择、布景等。

每个电视剧的预算都不完全一样，这应该是最大的约束条件。如果预算的限制使得导演不能请到他认为合适的演员，而导演认为请到合适的演员是成败的关键因素之一，那么是否追加预算请出导演心仪的演员，制片人必须做个对收视率的影响分析。如果被考虑的演员有几千万的粉丝，请到他就是收视率的保障，只要追加的预算不是很离谱，相信预算会被调高。如果制片人选的演员和导演喜欢的演员对收视率的影响没有明显的差别，而换演员的代价超过数千万，估计预算追加的可能性会很小。

在前期规划阶段，剧组会估算出电视剧的大概播出时间。如果在制作后期，剧组发现某些剧情有明显不合理的地方，而如果重拍将导致播出时间的延迟，相信大部分制片人会通过延期成本分析做出决定。如果重拍投入不大，延时几个月不会对收视率有很大的影响，延时重拍就是顺理成章的事。但如果制片人了解到有一个类似题材的电视剧也在拍摄中，很快要杀青。如果电视剧播出时间落在它的后面，收视率就会受很大影响，这时延期成本会大于重拍带来的效益，重拍就不是一个好的选择。

什么剧情能打动观众？什么样的演员能塑造出深入人心的角色？在电视剧播放之前，谁也没有完全的把握，谁也无法准确预测能够达到的收视率，这是应用新的项目管理铁三角（价值驱动管理）面临的最大挑战。中国电视剧制作模式就不能有效地支持这种管理模式，一部 80 集的电视集，要全部拍完开始播放后，才会第一次得到大众的反馈。那时的反馈已经太晚了，因为钱已经都花出去了。2013 年年初推出的《楚汉传奇》是一部 80 集的电视剧，制作成本接近 2.5 亿元人民币，号称有史以来最昂贵的电视剧。它的导演演员阵容都是国内一流的，请来了国内最好的男演员（我个人认为陈道明是国内最好的男演员），制作团队也是一流的。但是播出后，收视率大大低于期望，远远没有实现预期的价值。

美国电视剧的制作模式就能够有效支持价值驱动管理。一部几百集的电视剧，是一集一集地拍，一集一集地播。他们电视剧的播放是每周在固定时间播放一集，第二天就能看到收视率的数据。如果电视剧播出后，收视率达到或超过预期，那么投资人会继续投资下去。如果收视率没有达到目标，制片人有两个选择：一是分析原因，在拍下一集时做出调整，等下周播放时再看调整是否有效果；二是取消这个电视剧的制作，有时放弃很可能是最好的选择。不做任何变动不是一个可选项。哪怕我们选了个错误题材，损失还是很有限（也就是几集的成本）。

国产电视剧模式就类似于以瀑布模式为代表的传统软件开发模式，它要求我们"先知后行"。需要有明确的计划，只有整个电视剧杀青后，才会第一次收集到观众的反馈及收视率的数据。很明显，这种模式是很难支持价值驱动的管理模式的。因为在实际场景下，价值的判断是需要用户的使用反馈的。

而美国电视剧模式则是"知行合一"的方式，这也是本书讨论的敏捷开发模式。它能通过不断收集反馈，支持价值驱动管理的开发模式，这个例子也告诉我们知行合一的敏捷模式能够有效支持新的项目管理铁三角的实施。

1.2　重新审视瀑布模式为代表的传统开发方法

40 多年前 Winston Royce（1970）博士提出的瀑布开发模式（Managing the Development of Large Software Systems，1970 年 8 月）对软件的发展起到了一定的好的作用。这个开发生命周期识别出了软件开发需要做的重要活动以及除代码外的中间产出物。它对需求明确、开发技术成熟的项目确实有很好的指导作用。令人遗憾的是，40 多年来绝大多数人忽略了 Royce 博士在他的文章里面的一句话 "I believe in this concept but, the implementation described above is risky and invites failure." 这句话的意思是："虽然我相信提出的概念，但是要注意，具体实施这个开发模式时会有很大的风险，它也可能带来失败。"

瀑布模式到底适用于什么样的项目呢？如果下面这些假设是对的话，瀑布模式会是一个非常合适的软件开发方法。

（1）客户在项目开始时，可以准确描述他们真正需要的产品需求；而且开发团队在整个开发过程中不需要客户的任何反馈，仅需要客户在项目结束时对实现的功能进行确认。

（2）开发团队在项目开始时已经很清楚为完成开发工作所需要的一切：人、技术方法和工具等。

（3）项目的进展状况可以通过里程碑完成的文档（而非通过测试的代码）来评估。我们也可以有效地将团队分成 4 个不同的组：分析、设计、编码和测试。虽然前面组的输出是后面组的输入，但这个接力过程不会有信心的流失。

（4）仅在项目结束时对代码进行测试就能保证产品质量。

1.2.1　来自制造业的接力式开发模式

工业革命带来的流水线生产模式极大提高了生产效率，同时通过对生产制造过程的持续完善改进，产品质量也得到了保证。虽然软件瀑布开发有一条看不见的流水线，但它基本采用了生产线的思路。图 1-3 是大家熟悉的瀑布式开发生命周期。

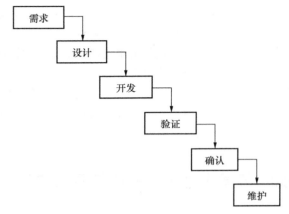

图1-3　瀑布开发模式

很明显这是个接力过程。让我们考虑一个最简单的场景：我们需要在一个已有系统上追加一个功能特性。首先系统分析员会写好一个描述需要实现功能的需求文档，开发人员没有机会和这些功能的使用者有任何沟通，他们将仅仅依赖于这个文档完成代码编写。写好的代码被提交给测试人员，通过测试后，当刚刚实现的功能特性第一次展现给客户时，如果客户的反应是"这不是我要的！"，相信你不会太意外吧！

那么这是谁的错呢？你可能会抱怨客户一开始没讲清楚，也可能指责分析师没有把需求写清楚，程序员有可能成为替罪羊，测试人员也可能是主要的责任人。如果我们好好反思一下，也许真正的问题出在我们的方法上：在这个接力过程中，每个人只负责一段，没有必要的反馈环，以保证及时发现问题、及时调整。任何阶段出现的问题都会继续被传递下去。同时在接力过程中，信息流失是经常发生的。记得看过一个5人参与的电视节目，第一个人做个动作给第二个人看，然后第二个人努力将看到的做给第三个人看，直到最后一个人做给观众看。往往最后一个人展示的动作已经和第一个人的原始动作相差很大了。正是这些差距让观众哈哈大笑。

当这些差异在软件开发过程中出现时，就一点也不好笑了。这些差异正是让客户、管理者、团队头疼的问题。

软件产品开发由一系列互不相交的阶段组成，瀑布模式要求上个阶段所有工作完成并通过了出口检查评审后，下个阶段才可以开始。如设计工作应该在明确定义了所有产品需求，这些需求通过了相关评审后才会开始。实际情况是什么呢？如果读者做一下调查，会发现 95% 的调查对象会承认设计工作在需求活动完成前已经开始了。这应该是业内公开的秘密，所以很少有团队真正在 100% 执行瀑布模式。

制造业的生产过程是高度重复，其过程明确定义了每一个生产步骤。而软件开发中的不确定性，导致了过程重复度是有限的。任何两个项目都不会完全一样，不可能走过同样的开发步骤。这个差异是"明确定义的过程"不适用于复杂软件项目管理的重要原因。

1.2.2 瀑布开发模式的不合理之处

从项目立项开始到产品发布，什么时候我们对所开发产品了解得最少？答案很清楚：项目的起点是我们对产品需求、所需技术、团队人员能力等关键信息了解最少的时候。瀑布模式要求我们在这个时间制订出并承诺项目目标和计划，包括实现产品范围、功能、性能、进度和成本。

那么在信息最少时做计划的最可能的后果是什么？一个字：变。需求会变，人员会变，技术方案会变。可令人沮丧的是，瀑布模式同时会惩罚变更，因为变更的代价往往是团队不能承受的。

在瀑布模式下需求变更一定是坏事吗？请你稍微考虑一下再回答这个问题。比较恰当的答案是：视情况而定。那么视什么情况呢？答案是变更的时机。前期变不是坏事，因为变更成本不高，很可能就是改一下需求文档并和相关人员澄清而已。需求变更时机越靠后，变更影响范围越大，变更成本就越高。在验收时客户提出大的需求变更的话，对项目组来说更是灾难性的。接力模式也大大增加了技术变更及人员变更的成本。

看一下软件项目管理中著名的七大恶：

- 不稳定的需求；
- 不靠谱的计划；
- 不切实际的项目进度及预算；
- 项目失控；
- 项目投入不当；
- 永远的借口——"我们特殊"；
- 缺乏对质量的真正关注。

如果我们认真做一下根源分析，瀑布开发模式及在对所开发产品了解最少时做出对产品功能、性能、进度、成本的承诺并惩罚变更，是一个重要的原因。

1.3 复杂软件项目的共性：需求的不确定及技术的不确定

决定项目复杂度的因素很多，其中最重要的是两个不确定性——**需求的不确定性以及团队所用开发技术的不确定性。**

这两个不确定性决定了我们是要"先知后行"还是"知行合一"。项目需求稳定度及开发技术的稳定度都可能会有一个很大的范围：需求可以从非常清晰到极为模糊；技术可能是团队熟练掌握的技术，另一个极端可能是第一次使用的全新技术。

图 1-4 展示了需求和技术的稳定度和项目复杂度的关系。

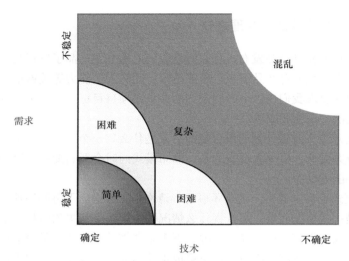

图1-4　需求和技术的稳定度和项目复杂度的关系

　　需求和技术都很稳定的项目（图 1-4 中"简单"部分）不会给我们带来什么挑战，传统开发模式可以有效地实现项目目标。可惜大部分软件项目的需求和技术都不那么稳定，属于图 1-4 中的"困难"和"复杂"类。瀑布模式不适用于这类项目，敏捷给出了有效的开发手段。至于混乱的项目，任何方式都不会特别有效。你需要祈祷你有一个极其强大的团队。令人庆幸的是，大部分软件组织碰到这类项目的机会不会很大。

1.3.1　客户对自己真正需要的产品需要一个认识的过程

　　产品需求有个进化的过程，这个过程将产品的愿景（vision）逐步细化到产品特性。在这里需要明确两个重要概念：需求的自然进化（requirement evaluation）和需求失控蔓延（requirement creep）。

　　需求的自然进化是很正常的，重要的是将变更成本控制好。在这个过程中需求提供者（客户、用户等）和产品开发团队需要不断沟通，在追加新需求特性时平衡好约束条件。需求进化意味着产品管理团队和开发团队一起做需求管理，一起加深对产品的理解，一起完善产品。

　　需求失控蔓延往往是由缺乏客户和开发团队的沟通造成的。客户单方面随意追加需求，不做必要的价值分析，不考虑实施成本，是需求失控的主要原因之一。同样，开发团队随意假设用户意图来变更追加需求，有可能是做了吃力不讨好的事。需求蔓延的后果是极大增加了需求变更成本，造成大量的返工和浪费。

　　这里我用一个例子说明需求进化和蔓延的区别。假设团队在开发一个报税软件，在第二个开发迭代中，通过演示，客户发现在准备当年报税时，需要参考去年报税信息，所以需要追加一个能导入去年报税信息的功能。产品经理和团队一起细化这个需求，开发出用户故事，并按其重要性纳入产品需求列表。产品经理调整了版本计划，初步确定在第四个迭代中实现这个功能，并做出了项目交付延期的决策。这是个典型的需求进化的例子，因为通过演示已开发的功能，我们及时识别出了重要的遗漏需求，并给开发必要的时间完成开发工作。

如果在这个需求的基础上，产品经理自作主张，扩展了需求范围，将旧的报税信息追加到前5年。他想当然地认为追加的功能会对客户有用，会增加客户满意度。由于没有和客户充分沟通，他没有意识到其实前面数年的报税信息对当年的报税计算帮助非常有限。从另一方面来讲，他也没有和开发团队讨论开发难度及成本。在需求细化的过程中，大家才发现前面5年有3个不同的税表格式，将这些不同的表格串起来，追加了实现难度，导致了进度的延期。在客户验收时，团队才发现这个需求并没让客户开心，需求蔓延是不会有赢家的！

不存在完美的产品，因为所有软件产品都是在一个动态的环境中被使用的。从商业角度来讲，这其实是一个好事。不完美意味着机会，它能给我们带来商机。微软的利润很大一部分来自于Windows系统的升级，而苹果产品的不足给三星带来了很好的发展契机。

客户对产品需求的认知程度不会完全一样，也就是说需求不确定度不会一样。我们可以将这个不确定度分成下面几类。

- ▫ **模糊的产品需求**：产品愿景清晰，但很多产品特性不清楚。随着开发工作的展开，客户对需求的理解会不断明确。在这个场景下，需求变更更多来自客户对产品需求理解的不断完善。
- ▫ **波动的产品需求**：产品愿景清晰，核心特性基本明确，部分特性较模糊。在这个场景下，在开发过程中，需求变更率会比第一类少一半。
- ▫ **常态的产品需求**：项目前期通过需求收集分析形成的需求基线基本可以作为后期工作的基础。需求变更率一般少于15%。
- ▫ **稳定的产品需求**：产品需求稳定，变更很少，如业界通用的通信协议，一般不会发生变化。

既然客户对自己真正需要的产品有个认识的过程，自然我们希望对应的产品开发过程能有效地支持这个认知过程，降低不确定带来的成本。这本书的主要目的之一就是展示敏捷（如Scrum、极限编程等方法）和精益（如看板、新一代软件精益）就是这样的开发过程。

1.3.2 实现每个客户需求都有代价，但不是每个需求都有价值

在后面章节中我们还会更深入讨论需求价值的问题。考虑一个你经常用的软件或

系统，问自己一个问题：你常用的功能有多少？你偶尔用的功能有多少？你从来没有用过的功能有多少？

你很可能会发现大部分的产品功能你从来没有使用过，这个答案是软件业的一大悲哀。统计调查显示近 60% 的软件产品功能基本不被使用，只有 20% 的功能经常被用户使用，另外 20% 左右的功能偶尔被使用。

看到这个调查结果，我的第一反应是：原来很多项目的延期、预算的超支是由用户不用的功能导致的，如果能将那些对客户没有价值的需求从产品中踢出，而将客户真正用的功能做得精益求精该有多好。理想的情况是我们认真把 20% 的功能做好，确保质量；而在开发另外 20% 用户不太常用的功能时，质量要求也许不一定那么高。

美国洛杉矶有家游戏软件公司最近发布了一款现在非常流行的游戏。这个游戏有9 级，自然能玩到 9 级的人非常少。在开发过程中，团队花了大量时间设计、实现 9 级的功能。测试发现了一些很难修复的缺陷，完全修复需要花大量时间，一定会导致游戏上线时间延期。其中一个开发成员是我的学生，在上我的敏捷项目管理课程。他问我对这个问题的处理有何建议，我出了个简单的点子：如果用户玩到 9 级后，当游戏出现问题时，让屏幕上出现一个电话号码，告诉用户，打这个电话号码可以领取一件奖品。这样做有两个好处：可以马上发布这个游戏（公司可以赚钱了）；短期内不会有很多人能玩到 9 级，团队有更多的时间修复缺陷。这样做的性价比最好，如果 9 级的功能特性真的只有个别人用，那么我们也没有必要花大的代价精雕细琢这些功能。

但是如何识别出对用户价值最大的 20% 的需求往往不是这么容易的，如何判断对用户没有价值的 40% 的需求同样也不那么简单，以瀑布模式为代表的传统开发模式更是阻碍了这两个判断，因为它要求我们在项目前期，在对产品理解最差的时候识别出产品需求范围。

我相信这句话：看到错误的才知道什么是正确的。开发团队和需求提供者不断评审实现的部分功能，完善调整需求，知行合一，不断总结积累是解决这个问题可行的办法。敏捷（如 Scrum）为我们提供了实现这个方法的架构。

1.3.3 技术平台的不确定性

技术是另一个决定项目复杂度的因素。IT 技术平台的不断创新既是机会也是挑战，在开发过程中，团队对新的技术也有个从生到熟的过程。这个过程也会对项目的不确定性有一定的影响。在项目前期我们很难准确估算出所用的技术对项目的影响，也不一定能完全判断出哪个技术方案是比较好的选择。创新和复用也是一个重要的平衡。

我们可以把技术平台的不确定性分成下面 3 个度。

　　□ **全新技术**：团队基本上没有人熟悉这个技术，边做边学是唯一的学习方式。

在项目中使用一个全新的技术，极大地增加了项目风险，但创新也为公司带来了机会。

☐ **领先技术**：少量的团队成员对技术有一定的了解，但很多成员还没有掌握相关技术。在项目中使用领先技术也会增加开发风险。

☐ **常用技术**：团队使用常用技术开发产品，大部分成员已经掌握了相关技术并且有使用经验。从技术实现角度，项目风险不大。

在有一定规模的项目里，团队很可能在开发不同模块时碰到这3类技术。管理好前两类技术使用，是团队缓解技术风险的必要活动。有时候找到正确的技术实现方案，我们也需要摸着石头过河。

需求的不确定性加上技术的不确定性很大程度上决定了产品开发的复杂度以及适用的敏捷度。当需求和技术都完全不清楚时，什么开发模式都会有问题。但当需求或技术有一定的不确定性时，敏捷应该是开发模式中的一个重要元素。

1.3.4　团队一开始不了解自己的效率

人是另一个不可忽略的不稳定因素，团队并不一定了解自己的开发能力。每个人的强项在哪里？内部沟通效率如何？开发瓶颈在哪里？每个人还有多少潜力可以挖掘？相信每一个管理者都希望知道这些问题的答案。

一开始团队并不清楚自己的开发效率，每个团队都需要经历一个磨合期。软件开发团队是一个跨职能团队，需要需求、设计、开发、测试等相关人员配合工作，只有经过从开发需求到完成测试，团队才有完整的磨合。一开始，团队生产率不会很高。只有通过几次这样的磨合后，团队内部才会形成自己的默契及节奏，团队生产率会有明显上升，并逐步趋于稳定。

生产效率是决定项目工作量及进度的主要因素之一，如果不了解团队的效率，就很难确定产品的发布进度。一个采用瀑布开发模式的软件项目，只有在项目结束时，团队中不同职能小组才会有一次完整的配合经历。如果这个项目采用敏捷迭代开发模式，团队的磨合周期也会大大降低，两周的迭代周期意味着每两周团队会有一个完整的磨合。

对一个未经过足够磨合的跨职能软件团队来讲，预测其生产效率不是一件很靠谱的事，以此排出的计划也不会是一个很靠谱的计划。

1.3.5　传统方法不能高效解决这些不确定性带来的问题

需求的稳定度及技术的成熟度在很大程度上决定了项目的不确定性。对于不确定性高的项目来讲，采用"先知后行"的传统实施策略显然不是高效的办法，大量返工是不可避免的结果。

先知后行要求在项目一开始就明确需求，确定实施技术方案。瀑布模式下，用户或其代表第一次看到可演示的软件是在验收测试时。通常在这个时间点，项目已经接近尾声，产品需求调整的代价很高。"百闻不如一见"，看到了屏幕上显示的功能，用户更容易认识到自己真正需要的是什么。让瀑布模式项目团队紧张的一件事，就是验收时客户看到了演示功能后，又提出新的需求变更。

当团队决定选用不成熟的技术方案时，他们一定希望在较短的时间内对方案的可行性做个验证。在传统开发模式下，常常只能在系统测试阶段，才能对技术方案进行验证（特别是对产品性能的验证）。如果这时才发现技术方案需要做大的修改，变动影响会非常大，甚至有可能做架构的重新设计。这些变动意味着重新设计，重新编程，重新测试，以及更多的机会植入新的缺陷。

瀑布模式也不能有效支持跨职能团队的快速磨合：系统分析员主导需求阶段的工作；设计人员只在设计阶段忙碌；开发人员在实现阶段唱独角戏；测试人员是在代码提交后才开始全面介入。也许大家会一起参加一些例会及技术评审会，但讲话的基本是当前阶段忙碌的小组。

虽然几十年来瀑布模式一直是软件开发的主导方法，但其致命弊端从它被提出时就已经被指出。Royce 博士本人就指出瀑布模式仅适用于简单的项目，迭代模式更适用于开发复杂项目。到了 20 世纪 80 年代末，Barry Boehm（1988）提出了螺旋开发生命周期。同一时期，其他迭代开发模式（如演化模型、快速原型法等）也不断被提出，给了软件开发团队更多选择。随后各类敏捷方法（如本书重点讨论的 Scrum、极限编程等）从 20 世纪 90 年代的星星之火，逐步形成燎原之势。到今天，敏捷方法得到了业界广泛的接受，已经成了最主要的开发模式。虽然中国敏捷的推广比美国滞后10 年，但让我们欣喜的是，越来越多的软件团队和企业开始了他们的敏捷之旅。

1.4   从"先知后行"到"知行合一"

瀑布模式在很多复杂项目上的失败是诱发敏捷运动的最主要原因。任何一个新方法的提出一定是为了解决旧方法中的缺陷，敏捷弥补了以瀑布模式为代表的传统开发的不足。从另外一个角度来讲，敏捷又是我们习惯的做事、学习方式。还记得小学二年级老师如何教你写作文的吗？他会帮你先写个提纲，然后你写出第一稿，他会告诉你哪些地方写得好，哪些地方写得不好，然后你再写出第二稿，重复这个过程，直到老师满意为止。我们从小就知道，想把任何一件事做好做精，就需要不断重复实践，不断完善。和瀑布模式不一样，敏捷模式是人类的自然做事方式。

1.4.1   知行合一是自然的结论

当你开始开发一个需求模糊或技术不成熟的产品时，知行合一的模式是自然的选择。敏捷方法中有 4 个核心元素。

- **迭代开发**：在每次迭代中，团队开发出部分产品功能，并通过功能演示对产品进行评审，并做必要的调整。

- **特性驱动**：在敏捷过程中，大的产品需求特性被分解成多个小的、相对独立的特性。实现一个产品的需求特性子集是每次迭代的目标。项目管理活动也是围绕着需求特性的实现进行的，从任务分解结构（work breakdown structure，WBS）管理转向特性分解结构（feature breakdown structure，FBS）管理。

- **时间盒**（timebox）的理念：时间盒表示固定的时间完成一个活动，例如，每次迭代周期固定为两周；每天的站立会议时间固定是 15 分钟等。由于不确定性，追求完美没有意义。有一次，我在一家国内著名实施敏捷的企业看到了贴在墙上的一条醒目口号（应该是六西格玛培训的结果）：争取第一次把事情做对！我忍不住给了个建议，是否考虑将其改为：争取将变更成本降到最低！我的解释是，不论第一次你做得多好，它都可能会变，控制好变更成本更重要。时间盒希望团队关注问题的解决，而不是完美的方法。因为不论你多努力，后面获取的新信息都会要求我们对前面的工作进行完善。时间盒要我们做到先有后优。

  时间盒不是在强调时间紧迫，而是迫使团队不要躲避一些必须做的痛苦决定。例如，如果产品经理计划 20 个迭代后能够发布下一版产品，他的依据是每个两周迭代团队能够完成 30 个故事点，这样到时可以发布 600 个故事点的功能。经历 4 个迭代后，事实证明产品经理高估了团队的开发能力，平均每个迭代团队只能完成 20 个故事点。时间盒让产品经理在项目早期做出一个必要的痛苦选择：延期或砍掉约 200 个优先级低的故事点的功能。很明显，这个决策在项目前期做会比项目快结束时做要好很多。早期做，我们会有更多的选择。

- **增量提交**：在瀑布开发模式下，开发出的产品特性是最后一次提交。而在敏捷模式下，如果需要，产品的特性可以增量部署提交。在一次或几次迭代后，有独立使用价值的需求特性可以及早为用户带来价值，这些需求特性的使用反馈也让开发团队能够完善产品，增加了甲方和乙方的竞争力。

如果你认可下面这些假设或理念，不妨尝试一下敏捷。

- 在项目前期我们很难了解所有的产品需求及价值。客户不可能准确地告诉我们他们到底需要什么，但随着时间推移，随着项目的进展，客户对产品需求的理解会越来越清晰。

- 客户**频繁**的反馈是避免弯路最重要的手段，团队对自己方法的**及时**反思是提升效率的法宝。

- 正确的可执行代码是项目进展状况最准确的度量。

- 让不同职能小组形成一个团队一起工作是解决接力中信息流失的有效做法。
- 测试前移可以改善开发、测试、客户间的对话,真正提高代码质量。
- 管理者应该是领导者,为团队定目标期望,而不是天天告诉团队如何做具体工作。
- 让团队同时做多个项目,不会提升团队效率,这样的安排实际是效率的杀手。

1.4.2 敏捷就是在开发中学习、成长、调整和完善

瀑布模式中的一大问题是在开发过程中没有足够的闭环反馈机会及机制,但很多人还是把这种闭环反馈看作是浪费活动——一种没有必要的返工。这里我要格外强调的是:快速反馈机制是我们在复杂的、不确定的开发环境下生存的最有效方法之一。每次反馈会给我们带来新的信息,而这些信息是有价值的,它们能帮助我们做出有利的调整。

这里我借用 Donald G. Reinertsen(2009)给的一个例子,说明反馈(信息)的价值。

假设你花 1 美元买张两位数的彩票,如果猜中的话会赢 100 美元。如果不用闭环反馈的话,你会一次买张 1 美元的彩票。猜中的概率是 1%,很容易算出你的预期回报是 0。如果加入闭环反馈分析的话,我们会分两次购买彩票。先花 50 美分买第一位数,如果已经错了,就不会再花另外 50 美分了。如果猜对了第一位数,我们才会花剩下的 50 美分买第二位数。如图 1-5 所示,采用这种方法的预期回报是 45 美分。一个反馈给我们带来了 45 美分的回报。反馈信息帮助我们做出最有利的决策。

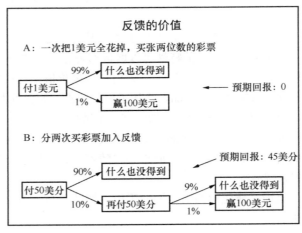

图 1-5 反馈的价值

那么什么样的反馈周期比较合适呢？快速反馈能给我们带来更大的价值。考虑一个非常简单的例子：程序员小张在编写一个网上交易程序模块时，对某个支付步骤做了一个错误的假设。考虑下面两个场景的区别：场景一是小张的错误在第二天就被发现；场景二是过了两个月以后才发现小张的错误。这两个场景的影响是什么？

先看第二个场景，小张在这两个月的时间里还会继续编写程序，还会有机会碰到一些地方需要做同样的假设，也就是说他还会继续植入同样的缺陷。发现确认这些缺陷，修复这些缺陷，回归测试的投入，都会增加我们的工作量。而第一个场景则会让小张马上意识到他犯的错误，我们的软件工程师都是聪明人，他会在后面的工作中不再犯类似的错误。这样的话第二个场景的额外工作就不会出现，这就是快速反馈的价值。

敏捷中的核心实践之一就是不断审查（inspect）然后调整（adjust）。如 Scrum 在每 1～4 周（一次迭代）就会对开发出的产品特性功能进行审查反馈，开发团队和客户、管理者一起审查通过测试的代码，一起对产品方向做出必要的、及时的调整。在同一时间周期，团队也会回顾刚刚结束的迭代，通过问题或缺陷分析，调整团队的过程，确保不在后面的迭代中犯同样的错误。

也许你会问几周的时间才做反馈是不是不够及时，Scrum 把反馈机会定在 24 小时之内。每天 Scrum 团队都会花 15 分钟开个站立会议，每个成员都会讲一下他昨天做了什么，今天要做什么，有什么障碍。及时发现问题，及时做出调整。

翻开任何一本敏捷方法的书籍，自始至终我们看到的是不断地审查，不断地调整。摸着石头过河，但要不断抬头看一下方向是否正确，如果走了弯路，就及时调整，将错误成本降到最低。

有人说 Scrum 等敏捷方法最大的好处是大大加快了开发速度，我不赞成这种说法。敏捷的最大好处是让开发团队和客户一起，不断加深对开发产品的理解以及对团队能力的理解。正是逐步对产品功能价值理解的提升，对自己能力理解的提升，引导团队在需求不确定的情况下，在能力范围内，开发出能给客户带来价值的产品。

敏捷就是在开发中学习、成长、调整和完善。

1.4.3 敏捷是实现价值驱动管理的好方法

传统开发模式的主要特征除了瀑布接力开发外，还有一个是任务驱动管理。大部分项目组会用微软的 Project 工具进行项目监控管理，如果将所有计划活动都展开，我们会看到开发阶段及每个阶段要完成的任务。理想状况下，如果项目组完成了所有的任务，这个项目就成功了。

任务驱动的最大问题是把关注点从我们应该关注的地方移开了：实现的产品需求功能特性。在任务驱动的管理模式下，客户第一次看到实现的功能特性是在项目结束时，如验收阶段。这种情况下，项目失败的风险是很大的。开发过程中，客户看到的不是他们需要的产品，至于开发团队执行的任务，如建立测试环境、编码、单元测试等，是客户没能力也没兴趣关心的事。如果把客户最可能提出需求变化的机会放在验收测试，这是非常危险的，因为重新开发出客户在这个阶段提出的新需求，会让开发组织不能够承受返工代价。

任务驱动的另一个弊端出现在团队承受大的进度压力时。为了赶进度，团队只能减少任务，往往首先被压缩的是质量控制相关的活动，如技术评审、测试。这样做的后果，往往是以牺牲质量作为代价。从长期来讲，企业付出的代价更大。瀑布模式解决进度问题的方法是砍掉任务（通常是测试任务），而敏捷解决进度问题的方法是减少用户需求特性。前者牺牲的是质量，而后者砍掉了价值最低的用户需求。

敏捷开发模式的两个主要特征是迭代开发和需求特性驱动管理。需求功能特性驱动管理的好处是把管理重点放在实现对客户有价值的需求上。在进度压力面前，团队减的是价值最低的需求特性而不是任务活动，牺牲质量就不会是团队的选项。

敏捷是实现价值驱动管理的一个好办法，因为它让我们关注真正有价值的东西。敏捷带来的是迭代、增量开发、产品的自然演进。敏捷让测试提前，让客户在整个开发过程中能够有效参与。敏捷强调自动化测试，敏捷要求团队在整个开发过程中把好质量关。敏捷过程强调的是创造价值的活动而不是满足标准的活动，敏捷把端到端的产品开发利益相关人圈在一起，把以前的竞争关系变成了合作关系。敏捷为团队创造了一个自我管理，发挥团队最大潜力的环境。

最近几年我听到过各种拒绝敏捷的原因，他们最后的总结都是"我们公司不一样，敏捷对我们不适用"。还有一些团队也在做敏捷，做 Scrum，做极限编程。但他们还都不是敏捷，只是在"形似神不似"地做敏捷，学会敏捷思维是中国企业实施敏捷过程中面临的挑战。

从先知后行到知行合一，也许我们找到了解决软件危机的办法。

两个团队的故事

故事1：瀑布模式团队的故事

很多软件公司应该都熟悉 W 团队的故事。这个团队属于某家电信 IT 公司，几年前公司建立了一套以瀑布模式为主的软件开发过程体系，并通过了 CMMI 三级评估。

W 团队接手了一个周期一年的项目 P，按照公司生命周期指南要求，他们选择了瀑布开发模式。首先他们花了一个多月，试图搞清楚需求要求，并且把梳理出的需求项写在需求规格说明书中，形成需求基线。同时项目经理和项目核心人员一起，根据瀑布阶段及各阶段的活动，完成了 WBS 分解，排出以任务活动为基础的详细计划，并将详细计划纳入微软 Project 系统中，作为监控的依据。然后团队会花更多的时间进行设计工作，写出更长的设计文档。经历了这些阶段后，开发人员终于开始编码工作，这时 4 个月已经过去了。

从项目一开始，各级领导就习惯性地下命令，指派具体工作任务。公司老总要求部门经理在一年内完成这个项目，并纳入部门考核。部门经理会经常参加项目的会议、评审。部门经理有很强的技术背景，在他参加的会议中，往往由他主导技术决策。用某位团队成员的话讲，是"一鸟入林，百鸟无声"。

在每周的项目组例会上，项目经理会给每个团队成员分配一周的任务。只有当成员完不成任务时，他才会在下周例会上提出来。有些任务也许 3 天就能完成，有些则需要 10 天完成。团队成员已经习惯了接受任务，团队字典里没有"主动"这两个字。除了周例会，团队成员基本是各做各的事，很少有沟通。程序员小王在考虑某个模块算法时碰到了困难，虽然邻座的小李做过类似的工作，但小王并不知道。本来可以一天解决的问题，小王在一周内都没有完成。直到在下个周例会上，小李才帮助小王解决了算法问题。

项目进入第 6 个月，部门经理在 Project 上看了项目状况，发现按当前的速度，进度会延迟 2 个月。他马上把项目经理找来，对团队的工作热情表示了极大的不满。他同时要求项目组必须更加努力，想办法（加班似乎是唯一的办法）赶上进度。于是项目团队开始夜以继日地工作，每天工作 10 小时以上是常见的事，大家也习惯了周末加班。

项目进入第 7 个月，团队还在紧张地进行开发工作。部门新接了个项目，且公司老总认为其更重要、更紧急，于是部门经理要求借调团队的两个核心人员去参与新项目的开发，同时他要求项目组自己想办法克服困难。团队刚刚形成的节奏又被打乱，项目经理感叹道：如果领导能够对团队多些保护该有多好！到了 7 月底，所有人都感觉团队承诺太多，压力太大，同时做的事情太多，大家都觉得已经身心俱疲。

就在团队根据项目前期确定的需求紧张工作时，客户（某省电信公司）也没有闲着。在项目进行到第 8 个月时，客户根据内部渠道用户的反馈及对竞争对手产品的分析，对项目 P 又有了一些新的想法，这些想法通过需求变更申请提交给了项目组。CCB（变更控制委员会）组按照流程要求进行了变更影响分析，发现变更工作量会大大超出合同要求，进度会延后 5 个月，于是客户这些需求变更要求被拒绝了。

虽然团队通过加班追回一些进度时间，但为了按计划要求在第 9 个月将代码提交给测试组，开发组只好减掉了 Project 中定义的一些工作。代码走查、单元测试是自然的选项。测试组按流程要求，首先对开发组提交的程序做了冒烟测试。结果可想而知，面对发现的缺陷数，测试员小张只能摇头。按要求开发组必须重新修改代码，然后才能再提交给测试小组。经过几次扯皮后，为了保证进度目标，部门经理决定直接开始测试阶段工作。

团队进入了更加混乱的测试阶段：开发和测试为每一个发现的问题是不是缺陷争执不休；疲惫的开发人员在修复缺陷时又引入了新的缺陷；不断的回归测试完全打乱了测试团队在项目前期制订的测试计划。眼看不可更改的交付日期越来越近，测试组只能牺牲测试的覆盖深度，将一些难以修复的问题的严重程度定为一般。W 团队终于按时将代码库提交给客户做验收及试运行测试。

客户的反馈让公司老总、部门经理十分失望：首先实现的产品特性不能满足用户当前的要求，其次用户体验十分负面，更让客户不满的是提交的程序中还有很多不该有的缺陷。这些反馈对团队打击更大，大家都感觉浪费了一年的努力。

在团队按公司过程要求做改进总结时，客户做出了一个重要决定：将项目 P 的升级工作给了公司的竞争对手。

故事 2：敏捷团队的故事

团队 A 属于一个国际互联网公司内部 IT 部门，它的故事是一个让人开心的故事。两年多前，团队 A 引入了敏捷开发模式。团队 A 的主要责任是负责公司的核心产品 T 的升级维护。在引入敏捷之前，团队 A 每半年左右会完成一版产品特性升级，虽然没有市场压力，团队也常常碰到团队 W 的问题。A 团队是公司敏捷主要试点团队。

T 产品的产品经理老孙随时会收集产品需求，并将这些需求纳入产品需求列表（product backlog, PB）中，他会判断确定这些需求项对用户的价值，按优先级次序将这些需求项在 PB 中列出。老孙根据最新收集的信息，不断对 PB 进行追加、删减、调整。

团队 A 将迭代开发周期定为两周，团队在每一轮迭代会实现 PB 表中的几个需求项。根据开发效率，团队确定每次迭代实现的需求，很快开始开发工作。团队 A 所有成员每天都会分享 3 个问题的答案：我昨天完成了哪些工作？今天准备做哪些工作？我遇到的障碍是什么？成员会互相协助，及时解决这些障碍。

同时，团队的敏捷经理会保证成员在两周内尽量不受任何外部干扰，集中精力做好迭代规划的工作。部门经理在每个迭代周期不会介入团队的决策及工作，但会及时协助解决团队 A 不能解决的问题。

　　看到完成的一个个的需求项，团队成员很有成就感。更让他们开心的是现在能够专注做好一件事，成就感让大家变得更加主动。

　　像团队 W 的客户一样，在团队开发过程中，T 产品的客户也不断有新的想法，这些想法被老孙整理后加到 PB 中。A 团队每两周会向老孙和 T 产品的用户代表演示他们实现的功能，及时获得反馈，这些反馈被用来优化 PB 中的需求项。

　　和迭代以前比，A 团队现在每 3 个月就能完成一版 T 产品的特性升级。由于用户的最新需求能在很短的时间中在 T 产品中实现，公司巩固了相关的网上业务，并能不断吸引新的用户。A 团队看到自己的努力方便了用户，并使公司获利，都很有成就感。

　　公司很快做出了重要决策：在 IT 部门内全面推广敏捷过程。

第 2 章

敏捷开发方法——摸着石头
过河的智慧

  2001 年 2 月 11～13 日，17 位志同道合的软件开发的实践者自称为"中年白肤色男人帮"（middle-aged white guys，mawgs），聚集在美国犹他州著名的滑雪胜地雪鸟城（Snowbird）滑雪，享受美食，同时花两天时间讨论更好的软件开发方法。这 17 位软件开发的实践者有一个共同的理念：应该找到一个替代文档驱动的重量级软件开发过程的新方法。这 17 位软件工程师（现在应该称他们为敏捷的领军人物）代表了敏捷运动的各种流派：极限编程（Extreme Programming，XP）、Scrum（本书的重点）、动态系统开发方法（Dynamic System Development Management，DSDM）、自适应软件开发（Adaptive Software Development）、水晶项目管理（Crystal）、特性驱动开发（Feature-Driven Development）和实用编程（Pragmatic Programming）等。

  虽然这些人都认同轻量软件开发过程，但让一群独立思维的聪明人在具体做法上达成一致是一件很难的事。聚会时间临近结束，大家还是争论不休，这时有人提出了一个求同存异的折中建议：把我们 17 个人都认同的理念整理出来，写在白板上。最后白板上只留下了 4 条，他们把这 4 条称为"敏捷宣言"，把自己的组织称为敏捷联盟。"敏捷"一词从此替代了轻量过程开发，成为软件业出现频率最高的词。选择敏捷（Agile）一词还是有些争议，有人担心这个词会被误解为无序（这个担心到现在来看还是有些道理的）。一位来自英国的绅士甚至担心美国人不知道如何发 Agile 的音。当然最终大家都非常满意聚会的结果，每个人都觉得他们做了一件有意义的事。但谁也没有意识到，这短短几句话，成了近 20 年来最重要的软件文献，它推动了一场软件工程的革命。

2.1　经常被错误解读的敏捷宣言及敏捷原则

下面是敏捷联盟认可的敏捷宣言的中文版。

敏捷软件开发宣言

我们一直在实践中探寻更好的软件开发方法，
身体力行的同时也帮助他人。由此我们建立了如下价值观：

个体和互动　高于　流程和工具
工作的软件　高于　详尽的文档
客户合作　高于　合同谈判
响应变化　高于　遵循计划

也就是说，尽管右项有其价值，
我们更重视左项的价值。

正如一位宣言作者所言，这个宣言是一个战斗口号：它明确表达了我们支持什么及我们反对什么。这个宣言也清楚地指出什么是敏捷，什么不是敏捷。

2.1.1　敏捷宣言是价值宣言

敏捷宣言是一个价值宣言，它强调了在开发过程中我们要关注什么，正确的优先级应该是什么。

1.　个体和互动高于流程和工具

人、过程、工具和成功开发软件系统的关系是个老话题了。如果给你一个选择：谁更有可能开发出好的软件产品？是 10 个勤奋、能干的软件工程师，使用他们各自的工具，每天在一起协调配合工作，他们之间存在有效的沟通互动；还是 10 个能说不能做的牛人，他们共有一个明确的定义过程，可以用最好的工具，坐在最好的办公室。如果要开发的产品有一定的复杂性的话，我会选择前者。人和能保证他们在一起有效工作的机制是开发出好产品的最重要因素，没有这一点，工具和过程不会发挥它们的作用。这绝不是说工具和过程不重要，但软件开发是高智力活动，在开发复杂系统时，人更加重要。同时团队成员间及时沟通互动，比仅仅通过文档工具进行沟通更加重要。当然在一定程度上，工具和过程可以帮助建立维护保证人一起有效工作的机制。

2．工作的软件高于详尽的文档

问一下你的用户，他是更愿意看一个 200 页的文档描述你要开发的产品还是软件本身？我猜绝大多数用户都会选择软件本身。如果是这样的话，我们为什么不能通过快速开发出软件，让用户了解项目进展情况？大多数用户更容易通过观察软件演示来理解开发的产品，那些复杂的内部技术实现图、抽象的使用说明，恐怕会让用户望而却步。文档有其价值，它可以帮我们理解系统是如何被开发的及选择这种开发方法的原因（这对支持后期维护至关重要），文档也可以指导用户使用开发的系统。但文档不是软件开发的主要目的，否则我们就应该叫文档开发了。文档的目的，在某种程度上是为了帮助我们开发出工作的软件。

3．客户合作高于合同谈判

和客户打交道可能会是一件痛苦的事，因为他们通常没能力准确地描述出产品需求，他们从来不能一次把事情讲清楚，他们还经常改主意。但只有他们能告诉你他们需要的东西，只有开发出的软件得到他们的认可，你才能最终收到合同款项。这是每个软件企业必须面对的现实。通过合同明确各自的权利与义务，并且保护你的利益也很重要。但合同谈判不能替代和客户的沟通，成功的开发团队会把客户当成团队的一部分，通过迭代开发模式不断获取客户的反馈，在开发中逐步理解客户的真正需求，并和客户一起加深对产品价值的理解。

4．响应变化高于遵循计划

变化是软件开发过程中一个常态：客户对业务领域的理解加深会导致变更；商业环境的变化会导致变更；技术的变化也会导致变更；人员的变动也会带来变更。如果你的软件过程不能有效地处理变更，那么这些变更有可能把项目带到绝境。计划很重要，但计划必须有其伸缩能力，我们必须能及时抛弃过时计划元素，更新计划响应变化。项目的目的不是为了符合计划，而是用计划指导我们开发出对客户有价值的产品。

有意思的事是几乎所有人看到这 4 条都不会提出异议，第一反应很可能是"当然应该这么做"。可惜在传统开发模式下，在盲目强调过程符合的文化下，这些价值观都没有真正得到体现。

另外我们也要避免从一个极端走到另一个极端：完全忽略右项的价值，在敏捷的名义下，变得完全随意，没有过程，没有计划，这样的敏捷不会成功。

敏捷宣言讲的是方向性的东西，它是一个里程碑式的宣言。

2.1.2　敏捷的12原则背后的故事

在雪鸟城聚会后的几个月里，这些敏捷领袖通过邮件和 wiki 沟通，写出了 12 条原则，给出了实现宣言 4 个价值观的指导理念。这里我觉得很有必要对这 12 条原则逐一做个简单解释说明。为了让大家能准确理解每一条原则，我将英文附在里面。

（1）**尽早、持续交付有价值的软件是我们满足客户的最优先考虑**。（Our highest priority is to satisfy the customer through early and continuous delivery of valuable software.）

我们在第 1 章中讨论了先知后行（定义好一切再开始软件开发）的弊端，尽早、持续交付软件增加了开发团队和产品团队（客户）的沟通机会及质量。知行合一的增量开发也能让用户尽早开始使用开发出的有价值的系统功能特性。

在规划迭代时必须按照优先级安排，尽可能先为客户提供最有价值的功能。通过频繁迭代与客户形成持续的良好合作，通过及时反馈来提高产品可用性及质量。这个原则也告诉我们，团队应更加关注完成和交付具有用户价值的需求功能，而不是孤立的任务。

（2）**即使到了开发的后期，也欢迎需求变更。敏捷过程利用变更为客户创造竞争优势**。（Welcome changing requirements, even late in development. Agile processes harness change for the customer's competitive advantage.）

从来没有无缘无故的需求变更，变更的原因经常是开发中的需求功能已不能有效地满足用户的需要。我们要做的是，拥抱变更但要将变更成本降到最低。敏捷能让我们做到这一点，而瀑布模式则无法做到这一点。

（3）**频繁交付可以工作的软件，交付间隔越短越好，可以从一两周到一两个月**。（Deliver working software frequently, from a couple of weeks to a couple of months, with a preference to the shorter time scale.）

我们在第 1 章讨论了反馈的价值，频繁交付工作的软件给利益相关人提供一个很好的沟通反馈平台。这些反馈可以让开发团队和产品管理团队及时对产品的方向做出调整，也可以让开发团队及时总结、对使用的过程进行调整。和瀑布开发模式不同，敏捷开发模式对开发阶段没有什么重要的分割，不是接力的需求阶段，然后是分析阶段、架构设计阶段、编码测试阶段等。敏捷团队是一个跨职能的团队，在项目开始后，上述瀑布阶段的工作会同时开始。

（4）**在整个项目开发期间，业务人员和开发人员必须可以天天随时沟通、一起解决问题**。（Business people and developers must work together daily throughout the project.）

复杂软件项目不会完全依照项目前期制订的计划执行，各种不可预测的因素会产生实际和计划的差异。开发人员和产品团队（客户、市场人员、产品经理等）有效、频繁交互是及时发现并解决问题的最好手段。如果一些重要的利益相关人不在本地，那么我们需要建立沟通工具平台，支持异地人员能够随时和团队进行有效沟通。

（5）**围绕一群有动力的个人进行项目开发。给他们提供所需要的环境和支持，并**

且相信他们会把事情做好。（Build projects around motivated individuals. Give them the environment and support they need, and trust them to get the job done.）

这些年来，我发现一些国内企业有这样的不切实际的想法：似乎通过引入符合 CMMI、ISO 等要求的过程，就能让一群能力不是很强的人良好地完成软件开发工作。似乎过程真的可以完全替代人，人完全变成可替换的东西。他们忽略了软件开发和制造业的差异，软件过程和流水线过程的差异。敏捷强调团队的重要性，敏捷团队是由一群自律、有团队精神的人组成的，他们乐于协调工作、互相学习。他们谦虚谨慎相互尊重，在敏捷理念里，人是软件开发成功的最重要因素。管理者的重要工作是激励每个人发挥出他的最大潜力，让个人的目标和团队的目标一致，以一群主动的个人为中心构建项目，同时为他们提供所需的环境、支持与信任。

（6）**对一个开发团队来说，面对面沟通是最高效的传递信息的方法。**（The most efficient and effective method of conveying information to and within a development team is face-to-face conversation.）

行为研究显示，对一个小团队来讲（小于 10 人左右），面对面再加上一个白板就是最有效的沟通传递信息方式。这种方式比通过文档、邮件、电话沟通都更加有效。Scrum 中的每日站立会议就是实现这个原则的一个实践。

（7）**工作的软件是软件开发中首要进展度量指标。**（Working software is the primary measure of progress.）

软件开发中完成了多少符合客户要求的功能应该是项目进展状况的重要度量指标，而衡量任务完成情况的所谓挣值其实很难代表项目真正的进展情况。我们比较容易度量大部分工作进展，如搬运 1 吨的煤，只要称一下已经搬运煤的重量就知道完成多少了。而对于软件来说，在软件没有完成编码、测试之前，我们不能因为代码编写了多少行，测试用例跑了多少个就去度量这个功能是否完成。度量这个功能是否完成的唯一标准应该是这个功能可以工作了，用户已经可以用它了。

（8）**敏捷过程提倡可持续的开发。产品的赞助者、开发者和用户应该能够保持一个长期的、恒定的开发节奏。**（Agile processes promote sustainable development. The sponsors, developers, and users should be able to maintain a constant pace indefinitely.）

IT 行业是一个很辛苦的行业，过劳死、亚健康往往和 IT 人士联系在一起。跑马拉松比赛，没人能够一直像跑百米一样地冲刺，否则你一定会倒在中途。让一个团队连续几个月天天加班，也很难开发出高质量的产品。软件开发主要是脑力活动，像我每天集中精力有效工作的时间也就 6 小时，过了这个界线，脑子就明显钝化了。

国内 IT 行业认为软件开发中加班是天经地义的，不加班反而不正常，敏捷也不会改变这种常态。可敏捷提倡的是可持续开发，开发速度不应该随着迭代的任务不同而不同。开发活动不应该是突击行为，因为你不可能指望突击完成一个项目后就轻松了，下一个项目会接踵而来，当然下一个项目依旧会让你再次突击。听起来长期加班也可以是所谓"持续开发",但是这种状况是不可能持续恒定的,因为人会疲劳、厌倦,健康变坏,长期这样的话也会影响家庭幸福。软件开发的节奏意味着阶段、活动的可预测性:固定的迭代周期、固定回顾会、固定评审会等,都会帮助团队形成自己的开发节奏。

这也是我不喜欢将 Sprint 翻译成"冲刺"的原因,因为我们不可能用冲刺的方式来跑马拉松。在 Scrum 中,Sprint 其实强调的是周期短,而不是跑得快。所以本书中,我将 Sprint 翻译成"迭代"。

(9) **不断关注卓越技术及优秀设计能增强敏捷力**。(Continuous attention to technical excellence and good design enhances agility.)

一个高质量的代码库比一个低质量的代码库更容易被理解、维护和完善。卓越技术应该是敏捷团队、敏捷人永远追求的东西。极限编程给我们提供了很多好的办法,如代码的重构、测试驱动开发、持续集成等。很多架构设计方法、数据库设计方法、技术评审方法也应该成为敏捷团队遵循的指南。这些好的技术实践可以加强产品敏捷能力,很多原则、模式和实践也可以增强敏捷开发能力,特别是解决敏捷的天敌——带病迭代的问题。

(10) **简于形——是最大化地减少不必要工作的艺术——这是敏捷精髓**。(Simplicity—the art of maximizing the amount of work not done—is essential.)

这一条是我最喜欢的敏捷原则,也是最难翻译的。敏捷是一种在可能限度范围内求全的艺术,但不是追求完美的艺术。如开发团队不可能预期后面需求会如何变化,所以不可能一开始就构建一个完美的架构来适应以后的所有变化。敏捷团队不会去构建明天的软件,而会把注意力放在如何用最简单的方法完成现在需要解决的问题。如果你已经预计到了肯定存在的需求扩展点,是否一开始就考虑呢?团队可以需要根据自己的最好理解去决定是否考虑,如果深信在明天发生了这个问题也可以很容易处理的话,那么就最好先不考虑。尽量只做正好够(just enough)的东西以及在恰当的时间(just in time)做决策是敏捷的核心实践之一。希望读完本书后,这条原则能够融入你的思维体系中。

(11) **自我组织的开发团队能够逐步摸索出最适合的构架、需求和设计**。(The best architectures, requirements, and designs emerge from self-organizing teams.)

这句话大概是最有争议的原则。在翻译"best"时我没有用"最好"而是用了"最适合"。自我组织管理团队是敏捷主要的实践之一,这个也是在国内实施敏捷的一个难点,很多企业都绕过了这一实践。后面章节中,我会对这个话题做深入的讨论。在自我组织管理团队中,管理者不再发号施令,而是让团队自己去寻找最佳的工作方式来完成工作。自我组织团队的第一个要素就是必须有一个团队,而不仅仅是一群人。一群人是一帮在一起工作的人,他们彼此之间并没有太多的沟通协调,他们也并不视彼此为一体。项目一开始,我们就会组建"团队",但很多时候其仅仅是由构架师、需求人员、开发人员和测试人员组成的一群人而已，而不是一个团队。

团队的形成必须经历几个时期，只有在经历了足够的磨合后，成员才会开始对团队共同的工作理念与文化形成一个基本的认识和理解。团队内会逐渐形成规矩，而且这些规矩是不言而喻的。例如，每个人都知道上午 9 点来上班，都会主动询问别人是否需要帮助，也都会去主动和别人探讨问题。如果团队成员之间能够达成这样的默契，那么这个团队将成为一个真正高效的工作团队。在这样的团队中，成员之间相互理解，工作效率非常高。在自我组织团队中，团队成员不需要遵从别人的详细指令。他们需要更高层次的指导，这种指导更像是一个目标，一个致力于开发出更好软件的目标。总之，自我组织团队是一个自动自发、有着共同目标和工作文化的团队，这样的团队能够逐步将团队能力最大化，这样的团队才有可能一起摸索出最合适的技术解决方案。

（12）**每隔一定时间，团队会在如何才能更有效地工作方面进行反省，然后对自己的做事方式进行必要调整**。（At regular intervals, the team reflects on how to become more effective, then tunes and adjusts its behavior accordingly.）

敏捷中的过程改进比传统环境下更及时、更有效。每个迭代结束后，团队会进行得与失的分析，固化好的做法，调整出问题的过程环节。针对性的改进可以很快在下个迭代中进行，不断提升团队的开发能力。本章后面章节我们会讨论敏捷过程的特征：它不是一个预定义的过程，而是一个基于经验的过程，团队通过不断的实践、反省、调整来改进所执行的敏捷过程。

希望你能再看一下宣言的 4 条内容，好好琢磨一下这 12 条原则。你觉得软件开发应该遵循这些原则吗？你认为这些表述是一些不现实的目标，还是简单的常识——本该如此？真正理解这些原则能够帮助你学会敏捷思维，而不仅是照葫芦画瓢地做敏捷。

敏捷 12 条原则

1. 尽早、持续交付有价值的软件是我们满足客户的最优先考虑。

2. 即使到了开发的后期，也欢迎需求变更。敏捷过程利用变更为客户创造竞争优势。

3. 频繁交付可以工作的软件，交付间隔越短越好，可以从一两周到一两个月。

4. 在整个项目开发期间，业务人员和开发人员必须可以天天随时沟通、一起解决问题。

5. 围绕一群有动力的个人进行项目开发。给他们提供所需要的环境和支持，并且相信他们会把事情做好。

6. 对一个开发团队来说，面对面沟通是最高效的传递信息的方法。

7. 工作的软件是软件开发中首要进展度量指标。

8. 敏捷过程提倡可持续的开发。产品的赞助者、开发者和用户应该能够保持一个长期的、恒定的开发节奏。

9. 不断关注卓越技术及优秀设计能增强敏捷力。

10. 简于形——是最大化的减少不必要工作的艺术——这是敏捷精髓。

11. 自我组织的开发团队能够逐步摸索出最适合的构架、需求和设计。

12. 每隔一定时间，团队会在如何才能更有效地工作方面进行反省，然后对自己的做事方式进行必要调整。

那么什么样的开发模式称得上是敏捷过程呢？敏捷的 4 条价值宣言及 12 条原则给出了明确标准。如果一个开发模式是在身体力行这些宣言及原则，那么它就是敏捷，否则就不能称之为敏捷。本章第一段落里提到的方法，是业界一些常见的敏捷开发模式。

当你读完这本书以后，可以回来再看一下敏捷宣言及原则。也许那时你的体会和理解会更深一些。

2.2　敏捷开发架构与 Scrum：调整中增量开发

1986 年 2 月，两位日本人 Takeuchi 和 Nonaka（1986）在哈佛商业评论上发表一篇题为"一个新的新产品开发游戏"的文章，提出了一个类似于英式橄榄球（RUGBY）比赛的产品开发模式。他们没有想到，几年后这篇不起眼的文章给 3 位美国软件开发经理带来了他们需要的灵感。Jeff Sutherland、Ken Schwaber 和 Mike Beedle 不约而同地将文章中的产品开发模式应用在他们管理的软件项目上。10 年后他们在自己的经验基础上定义了 Scrum 的框架及实践（Schwaber，2004, 2007; Schwaber et al.，2002; Sutherland et al.，2011）。3 位作为敏捷初期的探索者，也参加了 2001 年 2 月在雪鸟城的聚会。今天绝大多数应用的敏捷过程是 Scrum 或 Scrum 和其他方法（如极限编程、传统方法等）的结合。本书中描述的敏捷管理活动多以 Scrum 为核心，而工程活动则多以极限编程的方法为主。但我不局限于这两个方法，只要是经过验证的相关有效实践，我都会参考。

2.2.1　敏捷开发架构

在介绍 Scrum 之前，我觉得很有必要介绍一下 Jim Highsmith（另一位敏捷宣言的签名者）提出的敏捷开发架构（Highsmith，2011）（见图 2-1）。这个架构体现了敏捷的核心理念，在这个架构下，我们可以更好地理解 Scrum。

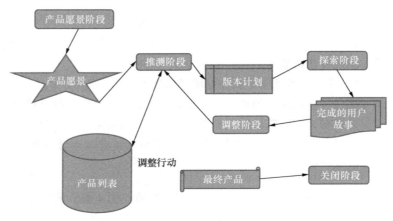

图2-1　敏捷开发架构图

如图 2-1 所示，敏捷开发应该包含以下 5 个不同阶段。

（1）**产品愿景阶段**：其主要工作是确定产品的愿景及大概范围，项目目标以及约束条件（做什么），同时明确团队相关成员（谁来做）及协同工作方式（如何做）。

（2）**推测阶段**：围绕需求特性建立产品发布计划，主要工作包括：收集分析初始需求，估计开发成本等信息，考虑风险缓解策略，建立一个迭代和需求特性基础上的开发计划。

（3）**探索阶段**：计划并在较短周期内成功提交一个产品功能特性子集，并不断寻求降低项目的不确定因素。这个阶段主要完成 3 个关键活动。

- 开发团队通过遵循有效的技术实践及有效任务管理，提交规划的需求特性子集。
- 建立并不断完善一个协作、自我组织的项目社区。
- 管理和客户、产品管理团队及其他重要利益相关人的沟通，加深对产品价值及约束条件的理解。

（4）**调整阶段**：开发团队和客户及其他重要利益相关人一起评审迭代完成的需求功能特性（工作的软件），对产品的需求做出调整。同时团队也会从迭代过程性能（如效率）及项目状态的角度回顾刚刚结束的迭代，根据情况调整迭代过程和发布计划。本阶段活动的结果会用来帮助更好地做好下个迭代的工作。

（5）**关闭阶段**：每个项目都有个结束点，结束点也是总结点——总结经验教训、优秀实践，获取新知识的总结传承。

注意图 2-1 中推测（speculate）、探索（explore）和调整（adjust）之间的闭环，这 3 个词较为准确地表达了敏捷核心理念，表达了知行合一的精髓。这 3 个词代替了瀑布模式中的计划（plan）、执行（do）和纠错（correct）。用推测而不是计划，更明确表示在这个阶段我们并不知道一切，当我们在迭代中获取更多信息后，调整是件自然的事。用探索而不是执行则体现我们在摸着石头过河，边开发边获取更多的信息。调整不是纠错更明确表示一开始我们并不知道什么是对的，也就是初始计划不见得是正确的。调整后我们会带着更深的理解及更多的信息进入下次探索（迭代）。这 3 个阶段不断地循环，直到将一版新的对用户有价值的软件产品提交给客户。在本书第 4 章中，我会更加详细地介绍这 5 个阶段的内容。

在传统瀑布开发模式下，"计划－执行－纠错"意味着早期项目一般不会偏离计划，但在项目后期往往会跳出计划的轨道。而"推测－探索－调整"则恰恰相反，我们预期项目不会按预测的进行，但后期则会越来越准。

但另一方面我们也应该意识到，敏捷架构也有一点传统方法的影子：推测有计划的影子，每一次探索的结束都有里程碑的影子。在实际操作中，敏捷过程往往会或多或少吸收一些传统方法的实践。这个平衡度的把握是由需求清晰度及技术稳定度来决定的。

为了让大家能够更深入地理解 Scrum，还需要用些篇幅介绍产品开发的两类过程：定义的过程（defined process）和实验性过程（empirical process）。定义的过程往往描述一个可重复的生产过程，只要严格遵循过程中定义的每一步，我们就能生产出满足质量要求的产品，它是一个可预测的过程。在制造业，人们都会尽可能地使用第一的过程，这样才利于批量生产并能大大减少成本。但当开发复杂产品时，有时我们没有办法明确过程中的步骤，强制执行定义的过程反而会带来由于不定因素而造成的大量返工。这时，实验性过程就是一个好的选择。

实验性过程有 3 个关键支撑点。

（1）**透明**（transparency）：整个开发过程中所有活动透明，并且所有人对完成标准理解一致。例如，如果我们说某个需求项已经完成，那么所有人的理解都应该是一样的。不能是有些人理解为仅仅是代码已完成，而另一些人的理解是代码已完成，并通过了代码审查、单元测试、集成测试和验收测试。透明是实现另外两个关键支撑点的基础。

（2）**审查**（inspection）：在过程中，我们需要不断审查过程中的差异及问题，很明显，透明是审查的先决条件。检测的频率和过程活动的执行有密切关系，有效的审查也要求审查人员必须具备必要的产品、技术、管理和过程的相关技能。

（3）**调整**（adaptation）：在过程中，当审查出的问题会影响到过程目标时，我们需要及时调整相关过程或过程相关因子，将损失降到最低。

代码审查就是一个实验性过程的例子。当一位不是很有经验的程序员完成一个代码模块后，项目经理会要求对模块做一次代码审查。几位有经验的程序员会依据代码标准对其进行评审，当然他们对这些标准非常熟悉。评审中发现的问题及建议会用来完善该代码模块，也会用来完善评审过程、标准，它们也会帮助这位经验不足的程序员提升编程能力。

Scrum 是为了在复杂场景（图 1-4 中的"困难"和"复杂"类项目）下开发出有价值的产品而建立的。复杂场景往往意味着不确定性、不可预测性，也就是说我们很难建立一个步骤明确的过程，指导我们开发出客户需要的软件。定义的过程对这类项目是非常不适用的。对于复杂项目来讲，实验性过程是个更好的选择。Scrum 就是一个实验性过程，它给出了一个简单但有效的执行知行合一的架构，是多数敏捷组织的首选敏捷方法。

2.2.2　用一分钟来解释一下 Scrum 以及 Scrum 中的 3 个角色、3 个文档和 5 个会议

那么 Scrum 到底有多简单呢？我可以用 7 句话，用不到一分钟的时间把它概括一下。

（1）产品经理（product owner）负责建立并维护一个按优先级次序排列的、反映客户期望的产品需求列表（product backlog）。

（2）在迭代（sprint）计划时，团队从需求列表中优先级高的需求项中选取一小部分，放入迭代需求列表（sprint backlog）中，并决定如何开发这些需求功能。

（3）团队在固定的时间周期内完成一个迭代，通常是 2～4 周，团队每天会在一起评估项目进展情况（daily scrum）。

（4）在这个过程中，Scrum 过程经理（Scrum master）会让团队关注迭代目标的实现并遵循 Scrum 实践。

（5）在每次迭代结束时，团队完成的代码是可以提交的：可以直接让客户使用，或者可以展示给客户或用户代表。

（6）迭代的最后两个活动是迭代评审（sprint review）和迭代回顾（retrospective），根据反馈，对产品及团队工作方式（过程）做优化调整。

（7）在下个迭代开始时，Scrum 团队（Scrum team）又会从产品需求列表中选取一部分优先级高的需求项，开始新一轮的开发工作。

图 2-2 给出了 Scrum 一个大的管理框架。

如前所述，国内大部分人把 Scrum 中的 Sprint 直译成"冲刺"，我不是很喜欢这个翻译。因为冲刺这个词给人的感觉像是在跑短跑，而这是和第八条敏捷原则相违背的。这条重要的原则指出："敏捷过程提倡可持续的开发。产品的赞助者、开发者和用户应该能够保持一个长期的、恒定的开发节奏。"软件开发是马拉松，按百米跑的冲刺速度来跑马拉松会让你很快累趴下。在本书里，我用迭代来表示 Sprint，大家把它理解成一个短周期的开发就行了。在第 5 章，我会详细介绍 Scrum 中的实践。

有人把 Scrum 简单解释为 3 个角色、3 个文档和 5 个会议。

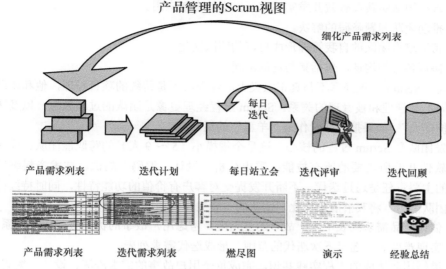

图 2-2 Scrum 管理框架

1. Scrum 管理框架中的 3 个角色

在介绍 Scrum 角色之前，先讲一下著名的猪和鸡的故事。一只有经商头脑的鸡找到一头聪明的猪，提出合伙开一家火腿和煎蛋快餐店。猪想了一下说："好像不太公平，我们介入的力度差别太大，我出的是身上的肉，你出的是每天下的蛋。"

Scrum 的角色就是产品开发中的猪，他们是产品经理、Scrum 过程经理和 Scrum 团队（Scrum team）。

顾名思义，产品经理最主要的责任是保证团队开发的功能特性对客户是有价值的，具体来讲，他需要做以下 5 件事。

（1）建立产品的愿景，也就是产品给客户带来的价值。

（2）建立维护产品的发布计划 / 版本计划（release plan）。

（3）及时收集用户反馈、优化产品需求。

（4）确定每条需求项（用户故事）的价值及优先级。

（5）明确每个需求项的验收通过标准。

Scrum 过程经理比较特殊，在传统方法中是没有这个角色，所以这是个经常被误解的角色。一个称职的 Scrum 过程经理能在 3 个方面起到重要作用：让团队的关注点始终在实现客户价值上；让团队在每个迭代中不受干扰（大家都知道封闭式开发能够保证效率，Scrum 的每一次迭代就是不需要团队成员住酒店的封闭式开发）；帮助产品经理和团队在 Scrum 的框架下做好各自的工作，并做到有效沟通。为了实现这 3 个目标，Scrum 过程经理需要做好下面一些工作。

☐ 建立、改进适用于团队的 Scrum 过程。

- 推动敏捷实践及有效开发实践在开发中的有效应用。
- 推动团队问题障碍的解决。
- 帮助培育团队的自我管理形成良好的团队文化。
- 协调各方的沟通，包括猪与鸡的沟通。

注意，Scrum 过程经理不是真正意义上的经理，不是传统的项目经理，他和团队成员之间不是管理和被管理的关系。Scrum 过程经理更像是团队的过程教练，以及团队的"护羊犬"（如果把团队看作是"羊群"的话）。

开发团队是 Scrum 过程的核心，这是个规模小（5 ～ 9 人）的跨职能团队。团队应具备软件开发所需要的所有技能：需求分析、设计、编码、测试、技术资料编写等。它的主要责任是通过迭代，不断开发提交对客户有价值的功能特性，同时持续改进提升团队能力，将其潜能最大化。团队的主要工作包括以下几项。

- 估计产品需求列表中用户故事的复杂度，考虑用户故事的优先级、依赖关系、实现难度等，选择下次迭代的范围，形成迭代需求列表。
- 遵循团队达成的工程实践共识，完成每个用户故事的需求澄清、设计、编码、评审、测试、资料编写等相关工作，不断提交对客户有价值的需求功能。
- 不断总结开发过程中的得与失，持续改进个人能力及团队能力。

在第 4 章讨论敏捷布局时，我还会进一步深入讨论 Scrum 中的各种角色的选择和要求。

2．Scrum管理框架中的3个文档

在第 5 章中，我会深入讨论 3 个文档的使用，这里仅做一个简单介绍。

产品需求列表是 Scrum 中最重要的文档，它是一个动态的（产品经理可以随时对其进行调整）包含了客户期望的需求的列表清单。大部分敏捷团队使用"用户故事"的形式来表示每一个需求项，产品经理会对它们按价值排序，由高（上）到低（下）。用户故事的颗粒度会有很大差异，主要遵循"近细远粗"的原则：排在最上面的用户故事会被细化，以支持团队近期迭代的实施。而底层故事的颗粒度可以很大，因为前期花精力对其细化很不值得。这些需求后期很可能会变，也有可能根本不需要。因为没有完美的产品，所以产品需求列表永远不可能全。只要一个产品还在被使用，它的需求列表就应该存在。

迭代需求列表则是由团队负责管理，它定义了 Scrum 团队某次迭代承诺实现的用户故事或任务。在迭代中，它一般是不变的。团队会识别出完成每一个故事所需要完成的任务，通过完成这些任务，提交可提交的工作的软件。每次迭代应该有个主题或目标，Scrum 的增量开发是通过不断迭代，完成迭代需求列表中的需求项来实现的。

燃尽图是 Scrum 中的第三个文档，它主要是用来监控版本及迭代开发进展情况。

版本燃尽图显示本次版本未开发的需求项或剩余的工作，而迭代燃尽图则显示一次迭代中未完成的工作。图 2-3 和图 2-4 显示了两类燃尽图——版本燃尽图和迭代燃尽图。

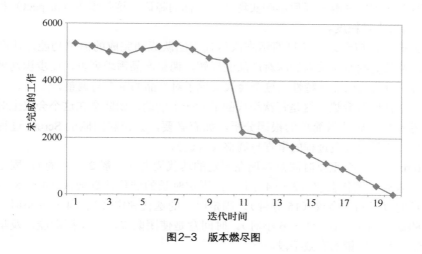

图2-3　版本燃尽图

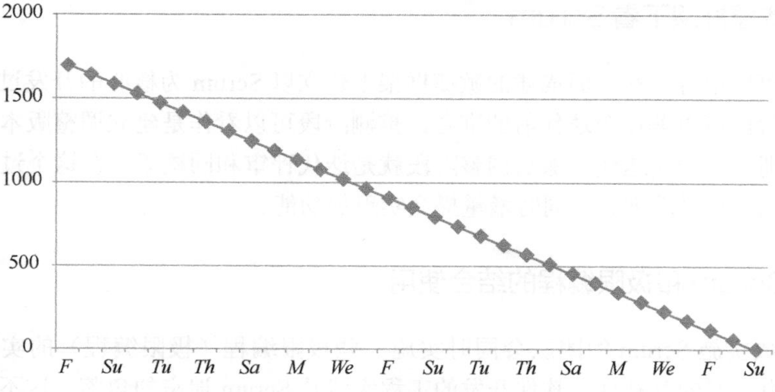

图2-4　迭代燃尽图

　　燃尽图可以简单清晰地展示迭代完成情况及版本实现情况。

3. Scrum管理框架中的5个会议

　　在第 5 章中，我会描述如何开好 Scrum 中的 5 个会议，这里只简单介绍一下 5 个会议的目的。

　　（1）**产品需求列表的细化会议**：团队和产品经理会一起细化列在需求列表前面的需求项（用户故事），为近几次（如两次）迭代做好准备。

（2）**迭代计划会议**：团队从产品需求列表前面被细化的需求项中选择本次迭代要完成的用户故事或任务，形成迭代需求列表。

（3）**每日站立会议**：这个每日 15 分钟的例会可以让所有团队成员的工作得到同步，同时及时识别并解决任何影响实现迭代目标的障碍。这是审查（inspect）和调整（adopt）的最小颗粒度。

（4）**迭代评审会议**：通过演示本次迭代中团队成功完成的需求功能，让产品经理、客户及其他利益相关人加深对产品的理解，调整产品需求列表，逐步识别聚焦到真正对客户有价值的需求特性。这个会议实现了对产品的审查与调整。

（5）**迭代回顾会议**：这是每次迭代的最后一个活动，团队会在这个会议上对迭代中的问题及好的做法做简单的根因分析，如有必要，会调整团队的 Scrum 过程及实践。这个会议是对开发过程的审查与调整（改进）。

Scrum 中的一个重要时间盒体现在固定的迭代周期（一般 2～4 周），固定时长的产品需求列表细化会议（2～4 小时），固定时长的迭代计划会议（4～8 小时），固定时长的每日站立会议（15 分钟），固定时长的迭代评审会议（4～6 小时）和固定时长的迭代回顾会议（3～6 小时）。时间盒是使团队专注、发挥潜能，及早发现问题并做出解决决策的有效手段。

2.2.3　敏捷框架下看 Scrum

我们可以很容易在前面描述的敏捷框架下建立以 Scrum 为核心的开发过程。

愿景阶段可以解读为迭代前的准备，推测阶段可以看作是建立调整版本计划，而探索阶段则对应一次迭代，那么调整阶段就是迭代评审和回顾了。在这个过程中，团队不断优化产品需求列表，同时增量提交实现的功能。

2.2.4　Scrum 和极限编程的结合使用

大多数实施 Scrum 的团队会同时实施一些极限编程（极限编程）的实践，这是因为二者有极好的互补性。软件开发的工程实践是 Scrum 遗忘的角落，这不是疏忽而是刻意为之，它把如何做（工程实践）留给团队来决定。这个选择同时也带来了开发风险，因为团队有可能会过于追求速度，植入产品的维护及使用隐患。我们把这些隐患称为技术债务，而忽略它们则称之为带病迭代。

由于 Scrum 迭代周期很短，对开发出软件的充分测试往往是完成迭代目标的瓶颈。极限编程在这方面提出了有效的做法，大大降低了变更成本（这些变更包括需求、设计和编码）。在实施 Scrum 时，建立能支持持续集成等极限编程实践的环境及能力，是成功实施 Scrum 的重要保证。

在下一章我会详细介绍极限编程的原则及重要实践。

2.3　Scrum是一个实现敏捷价值及原则的开发管理架构

不难看出 Scrum 的实践（从 20 世纪 90 年代初开始）是敏捷宣言及原则的一个重要来源。真正合理使用 Scrum，需要团队真正理解敏捷原则、实践、Scrum 架构，同时用这些原则、实践、架构解决团队在开发软件中遇到的问题。Scrum 是一个实现敏捷价值、体现敏捷原则的开发模式。

2.3.1　Scrum让敏捷价值的实现变得自然

1.　Scrum让团队和客户的合作沟通变得简单

Scrum 从传统的任务驱动管理转换为需求特性驱动管理，这个转换带来的最大好处之一是让团队关注的东西和客户关注东西高度一致。客户并不关心团队是如何实现需求功能的，一般也没有能力判断团队的开发及管理活动的合理性，他们关注的是团队实现的需求功能：哪些能实现，哪些不能实现，什么时间能提交，是否能调整需求（加、减、改）。

Scrum 过程设置了一个专门的角色（产品经理）来和客户沟通，他同时又是客户和团队的沟通桥梁。这样客户有一个明确的渠道随时将他们的想法转达给团队，同时有一个既理解他们所需产品价值又了解开发团队能力的人帮助他们做产品规划。

由于每次迭代的周期都很短（一般不超过 4 周），哪怕是两年的项目，客户也可以不断看到团队实现的需求功能，给出需求优化的反馈。实现的需求真正变成了和客户沟通的载体，客户可以在整个开发过程中不断用自己熟悉的东西和团队进行沟通。

2.　Scrum大大降低了变更成本

新的需求可以随时加到产品需求列表中，而迭代需求列表在迭代中一般是稳定不变的，这样需求变更造成的成本会比传统模式少很多。而短的迭代周期也降低了技术变更（如设计）造成的返工，以及需求不明确带来的返工。高频率的审查（每日例会、迭代评审和回顾会）也缩短了缺陷及问题植入和发现的距离，从而降低了质量成本。当然前提是团队真正掌握了 Scrum 管理实践，让改进变成团队常态化的活动。

3.　工作的软件是Scrum中最重要的进展度量

每次迭代最重要的产出物是工作的软件，在迭代评审会上，我们只会演示达到"完成"（Done）标准的程序。其他工程管理文档都是用来支持团队开发出工作的软件。增量开发也就是代码库的不断扩张。

2.3.2　Scrum 是敏捷原则的具体体现

让我们看一下 Scrum 是如何体现敏捷的 12 条原则的。

（1）产品需求列表中的优先级及每次迭代后持续提交工作软件体现了第一敏捷原则。

（2）产品需求列表的随时更新保证了第二原则的实现。

（3）1 ～ 4 周的迭代周期保证了第三原则的实现。

（4）Scrum 的跨职能团队及每日 15 分钟的站立会议实现第四原则。

（5）Scrum 中的自我管理原则也是敏捷的第五原则。

（6）5 ～ 9 人的小团队，白板的使用以及面对面的沟通等 Scrum 实践保证第六原则的实现。

（7）Scrum 对工作的软件的关注实现了敏捷第七原则。

（8）时间盒的概念、迭代速率（Velocity）的使用支持第八原则的实现。

（9）Scrum 要求对产品需求列表中每一个用户故事都定义一个完成（Done）标准，这对第九原则的实现有很好的推动。Scrum 对第九原则实现的保证不是很强，这也是很多 Scrum 团队同时引入一些极限编程实践的原因。

（10）Scrum 为实施敏捷第十原则提供了一个很好的框架，不断地审查和调整，变更成本的降低，都为尽量只做正好够的东西（just enough）以及在恰当时间（just in time）做决策提供了有力的支持。

（11）Scrum 将“如何做”完全放在团队的手中，这是对敏捷第十一原则的诠释。对团队自律的要求会逐步将一群人变成一个真正的团队。

（12）Scrum 的回顾会议就是第十二原则的体现。

如果能在企业级为敏捷实施提供有效的支持，形成一个精益（Lean）文化，如果团队能够结合实际，建立一个合理的 Scrum 过程，并不断完善这个过程，那么这样的 Scrum 是新的项目管理铁三角的绝配。这样的 Scrum 也能让团队用小的代价实现高价值产品需求特性。

一个团队的两个故事

故事 1：团队 A 的第一个故事

Team A 是国内一家著名 IT 公司的一个开发团队，为了提高开发效率，Team A 决定在下一个项目中引入 Scrum。公司任命贾工担任团队的 Scrum 过程经理，同时也是项目经理。贾工是个很有经验的项目经理，公司派他参加过一些外部 Scrum 培训，他自己也上网了解了 Scrum 的很多实践。贾工对每日例会印象深刻，觉得很有道理，他认为每日例会是 Scrum 的核心活动。

新项目的客户要求团队 18 个月后提交产品，公司为了争取这个单子，在没有做必要可行性分析的情况下，做出了进度承诺。贾工十几年的管理经验都是在传统瀑布架构下积累的，他在做计划时还是摆脱不了瀑布思维。他把项目分成了下列几个阶段，阶段中间有些重叠。

- 需求分析阶段：目标是梳理清楚客户需求，并将功能及性能需求项记录在软件需求规格说明书中。
- 设计阶段：目标是完成概要及详细设计，并产生对应的设计文档。
- 编码阶段：目标是依据设计完成编码工作。
- 测试阶段：目标是对完成的代码进行测试，发现缺陷并修复回归。
- 发布阶段：目标是通过客户验收。

贾工依据 Scrum 的实践，引入了每日例会和任务管理白板。但这些例会，不同阶段有不同人员参加，如在需求阶段只有相关需求人员参加，设计阶段只有相关设计人员参加。贾工觉得很多其他 Scrum 实践在本项目里很难使用。例如他觉得有了需求规格说明书，就不需要再做一个产品需求列表了。很快到了年底，离发布只有 6 个月了，管理层和客户要求贾工对项目进展状况做个分析，并回答他们最关心的问题：团队是否能按时在 6 个月后提交满足客户要求的工作软件？

贾工报上来的结论让管理层十分失望，如果按目前进展情况估计，完成合同中所有需求功能，至少还需要 18 个月。也就是说，项目需要延期一年。

管理层不能接受这个答案，要求贾工必须按时提交满足客户要求的工作软件。和团队沟通后，贾工正式向公司提出了辞职，另谋出路了。

故事 2：团队 A 的第二个故事

公司决定为团队 A 请一位业界口碑很好的敏捷教练郑博士做新的过程经理，希望他能够挽救这个项目。在给管理层一个新的计划之前，郑博士首先对项目做了诊断，识别出下列几个问题。

- 团队花了很大精力整理出了一份 200 多页的需求规格说明书，但不能起到产品需求列表的作用——优先级不清晰，变更成本很高。团队只能开发完需求规格说明书中的所有功能后才能提交产品。
- 团队内部缺乏信任，职责不明，承诺很随意。
- 团队成员会随意被管理层分派其他所谓更重要的任务。
- 测试及构建环境不能有效支持高效开发。
- 估算随意且无依据。

郑博士同时和团队一起也做了下列几件事。

- □ 建立产品需求列表。
- □ 定义了完成标准：可发布是完成标准的依据。同时把测试人员安排为 Scrum 团队成员。
- □ 依据当前的需求列表中的故事，估计用户故事点。需求列表中含尚未开始编码的故事及已完成编码但尚未测试的故事。前者的规模是 180 点，后者是 70 点，总计 250 点。

团队接下来按 Scrum 过程完成了两个周期为两周的迭代：第一次迭代，团队计划完成 30 故事点，但实际完成 9 个点。第二次迭代，团队在迭代需求列表放入了 25 个故事点，实际完成了 10 个故事点。

根据这些信息，郑博士向管理层提出了新的计划：产品需求列表一共有 250 故事点，按每次迭代完成 10 个故事点算（团队速率），团队还需要 25 次迭代。每次迭代的周期是 2 个星期，郑博士代表团队承诺一年后完成项目。这就意味着项目要延期 6 个月。

和客户沟通后，管理层否决了这个计划，还是坚持按期提交。郑博士代表团队同意按合同执行，但要求客户和管理层同意团队的两个要求。

- □ 缩小需求功能范围：将非必要及价值低的用户故事从产品需求列表中删去。
- □ 分两次发布：在合同要求的时间点，发布产品主要功能；3 个月后发布剩余功能。

管理层和客户同意了团队的要求，并据此重新调整了合同。郑博士同时也向管理层提出一些期望。

- □ 相信团队会主动把事情做好，不要给团队施加不必要的压力，提出达不到的要求。
- □ 对测试及集成构建环境做必要的投入。
- □ 在迭代开发过程中，尽可能不要抽调团队成员做其他事情。
- □ 给团队更多的鼓励、支持。

郑博士在团队建设方面也做了很多工作，重点解决团队的自律、动力、相互配合等问题，使团队真正成为一个拳头而不是 5 个分开的指头。

经过 6 次迭代，团队的速率从 10 达到了近 30。在项目启动后的第十八个月，提交的软件通过了客户验收。3 个月后团队成功提交了剩余功能。

团队 A 的两个故事纳入了公司敏捷实施培训教材。

第 3 章

形神兼具——实现敏捷的
核心价值

你读完第 2 章后会觉得 Scrum 描述了一个并不复杂的开发模式，但许多企业在导入 Scrum 时忽略了一个重要事实：这些实践是有关联性的。也就是说，随意选择部分实践而忽略其他关联活动不会将 Scrum 的价值潜力真正发挥出来。

近几年来，中国实施敏捷的 IT 企业越来越多，我也有机会和很多"敏捷"团队有所接触，得到了一个也许有些人不以为然的结论：大部分所谓敏捷团队及企业都没有真正理解敏捷的真谛，他们在做法上有一个共同点，即只引入一些相对比较容易的实践，对一些他们认为较难实施的 Scrum 实践则采取了视而不见的态度。另外一个大的问题是，敏捷只在团队层面实施，而整个公司的文化、理念和敏捷格格不入，"敏捷"团队无法得到组织层面的支持，使得一些重要的敏捷原则无法落地。

形似神不似只能让敏捷团队获得有限的提升，很难把团队打造成一个高效率的团队。Jeff Sutherland 对 Scrum 的实施现状有下列的结论：

> 支离破碎实施Scrum的实践现状让人不可思议！哪怕是这样，大部分宣称和旧的过程比，还是看到了提高。我们还要做很多工作让大家回归到基本 Scrum 要求上面来。

他同时观察到，支离破碎的 Scrum 带来的效率提升在 35% 左右，而完整的 Scrum 有可能带来 300% ～ 400% 的提升，可惜这样做的组织太少。

在 Scrum 的架构下，如何实施工程活动是所有团队面临的一个问题。Scrum 中超短的迭代及部署上线周期给开发团队带来了极大的挑战，按部就班的传统开发方法不可能满足质量及进度的要求。增量开发下的架构设计、代码优化如何做变得格外重要，团队必须将代码库不断扩张带来的技术风险降到最低。我们需要引入能将技术变更、代码库增加的成本降下来的工程实践。极限编程是一个很好的选择，它能有效地支持 Scrum 的执行，让团队真正实现敏捷价值。在 3.4 节，我会探讨极限编程的价值观、原则及实践，并讨论如何将其和 Scrum 自然结合。在第 6 章，我会深入探讨一些能够有效支持 Scrum 架构的优秀工程实践，包括极限编程的一些有价值的实践。

3.1 形似神不似的 Scrum 实施

形似神不似的 Scrum 有一个特点，那就是把在本组织难以实施的敏捷 Scrum 实践忽略不计，仅实施自己喜欢做、容易做的内容。如大部分国内企业在实施 Scrum 时，往往不做团队的自我管理实践，也不强求明确定义迭代完成（Done）标准。

另一个常见的问题是，在通过 Scrum 实施敏捷时，不考虑敏捷宣言及敏捷 12 原则。支离破碎的 Scrum 往往意味着放弃一些敏捷原则。知其然不知其所以然，没有理解敏捷带来的价值，为做敏捷而做敏捷，不可能达到形神兼具的境界。

3.1.1 Scrum 不能保证解决问题，但能保证暴露问题

当一个组织在"我特殊所以不适用"的借口下绕开一个 Scrum 实践时，很有可能这个实践触到了该组织的痛处：这个实践所指正是问题所在。变革需要勇气，正视自己的问题需要勇气，放弃习惯需要勇气。可惜勇气是很多组织缺乏的东西。

当管理者习惯地对一个 Scrum 团队说："放下手中的工作，这边有更重要的任务需要你们去做。"这就是说 Scrum 过程经理没有办法保护团队在迭代中不受外界干扰，一条 Scrum 实践被放弃了。借口是"我们特殊，因为我们会常常碰到更紧急的任务需要团队处理"。

当一个管理者在无形中要求 Scrum 团队放弃这个实践时，他同时把危害团队效率的一个问题埋在了地毯下。同时做多件事，虽然貌似让团队成员一直在忙，但并不意味高效率。业界共识是同时做多件事是效率的杀手，从一个任务转到另一个任务需要转换成本，让专注变得困难。在放弃这个 Scrum 实践的同时，组织也失去了纠正这个问题的机会。

当一个团队以没必要为借口，拒绝对需求特性进行细化分解时，很有可能团队放弃了解决需求蔓延，用小的代价实现需求价值的机会。因为对需求分层细化，会给团队实现一个大特性更多选择机会，当你将一个大需求细分成 5 个小故事时，需求优先级才会起到作用。你可以判断一下核心的故事是什么，哪些故事是锦上添花的，哪些故事是其他故事不同的表现形式（也就是不需要的），哪些故事可以在以后确定了必要性后再实现。

当你以"团队成员会避开有难度的任务"为借口，放弃让成员自己认领任务的做法，而仍由项目负责人来分配任务时，你放弃了挖掘团队潜力的机会，放弃了营造一

个能让团队成员有自豪感的工作环境的机会。一个人习惯了被动地接受任务，主动就是一个陌生词。当一个程序员 3 天完成了分配给他 5 天的工作，有多少程序员会主动去要求追加两天的工作？

当你以各种借口避开敏捷（Scrum）实践时，你同时放弃了解决组织内真正问题的机会。一个不易实现的实践往往是一个对组织价值大的实践，支离破碎的 Scrum 只能带来有限的改进也就不那么奇怪了。Scrum 不能保证解决问题，但能保证暴露问题，而勇敢地面对问题，是解决问题必须跨出去的第一步。

3.1.2　没有本地化的适配，敏捷过程很难落地生根

当你尝试本书介绍的实践时，一定不要忘了和你组织的实际情况紧密结合。Scrum 是一个来自美国的方法，它必然体现一些美国文化。在建立你的团队 Scrum 过程时，必须考虑本地特点，你的过程你做主，不要怕犯错误，因为不断完善过程是 Scrum 的要求。

用敏捷方法引入 Scrum，已经被验证是一个有效的做法。我虽然建议敏捷组织尽可能全面实施敏捷实践，但这不是说你应该一下子将所有 Scrum 和极限编程的实践都同时引入。"增量实施、先易后难"是一个有用的八字箴言。引入 Scrum 的过程也是一个自己了解自己的过程，知己知彼，百战不殆，了解敏捷、了解 Scrum、了解极限编程，同时了解自己，是成功实施敏捷的秘诀。

本地化意味着深入理解你的团队、你的客户、你的产品需求、你的技术平台、你的组织文化、你的工具、你的工作环境等重要因素。

举个简单的例子：在哪里开你的每日站立会议？如果只有一个敏捷团队，这可能不是问题。相信你总能找到一个会议室。但当整个组织都在实施敏捷，这就是个头疼的问题了。你需要因地制宜了，例如，重新布置办公空间，为每个 Scrum 团队建立自己的敏捷岛。

在你的组织架构下，谁来做 Scrum 的过程经理？谁来做产品经理？在你的产品环境下，如何设计产品需求列表？如何描述用户故事？这些都是你需要根据自己的情况来确定的。

3.1.3　不要因为错误的原因引入 Scrum，要明确引入敏捷的目的

不少正在实施敏捷的组织管理者无法明确回答一个简单的问题："你希望通过引入敏捷解决什么问题？"也就是为什么引入敏捷。

这些聪明人无法明确回答这个问题的原因也很简单：他们没有真正理解敏捷，没有真正理解 Scrum。不理解的后果是，他们可能会因为错误的原因引入敏捷。下面是我听到的一些引入敏捷的原因。

- 华为在用敏捷，所以我也要用。
- 敏捷可以解决CMMI的问题，团队不需要再浪费时间写文档了。
- 因为敏捷是目前最好的开发方法，引入敏捷就会解决效率问题。

在我做 CMMI 过程改进咨询、培训、评估时，听过许多公司老总谈他们对 CMMI 的认识和引入 CMMI 的原因。我的感受是道听途说、一知半解很害人。我不希望同样的问题在敏捷落地中国的过程中再现。

一个组织在引入敏捷以前，应该做 3 件事。

（1）搞清楚敏捷是什么、Scrum 是什么、极限编程是什么，一定不要忽略其局限性。

（2）对自己的开发过程的瓶颈做个诊断：3 ～ 5 个主要问题是什么？对这些问题做必要的根因分析，明确哪些问题可以通过引入敏捷解决、如何度量解决的效果。

（3）制订一个初步敏捷引入规划，列出范围、目的、步骤、策略、风险、时间表等。

俗话说：好的开始是成功的一半。知道为什么引入敏捷，明确要解决的问题是一个好的开始。

3.2 使用Scrum的艺术

念好 Scrum 这本好经是一门艺术，它的难处在于我们需要放弃很多习惯的理念及做事方式，这些做事方法、理念已经深入人心，特别是你的领导的思维方式也被框在其中。在这一章节里，我重点讨论 Scrum 方法中没有直接描述，但是能决定 Scrum 成败的要点。

3.2.1 Scrum中的自我管理及实现方式

几乎所有软件开发面临的挑战都和人有关系：如何控制人的情绪，如何调动人的主动性，如何保障人与人之间的有效沟通。所有敏捷方法无一例外，把人及他们之间的沟通放在了比过程更重要的地位。Scrum 实践最希望达到的目标是支持在一个团队中建立健康的工作关系：诚实、信任、开放、相互尊重、通力合作实现每一轮迭代目标。

我在国内一些企业看到的做法往往达到相反的效果，如测试人员完全依赖缺陷跟踪（Bug-tracking）系统和开发人员进行沟通，这种沟通模式往往会形成一个推诿责任的文化，损害了开发和测试之间的工作关系。为什么不能让他们一起紧密配合工作，确保用户不会发现任何缺陷呢？软件开发团队的跨职能小组之间不应该是 PK 的关系，应该是荣辱与共、同在一条船上的关系：产品缺陷给使用的用户带来了不便是整个团队的耻辱，发布前发现的每一个缺陷都是值得整个团队庆祝的事。

自我管理是敏捷在开发过程中提倡的人的管理方式。由于文化的原因，让中国的软件团队自己管理自己，确实不是一件容易的事。不考虑管理者的因素，工程人员一开始也很不习惯这种工作环境。从小到大，在中国教育体系下成长起来的软件工程师已经习惯了被动地接受：在家里家长告诉你应该怎么做；在学校老师告诉你应该怎么做；从你上班的第一天起，你的上司告诉你应该怎么做。在产品开发过程中，他们习惯了每周由经理告诉他们做什么，然后埋头去做，很少相互间沟通。如果能提前完成任务，就放慢节奏；如果不能按时完成，到时就找个借口，下周继续做。这样一个被动的团队，是很难将团队的潜力最大限度地发挥出来，也很难让开发人员有成就感，更没有动力去主动寻找更好的实现方法，真正形成一个紧密的团队。

实现自我管理要有两个大的调整：管理者管理方法的调整和工程人员工作方式的调整。这两个调整会是每一个实施敏捷企业都面临的问题。

用人不疑，让团队放手做好自己的事，是管理者常常挂在嘴边的话。但是没有几个领导能够真正做到这一点，一个原因是他们找不到一个让他们放心的放手管理的方法。Scrum 给出让团队自我管理的架构，给软件研发团队指出了一个全新的工作方式。

首先，Scrum 明确定义了产品开发中的“猪”和“鸡”，极其智慧地区分了产品开发的业务和技术的职责。在这个架构下，只有“猪”直接承担研发过程的责任，所以“猪”也是研发过程的决策者。Scrum 的策略是让业务人员专注业务的问题，让技术人员专注技术实现的问题，项目的管理是由业务决策驱动，而业务决策必须是在技术方案的成本和风险基础上做出的。

Scrum 的产品经理被赋予产品业务决策权，而团队则被赋予了相关技术决策全权，Scrum 很好地平衡了业务和技术的关系，不给产品经理或团队过大的权力，不让一个强势的产品经理或技术高手完全控制整个过程。让产品经理控制产品需求列表，而让团队控制迭代需求列表，则是保证这种平衡的机制保证。从某种意义上来讲，Scrum 的过程经理的主要责任之一也是维护好二者之间的平衡。

业务和技术职责的平衡是 Scrum 实现自我管理的基础，在这个大框架下，团队可以专注做好自己的事，同时必须不断完善其工程实践，完善使用的开发管理工具在短时间内能够交付可部署的软件。Scrum 要求团队每次迭代的最后一个活动是回顾改进，从错误中学习，不断提升能力。正是有了这些保障，管理者可以放心放手让团队做好自己的事。

实现团队的自我管理，意味着每一个成员都清楚自己的责任及权利，团队会根据自己的能力确定每轮迭代完成的故事范围，每天让每个成员主动认领任务（在回答站立会议的第二个问题时），有问题及时沟通，充分利用团队内的资源寻找帮助，同时随时准备帮助其他成员，团队只有一个共识：想办法努力实现团队承诺的迭代目标。

何时认领任务是很有讲究的，我看到国内大部分 Scrum 团队在迭代规划会上就将任务分配完了，在我问为什么这样做时，最多的回答是怕没人认领比较难的任务，这又是一个绕过实施敏捷实践的例子。这种做法带来的最大问题是有些人认领的任务是他完不成的，而有些人认领的任务可以提前完成，等迭代快结束才发现某些任务无法按时完成时，很有可能团队已经没有时间实现迭代目标了。这样做的另一后果是，我们很难逐步把团队带成一个主动、互助、高效的团队。

Scrum 鼓励当天的任务当天认领，这样有几方面的好处：避免了忙闲不一的情况；通过前面已完成的任务，成员会对后面的任务，各自的长处、短处更加清楚，这样任务和成员能力的匹配会更好。如果碰到了技术难点，可以集思广益、攻关解决。

虽然 Scrum 没有传统意义上的项目经理，但团队会自然形成一些技术领头人，以他们为核心，鼓励主动承担任务，不怕失败，及时从失败中学习，不断调整，正是 Scrum 的核心实践。Scrum 通过自我管理机制的完善及相关实践的结合来解决复杂的问题。

让团队从被动到主动，不可能一步到位。管理者必须给团队创造一个安全的环境，让他们放手发挥自己的能动性，出了问题不要责难，而是要鼓励。中国的 Scrum 过程经理在这方面面临的挑战更大，他需要指导团队逐步学会使用自己的权力，去担当，去学习，逐步形成一个真正的团队。产品经理和团队也要学会互相尊重对方的权力，在同一目标下，双方协调实现 Scrum 的价值，实现产品的价值。

3.2.2　管理者从监控型到服务型的转变

在 Scrum 模式下，管理者要从计划驱动思维方式转换为敏捷思维，其中一个重要的变化是不要把初始计划太当回事，要能够容忍计划的调整变化。从传统计划驱动到敏捷的另一个大转换是敏捷的管理者度量监控的是需求（如产品功能完成情况，产品是否可以发布），而不是任务。管理者关注的不是实现这些需求的任务执行情况，而是这些需求的实现情况。

管理者如果要了解某次迭代的情况，他可以列席团队的每日站立会议，但注意他只能听而不能干预团队。如果想了解整个项目的状况，管理者可以在项目的敏捷岛（更多的信息可以参见第 5 章）看到相关信息。迭代的评审会议、产品需求列表、燃尽图都是管理者了解项目进展的渠道。

也许 Scrum 团队需要为管理层提交其他的状态报告，但这些报告的制作必须有价值，同时不会占用团队很多精力。软件开发是马拉松，走的是一条艰难的路，管理者必须让团队轻装上路，不要在他们身上加任何不必要的包袱，因为背着沉重包袱是跑不快、跑不久的。管理者要尽量减少全员必须参加的、冗长的会议，不要求项目组定期收集一堆没人看的数据、提交冗长的项目状态报告，不在迭代过程中随意给团队追加新的任务。

　　管理者了解项目的状况不是为了监控团队，确定是否有人不尽力，而是为了帮助团队解决问题。在敏捷模式下，管理者从监控型变成了服务型，他们需要更加信任团队，能够有效地激励团队，为团队提供必要的物质和精神支持。

　　做好服务型的领导者要善于倾听，团队的声音让你知道团队能做多少以及成本代价、技术风险是什么，产品经理会告诉你客户要什么、什么最重要，Scrum 的过程经理让你知道团队面临的困难是什么。并不是每个管理者都能成功地转型，有人统计在美国有 20% 的管理者在其企业推行敏捷后，由于无法适应新的管理模式而离职。

　　敏捷并不是不要管理，并不是反对项目管理。高效的敏捷团队会平衡好管理者和个人的关系，会平衡好自我管理和自我约束的关系，高效敏捷团队是灵活的，但不是无序的。

3.2.3　追求问题的解决而不是最佳解决方案

　　软件开发中的不确定因素要求 Scrum 团队不能是完美主义者，而应该是一群真正的软件工程师，因为工程师就是从复杂场景下找到解决办法的人。产品开发不确定性越大，越要求团队勇于实践，勇于探索，不怕犯错误，及时发现问题，及时调整。产品需求的不确定和技术的不确定意味着没有完美的解决方案，意味着团队需要在迭代中学习，不断完善。

　　为了实现迭代目标，团队需要在很短的时间内找出解决方案，并完成开发测试，在迭代结束时展示工作的软件。这就要求团队不要追求复杂的解决方案，而要尽量把复杂的问题简单化，简洁的解决方案是敏捷追求的目标。考虑一个简单的例子，某银行 IT 需要维护一个还要使用 2 年的软件产品，为实现某个功能我们需要判断当天是不是周末，因为如果是星期六或星期日，系统的处理方式和每周的其他 5 天不一样。你用什么样的算法来实现这个十分简单的判断呢？这个团队选择了万年历的算法，这个算法确实能解决问题，但它带来的设计、编程、测试的工作量相当大。既然这个产品只有 2 年寿命，为什么不用一个简单的实现方法呢？如把 2 年内的周末的日子做到一个表格里，一个简单的 IF 语句就能做这个判断。这个简单查询只实现了所需要的功能，而万年历则实现了许多现在不需要的功能。敏捷追求简洁，追求将复杂的事情简单化。越简单，开发成本、维护成本越低；越简单，沟通成本越低。

　　考虑两个今天需要做的决策选择：是用简单的方法实现功能、需要的话明天再修改，还是用复杂的、超前的方法来实现同样的功能，因为明天可能需要？敏捷的选择永远是前者，因为今天实现的额外复杂功能以后可能永远不会被使用。

　　不久前我为一家电信应用软件开发公司做了 CMMI 评估，其中一个评估项目的客户（甲方）是政府。我发现这个项目立项很早，但一直没有签合同，也就是说，公司承担着很大的商务风险。因为如果客户看到的东西不能让他们满意，那么客户就不会支付任何费用。我被告知公司有不少这种类型的项目。在评估中，我看到团队很认真地执行公司制定的过程，花了很大的精力做需求、设计、编码，做了各种技术评审、各种测试，而所有这些工作的目的就是为了能给客户（主要是几位政府官员）做些演示，得到他们认可，能够把合同签了，再立项开发出用户使用的系统。我在最后报告会上的建议让大家有些意外。我对这类项目的建议是：**遵循"够了就好"（just enough）的原则**，用最小的代价开发出可演示的功能，由于没有真正用户会使用开发出的软件，所以没必要做严格覆盖的测试，只要能清晰地向客户展示出系统特性即可，用最小的代价实现这类项目的目标。

我会在本章后面的章节中更多讨论敏捷实施中所需要的勇气，在这里我讲的是一个软件工程师在面对问题时应有的勇气。

- 哪怕是在迭代后期，如果发现设计架构有问题，也应该有勇气集中精力去修复它。
- 如果发现某段程序中存在很多问题，那么就扔掉它们，重新编写。
- 如果发现测试忽略了一个使用场景，那么就加上这个测试，修复可能发现的缺陷。
- 如果发现自己不能解决某一个问题，要有勇气不耻下问，寻求帮助。

由于敏捷的旅程充满不确定性，我们的方案可能有缺陷，这些勇气是敏捷团队必备的。如果你熟悉人工智能中的爬坡算法（hill-climbing）的话，那你就知道经典的局部最优（local optimum）问题。小的修改是解决不了这个问题的，要跳出这个问题的圈子，我们需要做大的改变，换一个思路，能做到这一点，这绝对需要工程师的勇气。

Scrum 中的时间盒的实践在一定程度上也是鼓励团队追求简洁的解决方案，不要陷入没头没尾的所谓最佳方案的讨论。记得 Nike 广告里的一个口号吗？"Just do it!"在敏捷中我们再加 4 个字——"错了再改"。Scrum 中的频繁反馈会让你很快就有纠错的机会。

3.2.4　对工程人员能力提升及自律的要求

在国内我常听到这样一种说法：敏捷是好，但我们开发人员能力不足，所以我们无法敏捷（这里的敏捷被当作动词用）。我不太赞成这个观点，因为敏捷并不是为技术精英设计的，如果你的团队在传统模式下能够开发出软件，那么他们就有能力敏捷。但我同意这样一种观点：没有自律，没有把团队能力提升作为敏捷迭代一个目标，我们无法打造一个高效敏捷团队，这也是自我管理的重要基础。

软件开发不是一件容易的事，按客户进度要求开发出高质量的软件更难。要做到这一点，开发人员必须严格使用团队制定的有效工程实践。比起传统的开发模式下的漫长周期和庞大团队，敏捷确实对人员素质、技能等方面要求更高。

Scrum 团队必须是一个学习的团队，在工作中不断学习提升自己的能力是每一个团队成员的责任，用你的特长帮助你的伙伴也是你应尽的责任。只有你的团队真正开始实施 Scrum 后，你才能逐步真正理解它以及它的价值，在实践中学习（learning by doing）是掌握 Scrum 的唯一方法。当团队在一起攻克一个复杂问题，高效协作，学习调整时，你会慢慢体会到 Scrum 的妙处。

自律就是接受责任有担当，就是接受并遵循确定的开发架构，就是遵循团队定义的设计原则，就是遵循团队定义的编码规范，就是写出简洁的代码，就是不把质量作为一个牺牲品，就是遵循团队的行为规范，就是乐于让同伴检查自己的工作。这些不仅是贴在墙上的口号，而且是团队的日常实践。

自律也是让开发过程完全透明，每天都使自己的工作和团队其他成员的工作同步，让大家知道自己工作完成的情况：哪些已经完成，哪些还未完成，对代码做了哪些增加、哪些修改，这些增加和修改对其他代码的影响。团队成员工作之间的同步拉通不再是在项目后期才开始，而是每天需要坚持的实践，每天将新代码检入、构建、通过测试，保证每一天提交的代码都是干干净净的，一直保持到迭代结束。本章后面我会讨论极限编程实践和 Scrum 的结合及其对保证团队自律的作用。

3.2.5　Scrum实践的互补，完整的Scrum才最有价值

有经验的敏捷实践者会意识到 Scrum 是一个能自我调整的系统，它不是一个具体的方法，不是一个过程或流程，而是一个能让一般团队自我管理、完善成为一个高效团队的框架。这个框架是由一些既独立又有关联的角色、活动和实践组成的，当然它也遵循敏捷价值及原则。

拿 Scrum 的 3 个角色为例，他们在每一个 Scrum 会议、Scrum 文档的维护、Scrum 实践中都会扮演独立的角色，但是每个角色又依赖其他两个角色才能更好地发挥作用。如果产品经理不能给出合理的产品需求列表中的优先级，那么团队每轮迭代做得再好，也很难为客户提供有价值的产品。如果团队不能给出可信的需求特性的成本估计，产品经理也很难平衡做好版本计划。如果 Scrum 过程经理不能有效协调产品经理和团队之间的沟通，那么我们很可能看到的是业务和开发的 PK 而不是紧密的合作。

Scrum 的各类会议是为了确保团队内部必要的沟通，让大家关注同样的事，在工作中获得成就感。这些有效的会议使得产品需求列表的优先级、用户故事的细化、严格"完成"（Done）的标准、在清除障碍中持续的过程改进有了实实在在的意义。

图 3-1 展示了 Scrum 元素间的关联关系。

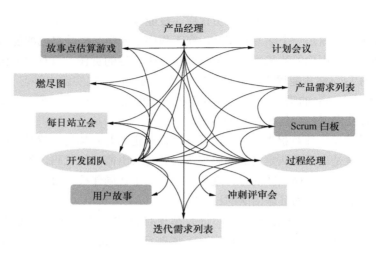

图 3-1   Scrum 元素间的关联关系

敏捷（Scrum）实践有极好的互补性，每一条都有自己的缺陷，敏捷的妙处是这些缺陷会被其他实践所弥补。正是这些相辅相成的实践，让我们能够实现敏捷带来的价值。

如果没有下列 Scrum、极限编程等敏捷实践的支持，很难在一个短的周期（1 ～ 4周）开发出对客户有价值、可发布（满足质量要求）的软件。

- 有一个知道自己速率的、密切合作的跨职能团队。
- 通过每日例会实现同步开发并确保问题的及时解决，尽可能在识别出开发障碍后的 24 小时之内将其清除。
- 细化用户故事，让其颗粒度足够小，能够在一周内完成。
- 对迭代需求列表中的每一条需求都有明确严格的“完成”（Done）定义，让整个团队在迭代开始时就了解通过准则，并能长期控制带病迭代的问题。
- 让每日持续集成制度化，这样能够大大降低发布的工作量投入。
- 迭代中对团队工作的零干扰，让团队专注迭代目标的实现。

如果没有下列 Scrum 实践的支持，很难有一个真正做到自我管理的团队。

- 明确 Scrum 角色的职责，团队清楚自己应有的担当，并做出承诺。
- 迭代评审会对开发出的软件特性的反馈，使得团队能够及时调整产品方向，降低产品变更成本。
- 迭代回顾会议对开发过程的反馈，使得团队能够及时纠正问题及持续改进过程，降低所犯错误带来的成本。
- 每日例会让每个成员对团队负责，努力做好自己的工作，不拖整个团队的后腿。
- 由团队决定哪些需求任务放入迭代需求列表，由团队决定如何实现需求特性，相信他们会把工作做好，会在实践中提高能力。

如果没有下列 Scrum 实践的支持，很难让整个开发过程变得透明。

- 正确使用 Scrum 的 3 个文档（产品需求列表、迭代需求列表和燃尽图）可以让"猪"和"鸡"都能得到他们需要的重要信息。
- 设计管理好你的敏捷岛，用最简明的方式展示迭代、版本状态敏捷岛。
- 开好所有 Scrum 中的会议，让透明的过程服务于必要的审查和调整。

如果没有下列 Scrum 实践的支持，很难获取产品的反馈并做及时、合理的调整。

- 迭代结束时的评审会议是获取反馈的最好时机，对需求不明确的项目，这个会议可能是最重要的会议，不要仅仅走个过场。
- 产品需求列表的细化会议，是团队和产品经理形成默契、一起加深需求理解的重要活动，也是平衡产品需求价值和成本的好机会。
- 在整个开发过程中，团队可以随时和产品经理沟通，随时确认实现的需求特性。

如果没有下列 Scrum 实践的支持，很难获取对所用敏捷过程的反馈并做出及时调整。

- 迭代结束时的回顾会是获取反馈的好时机，对问题错误做根因分析，在下次迭代中改进调整。同时对本次迭代的优秀实践进行总结，固化可复用的实践。
- 在解决开发问题障碍的过程中，识别改进机会。让每一个严重问题都可能成为改进机会。
- 敏捷创造了让你的工程师从"I"型变成"T"型的平台，"T"型人才可以更好发挥过程的作用。

如果没有下列敏捷 Scrum、极限编程等敏捷实践的支持，很难通过"完成"（Done）的标准把好出口关。

- Scrum 对技术卓越的追求是在增量开发中把好质量关的保障。
- Scrum 和极限编程的自然结合是解决带病迭代问题的良药。
- 敏捷和 CMMI 结合的探索也许可以是解决软件开发问题之匙。

如果没有下列 Scrum 实践的支持，很难保证可持续的开发节奏。

- Scrum 中时间盒的实践（固定的迭代周期，固定的会议时间等）创造了一个可预测的工作步调。
- 团队速率在计划中扮演着重要角色，也是形成团队开发节奏的重要保障。
- Scrum 中固定的例会、固定的工作环境、共同遵守的工程实践，都有助于开发节奏的形成。
- Scrum 对技术债务的管理要求，能防止团队只追求速度的错误倾向，有助于节奏的把控。

如果没有下列 Scrum 实践支持，很难通过最小代价实现最大的需求价值。

- 需求驱动开发，让团队和客户的沟通变得容易，双方的对话会关注需求价值及成本。
- 在整个开发周期，产品经理随时和团队沟通，随时根据最新的信息调整产品列表中的需求优先级，让团队优先实现价值最高的需求故事。

- 持续不断短周期的增量开发模式，通过不断演示需求特性，让利益相关人加深对产品需求的理解，识别真正能实现用户价值的功能。
- 持续不断迭代，让团队对产品不同需求的开发成本有更清晰的估算，使得需求特性的性价比变得更清楚。

如果没有下列 Scrum 实践的支持，很难维护好版本计划。

- 每次迭代后计算团队速率，让产品经理知道开发团队的能力——每次迭代能实现多少功能，这是让版本计划变得有意义的基础。
- 根据团队能力，调整版本计划，是保证计划准确的主要手段。
- 产品经理根据最新信息对产品需求列表进行维护，是确保在进度压力大的情况下，首先发布对用户最有价值的功能的保障。
- 坚持远粗近细的原则，让产品经理和团队高效完成版本计划工作。

如果没有下列 Scrum 实践的支持，很难让团队比较准确地计划每一次迭代。

- 赋予团队权力，让团队可以决定每次迭代完成哪些用户故事。
- 团队速率可以让团队根据自己的能力选择每次迭代完成多少用户故事。
- 产品需求列表的次序能够让团队选择完成优先级最高的用户故事。
- 需求细化会议让在极短的迭代周期中完成可发布的软件功能变得可行，这也是团队做迭代计划的基础。

如果没有下列 Scrum、极限编程等敏捷实践的支持，就不可能有效地控制带病迭代。

- 敏捷对卓越技术的追求及明确的"完成"标准是控制带病迭代的关键。
- 持续集成等有效的工程实践也是迭代质量的保证。
- 迭代回顾会议让团队及时发现带来隐患的做法，并及时在后面的迭代中加以纠正。
- 燃尽图能让团队及时发现隐患对团队效率的影响。
- 团队的自律及相互负责的文化使得走技术捷径不是一件被鼓励的事。

尽可能完整地引入 Scrum 是让其价值最大化的保证，令人遗憾的是敏捷实践者往往忽略这一点。

3.3　极限编程是 Scrum 最好的伙伴

目前业界最常见的敏捷是 Scrum 和极限编程（eXtreme Programming，XP）（Beck，1999）实践的结合，从 1995 年起，极限编程和 Scrum 一起不断完善，成为最重要的、主流的敏捷方法。敏捷宣言及敏捷原则很大程度上是在这两个主要敏捷方法的基础上形成的。和 Scrum 的主要创立者一样，极限编程的提出者 Kent Beck 也是敏捷宣言的签名者之一。

极限编程在工程方面的实践很好地弥补了 Scrum 在这方面的空缺，共同的敏捷理念（小团队、短周期、强调反馈的价值等）又让 Scrum 框架可以很自然地支持 XP 的实践。

也许有些读者对为什么叫"极限"（extreme）感兴趣，原因很简单，其取意是如果某个实践好，那就将其做到极限。

- 如果做代码评审好，那就总做代码评审（结对编程）。
- 如果做测试好，那就让每开发人员都做（单元测试），也让客户做（功能测试）。
- 如果做设计好，那就让开发人员天天做（重构）。
- 如果简单的就是好，那我们就尽可能地选择简单的方法实现系统功能。
- 如果架构重要，那就让每个人时刻都了解完善架构（metaphor）。
- 如果集成测试重要，那我们每天都做几次测试和集成（持续集成）。
- 如果短的迭代好，那我们就让迭代变得极短：以秒、分钟、小时计，而不是以周、月、年（计划游戏）计。

在本章节里，我会介绍极限编程的核心价值理念、原则及实践，并探讨和 Scrum 的结合。

3.3.1 技术债务：Scrum 的杀手

Scrum 把如何实现软件的技术相关的事情留给团队自己来决定，它允许团队根据自身的项目特点或环境选择合适的技术实践。这样做也会带来一些风险：一些 Scrum 团队为了追求效率，会过多地选择技术捷径，只顾快速完成编码，能在迭代结束时将实现的功能演示出来变成了唯一"完成"（Done）的标准。这些团队会忽略一些必要的、经过验证的、见效周期较长的实践，而这些工程实践往往是系统级质量的保障。

片面追求技术捷径带来的恶果在前几个迭代中表现得不会十分明显，因为开发前期代码库还不是很大，新的功能还比较容易加进来。但随着迭代的累积，团队追求短期效率所借的技术债务会拖垮团队，借债长期不还会让你破产。"技术债务"可以看作是设计、开发不足的累积总和，技术债务的管理是决定敏捷成败的一个重要因素，带病迭代是敏捷的第一杀手。

如何能在短时间内开发出可发布的软件？如何能让代码库健康成长？如何降低已开发系统的变更（功能的追加、修改和删减）成本？极限编程给出了一套经过验证的实践，已成为敏捷实践中不可缺少的一部分，在很大程度上弥补了 Scrum 遗忘的技术角落。

在本书后面的章节中，我会从多方面讨论解决技术债务（带病迭代）的问题。

3.3.2 极限编程的 4 个核心价值

极限编程提出了 4 个核心价值，即沟通、简洁、反馈和勇气。

1. 沟通

你的团队出现过下列问题吗？

- 一个程序员忘了告知团队其他成员他改动了一个关键设计。
- 开发人员没能问客户正确的问题。
- 管理人员没能问开发团队正确的问题。
- 谁报告坏消息，谁就要被处罚，结果是没人愿意报告坏消息了。

这些问题的后果想来大家都很清楚，好的沟通是不会让这些问题发生的，极限编程将沟通作为核心价值也是抓住了软件开发的一个关键问题。

2. 简洁

这一点是很难做到的，因为人总喜欢容易把简单的事情复杂化，但很难把复杂的问题简单化。极限编程追求简单，宁肯今天用最简单的方法实现功能，也不自作聪明预测将来，用复杂的方法实现大而全的功能。它的选择是：如需要，将来再修改，坚决避免开发出没人使用的功能的情况。

简洁的价值是降低了变更成本，因为越简单，沟通成本越低；越简单，开发成本越低；越简单，维护成本越低。

3. 反馈

我在前面多次讲了反馈的价值，极限编程将其发挥到了极致。

- 以分钟为单位的反馈：单元测试会实时对程序员所编程序给出反馈，这样他可以及时发现错误，找出原因，避免以后出同样的问题。
- 以天为单位的反馈：对客户提出的新的用户故事加以描述，开发团队给出自己的估算反馈，让客户了解自己需求描述的质量。每日例会的机制，团队对每个成员前一天的工作给出反馈，做到及时调整。
- 以周为单位的反馈：迭代后的系统功能测试能够对团队一次迭代的工作提供有价值的反馈，对所发现的缺陷进行植入分析，能帮助团队避免再犯同样的错误；同样，评审和迭代内测试的失效分析，能帮助团队提高评审及测试能力。每次迭代后，产品经理可以通过团队的速率的数据，来判断是否需要调整版本计划。
- 以月为单位的反馈：系统的部分功能上线后，用户使用带来的反馈可以让你完善后期需求，开发出对客户真正有价值的产品。在传统开发模式下，有一个常见的错误认识：系统一旦上线投入使用，你就无法做大的修改。极限编程让对上线后的系统进行修改变得容易。

4. 勇气

勇气在敏捷中格外重要，当你放弃熟悉的东西，引入新的东西时，都需要勇气。敏捷的特点是摸着石头过河，当发现错了时，你必须具备进行纠正的勇气。如前面举的一些例子：在迭代后期，如果你发现架构的缺陷不足，你会怎么办？你必须敢于先放弃新功能的实现，集中精力修复架构的问题。当你发现一个程序模块存在大量问题时，你必须有勇气把它扔掉、重新编写。

有了其他 3 个价值的落地，极限编程中的勇气变得容易了许多，因为它们让变更成本变得可以接受。

3.3.3　极限编程的原则

从 4 个核心价值，Kent Beck（1999）提出了极限编程中 5 个基本原则及 10 个一般原则。4 个核心价值定义了成功标准，15 个原则让这些较为模糊的价值变得有血有肉，对照敏捷 12 原则会发现很多类似的追求。当然敏捷 12 原则的描述更加严谨，文字更加优美，而极限编程对原则的描述是简单而直截了当的。

我们先看一下极限编程的 5 个基本原则。

- **快速反馈**（rapid feedback）：人在学习中，及时反馈会起到关键作用，如果我们的过程能为软件工程师的设计、开发、测试工作及时给出反馈，而不是拖到数周数月后，学习效果会有天地之别。
- **简洁第一**（assume simplicity）：简洁就是简单干净，能简绝不繁是极限编程及敏捷一个重要原则，总是假设每一个问题都有一个简单的解决方案，不要为明天去设计、去开发，努力解决好今天的问题，相信自己明天有能力实现必要的复杂方案（如果**需要**的话）。这个原则是符合软件经济学的。
- **微量变更**（incremental change）：也许你会将其翻译为"增量变更"，但我觉得微量比增量更能反映这个原则的核心理念，因为"小"是最想表达的意思。如果开发一个系统需要引入 4 个新技术，XP 会建议你不要一下子全部引入，最好是分 4 次引入。微量变更体现在多个方面：设计一次变一点，计划一次变一点，团队一次变一点，Scrum 和极限编程的导入也要一步一步地实施。
- **拥抱变更**（embracing change）：在恰当的时间（just in time）能让团队集中精力解决手头最紧迫的问题，也能避免浪费。到需要时才决定，也会让团队有最多的信息，这时做的选择风险最小。敏捷不把变更当成负担，而把它看作是机会，整个极限编程的思路就是将变更成本降到最低。
- **质量至上**（quality work）：Kent Beck 认为项目开发的 4 个变量（需求范围、成本、进度和质量）中质量的自由度最小，具体来讲，质量只有两个可选值：卓越或超级卓越。极限编程的工程实践也充分体现了这一原则。

除了上述 5 个基本原则外，极限编程也提出了 10 条一般原则。

- 鼓励授人以渔（Teach learning）。
- 控制前期投入（Small initial investment）。
- 坚信战则能胜（Play to win）。

- 决策试验验证（Concrete experiments）。
- 坦诚沟通文化（Open, honest communication）。
- 做事尊重人性（Work with people's instincts, not against them）。
- 敢于担当责任（Accepted responsibility）。
- 结合本地特点（Local adaptation）。
- 团队轻装上阵（Travel light）。
- 真实客观度量（Honest measurement）。

3.3.4　极限编程的4个核心工程活动

编码、测试、倾听、设计是极限编程提出的 4 个核心活动，之所以称其为核心活动是因为它们是软件开发不可缺少的活动：没有代码，我们什么都没有；没有测试，我们就不知道是否可以结束；没有倾听，我们就不知道如何编码、如何测试；而设计让我们能持续编码、持续测试和持续倾听。

- **关于编码**：编码是任何一个软件系统的最真实的表示，代码是所有工程文档中唯一不会有假的东西，而其他文档如需求、设计等都有可能和当前的系统不一致。理论上讲，编码是软件工程中唯一必须做的核心活动。
- **关于测试**：一个重要的测试秘诀是找到你能容忍的缺陷级别，例如，用户一个月抱怨一次是你可以接受的。找到这个标准后，依此建立你的测试体系，并且不断完善，直到测试过程能达到要求，然后把这个过程变成标准过程。从不同角度来看，测试分成两类：开发角度的测试和客户角度的测试。
- **关于倾听**：项目开始时程序员很可能对要开发的内容一无所知，所以他们就要去问、去听，听了以后必须有反馈，而这些反馈是让业务人员或客户知道哪些难、哪些容易，也让他们更加理解相关的业务。
- **关于设计**：设计是建立一个能将系统中的逻辑组织在一起的架构。好的设计有下列几个特征。
  - 局部变化不会导致其他部分变动；
  - 每个逻辑在系统里只在一个地方存在；
  - 每个逻辑和它所操作的数据距离很近；
  - 容许系统只在一个地方扩展。

  坏的设计的特征则正好相反：
  - 一处改则处处改；
  - 逻辑在系统中被复制；
  - 设计变更成本非常高；
  - 新的功能的追加会打乱已有的功能。

团队需要有机制支持下面 3 件事。

- 做好的设计。
- 修复坏的设计。
- 让所有用到设计的人了解当前的设计。

我在国内企业做开发过程咨询时，常常碰到的一个问题是：如何建立所谓紧急项目流程？这类项目往往有刚性的需求范围和不合理的刚性的进度要求，如果按正常开发流程，团队根本无法按时提交。这类项目成了不少实施 CMMI 企业的头痛之处，在本章结尾的"两个团队的故事"部分，我会讲一个如何用极限编程核心活动建立紧急项目流程的故事。

3.3.5　极限编程的12条实践

极限编程的 12 条实践是 Kent Beck 根据自己及业界的开发经验总结出来的，这些实践，特别是其中的工程实践能够有效支持 Scrum 的实施。这里我们先简单介绍一下 Kent Beck（1999）给的 12 条实践的定义。

- **计划活动**（planning game）：快速依据业务价值及开发成本估算确定下次发布需求范围，随着迭代的滚动，计划会不断被调整，所以没有必要花很大精力制订初始计划。
- **小版本**（small releases）：只要开发出对用户有价值的功能（哪怕是很简单的功能），就尽快上线让用户使用，然后不断频繁（1～4 周）升级。
- **隐喻**（metaphor）：用一个简单、公用的描述系统功能的故事指导所有开发工作。
- **简单设计**（simple design）：用最简单的方法实现系统，一旦发现不需要的设计，立即将其清除。
- **测试**（testing）：测试驱动开发。开发人员不断编写单元测试，只有通过了这些测试，开发才会继续进行。按客户要求编写展示系统特性的测试。
- **重构**（refactoring）：在不改变系统功能前提下，开发人员不断地优化代码结构：清除重复代码，改善程序的可读性，简化程序的复杂度，让代码变得更灵活。
- **结对编程**（pair programming）：所有程序都是由两个程序员在一台机器上编写出来的。
- **代码共享**（collective ownership）：任何人都可以随时、随地修改系统中的代码。
- **持续集成**（continuous integration）：每当完成一个新的任务时，就进行集成和构建，有可能每天要做多次集成构建。
- **不加班**（40-hour week）：每周工作时间不超过 40 小时应该是正常的规则，不能允许团队连续加班两周。关于不加班，我这里想多讲几句。目前中国 IT 业的现状让这个实践变得很难落地，每天晚上 7～8 点钟时，华为办公楼还是灯火通明。为了赶进度，几乎所有软件工程师都有过持续加班的经历，这给个人及家庭生活带来不便。看过几期《非诚勿扰》，如果男嘉宾的职业是软件工程师，基本的结果都是最后遭遇全部灭灯。这个状况估计在相当长的时间里很难被改变，但我想从管理考核角度提一条建议：不要把加班多少作为主要的考核依据，考核决定行为，将其作为主要考核指标，会对提升工作效率有负面影响。同样的工作，一个人花 6 小时完成，另一个人花了 12 小时完成（加班 4 小时），作为管理者你觉得谁做得更好呢？

- ❑ **现场客户**（on-site customer）：有一个真正的用户自始至终参与团队的开发，随时回答团队的问题。
- ❑ **编码标准**（coding standard）：所有程序员都应遵循同样的编码规范要求完成所有开发。

和 Scrum 一样，极限编程的实践也是相辅相成的，它们所倡导的优秀实践，看似是一个个独立活动，实际上具有高度耦合度，不能独立执行，每一条实践的不足往往会被其他实践的强项所弥补。例如，如果没有编码标准，没有结对编程，那么代码共享的后果是不可预测的。没有重构作为重要保障，小版本的后果很可能是结构的混乱。在第 6 章里，我会更详细探讨 4 个核心极限编程实践在 Scrum 架构下的应用：简单设计、测试驱动开发、重构和持续集成。

3.3.6   极限编程＋Scrum：1+1>2

Scrum 实施中一个常见的问题是：在每轮所谓的开发迭代过程中，团队摆脱不了瀑布思维，还是遵循接力开发模式，即需求分析－设计－开发－测试－交付。当迭代周期只有一两周时，这种模式会导致没有足够时间完成必要的测试工作，不可能交付出可发布的软件。这种模式也会造成资源浪费，因为在每次迭代中，每一个角色不是一直都在忙，团队很难达到高效开发。

在这里我要明确一个观点：接力式的迭代（哪怕每次周期很短）不是敏捷，不是Scrum，还是传统开发模式。

而在敏捷（Scrum）的生命周期中，在某种程度上团队遵循"同时做所有工作"的模式，也就是说，开发人员同时在做需求开发、分析、设计、编码和测试。

在敏捷（Scrum）的生命周期中，在某种程度上团队遵循"同时做所有工作"的模式，也就是说，开发人员同时在做需求开发、分析、设计、编码和测试。如果你只有传统开发的经验，特别是如果你是传统开发模式下 CMMI 的忠实实践者，你会觉得这种想法很危险：如何保证需求、设计、编码和测试的一致性？如何保证质量？而另一方面，许多开发人员恐怕对这种模式不陌生，他们在巨大的进度压力下都这么做过，特别是一个开发人员同时负责设计开发工作时，他恐怕不愿意为自己单独做设计了。

如果没有过程支持，没有明确团队遵循的公共实践的支持，这种模式对开发人员能力要求会非常高。在这种模式下，要做到不以牺牲质量为代价的高效开发，团队需要有一个大家都理解的开发架构，这个架构能让团队成员清楚地了解到自己负责开发的模块和其他模块之间的关系；需要一个所有开发人员必须共同遵循的编码规范，这个规范要保证代码的持续优化；需要一个能随时验证代码变更正确性的持续集成环境，确保开发隐患的及时清除。

极限编程和 Scrum 的基本理念是相同的，并且高度互补。例如 Scrum 的迭代需要极限编程的持续集成、重构等的支持，才能保障维护产品的完整性及可靠性，是解决敏捷增量开发中带病迭代的有效方法。

Scrum 的架构及实践也可以很自然地支持极限编程中的管理实践的落地，例如产品经理的角色在某种程度上可以替代现场客户代表，而产品经理在 Scrum 中的职责及产品需求列表的使用给出了客户代表发挥作用的方式。Scrum 中的需求细化会议、迭代计划会议、迭代需求列表等活动及产出物可以有效地实现极限编程的计划活动，加上迭代评审会议及"完成"（Done）的要求，能有效支持极限编程的小版本实践也是自然的结果。Scrum 倡导的团队自我管理及自律的要求能保证团队的代码共享及不加班文化。

正是由于极限编程和 Scrum 的高度互补，目前业界大部分的敏捷实践都是二者的结合，这也是我推荐的敏捷实施模式：Scrum+ 极限编程能够做到 1+1>2。

3.4　引入 Scrum 等敏捷方法是一场需要勇气的变革

引入敏捷意味着一场大的变革，其影响面经常会被低估，导致在做引入计划时考虑不周全，组织层面缺少必要的支持。当碰到大的问题时，管理者缺乏必要的勇气，往往会选择放弃部分或整个敏捷实践。

让我们首先从大的角度看看敏捷会带来哪些变化。

- 敏捷会改变我们定义度量业务目标的方式。
- 敏捷会改变我们的管理方式。
- 敏捷会改变我们的开发方式。
- 敏捷会改变我们的考核过程，考核项目团队、考核个人的方式。
- 敏捷会改变我们将变更风险最小化的方式。
- 敏捷会改变我们的思维方式。

丘吉尔讲过："改进意味变革，追求完美就是不断变革。"但是变革需要勇气，任何时候让一个人放弃已经熟悉的做事方式，去尝试一个全新的方法都不是一件容易的事，那么改变一个组织的习惯则是难上加难。敏捷意味着随着大环境的变化不断调整变革，一个敏捷的企业意味着它必定勇于尝试，具备必要的勇气。

华为是一家令人敬佩的企业，通过和它十几年的接触，我认为它的成功不是偶然的。很多人羡慕的所谓华为的"狼文化"，在我看来它更是组织、团队、个人对新知识的渴望。华为是我看到的最有勇气的中国 IT 企业，它把变革当作学习的机会、超越竞争对手的机会、发展壮大的机会。以敏捷实施为例，华为是国内最早试点敏捷并将其纳入标准过程的企业。当年它成功导入了集成产品开发（intergrated product development，IPD）流程，但一直没有停止对其不断优化。业界新的优秀实践是华为改进的一个重要来源，敏捷的引入也不例外。一旦了解到敏捷可能带来的好处，华为毫不犹豫开始学习、试点并本地化。从 2006 年前后开始，华为开始了其敏捷之旅，他们请了许多敏捷领军人物来华为做过培训，经过几年的试点、尝试、总结，成功将敏捷融入其 IPD 流程中，并在 2009 年正式发布了"IPD+ 敏捷"新的产品开发流程。当华为开始纠正敏捷不足时，国内许多其他著名 IT 企业才刚刚开始了解敏捷，在小范围内做试点。

3.4.1　精益组织与敏捷团队

　　近年来，一些中国的 IT 企业也开始研究在丰田汽车公司生产方式基础上形成的精益生产模式，希望能将其应用于软件开发管理过程中。由于生产制造和软件开发的巨大差异，很少能看到成功实施案例。敏捷的逐步普及对中国 IT 企业实施精益方法带来了新的机会，企业层面精益思维能够有效支持项目级的 Scrum 实施。对精益生产管理感兴趣的读者，可以去看一些精益管理的书籍，找出其和敏捷相通的地方。

　　图 3-2 展示了精益组织和 Scrum 的关系，以及企业存在的目标、使命及价值是如何通过 Scrum 实现的。

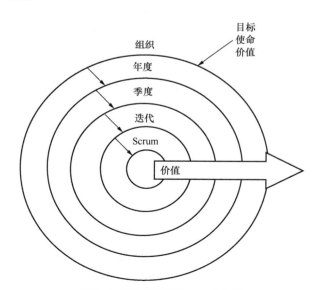

图 3-2　精益组织和 Scrum 的关系

3.4.2　管理者的勇气：做有远见的智慧型领导者

引入敏捷对组织的管理者带来的冲击不比员工小，除了在本章节前面提到的从监控型到服务型的转变外，他们还肩负着更大的责任：领导组织的开发过程及管理实践从传统到敏捷的大转型，这个转型不仅是过程的变革，更重要的是人的转型。放弃熟悉并已使用多年的过程，引入新的过程一定有风险，领导者的勇气、智慧和决心是成功的关键因素之一。

成功引入敏捷需要领导者想清楚以下 5 件事。

- **为什么要做**：引入敏捷的目的是什么？具体要解决什么问题？有了明确目标，你才能判定敏捷之旅是否成功。
- **必要的技能**：分析完成这件工作所需技能，识别出技能的不足。面对这些不足，组织必须建立一个所需技能的获取计划，保证敏捷在组织内的顺利推动。需要提醒的是，技能不足的分析不仅仅需要在前期执行，而是应该在整个敏捷推动中持续关注，因为很多能力的不足只有在实施中才能更清楚地表现出来。
- **必要的动力**：人的动力从哪里来？敏捷给出了清楚的答案：成就感、自我管理、清晰的目标。那么领导者如何能让执行者保持动力呢？如何和执行者的切身利益关联起来呢？华为有个说法：谁都喜欢雷锋、焦裕禄，机制上不能让他们吃亏。
- **必要的资源**：引入敏捷需要什么样的投入？领导者在规划时就需要有个考虑。注意资源往往是个约束条件，它在很大程度上决定了引入敏捷的速率。
- **行动计划**：哪些部门、团队、项目类型先试点？什么时候将敏捷在确定范围内制度化？在推动敏捷过程中，有哪些里程碑、检查点？我建议用敏捷的方式推广敏捷，但是建立维护组织级的敏捷推广计划是必不可少的，这个计划是监控的基础。

图 3-3 就是著名的成功变革管理的五要素及其某一要素缺失时的后果。

就敏捷变革而言，如果领导者没有充分沟通清楚变革的目的，那么不同角色的理解会发生混乱，有可能使力不往一处使。我的经验是，在全面引入敏捷之前，需要对职能部门、开发部门、所有的职能角色进行培训，让大家对新理念、影响等方面有一致的理解。

如果领导者不关注必要敏捷技能的获取，那么很可能引入的是形似神不似的敏捷。领导者的责任是提供必要的投入，保证相关人员获取实施推动敏捷所必备的技能。获取这些技能的方式很多，例如，引入松土培训，在试点、实施过程中引入敏捷教练，在内部建立沟通交流机制，让大家逐步掌握敏捷方法、实践和相关的工具。

如果领导者不把敏捷变革和利益相关人的切身利益结合在一起，那么这件事的优先级会很低，会减缓变革的步伐。如果敏捷让人人不安，会极大增加这个变革夭折的可能性。这一条是敏捷企业领导者最重要的管理工作之一。

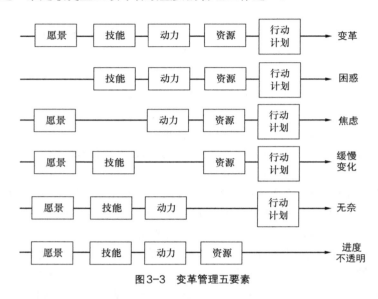

图3-3 变革管理五要素

如果领导者不保证足够的投入，那么很难将敏捷带来的价值最大化。必要的投入包括办公环境的重新梳理，敏捷管理工具的引入，持续集成工具的引入，外部内部培训的投入等。由于前期的学习磨合成本，有可能一开始团队效率会有些下降，但随着时间推移，逐步会看到效果。图 3-4 是常见变革效果示意图，领导者需要智慧地看到整个画面，需要有勇气将敏捷变革坚持下去。

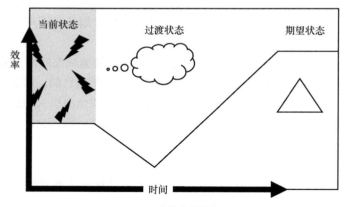

图3-4 有效变革效果图

如果领导者不要求建立维护一个清晰的敏捷推广计划，那么就无法监控推广过程，无法做问题影响分析，不知道还有多少事情要做，不清楚是否在按计划实施。用敏捷的计划方式来做这件事，是一个值得推荐的做法，因为敏捷之旅也一定充满了诸多不确定性，在某种程度上也需要摸着石头过河。

作为领导者，只有全面考虑了这 5 个环节时，才有可能领导一场有效的敏捷变革。

注意，敏捷环境下，管理者将不再会做下列工作：

- 替团队承诺什么时候完成多少工作；
- 说服团队这些承诺是可以做到的；
- 给团队指出具体开发思路、方向；
- 监控团队的进展情况，确保进度，确保没有大问题；
- 当团队碰到问题时，介入解决方案的制定及拍板；
- 每周听取团队进展状况报告，常常和成员做一对一的会议，发现问题并给团队提出具体指导；
- 用胡萝卜加大棒的方式，激励团队加班加点，完成工作；
- 给每个成员分配具体任务，并监督完成情况；
- 为团队在正确时间，用正确的方法，做正确的事负责任。

3.4.3　工程人员的勇气：合奏与独奏

对工程人员来讲，在一个 100 人团队里面工作和在一个几个人的小团队里工作是完全不一样的。大的团队比小团队更容易混日子，因为人多时，经常会出现忙闲不一的情况，对个人来讲，压力会小很多。

而小团队里，每个人要做的事会更加透明，如果做得不好大家都会看到。想象一下，在每天的站立会议中，你总是不能完成自己的工作，总成为实现迭代目标的瓶颈，这个压力会是很大的。你需要极大的勇气，将压力变成动力，尽快提升自己的能力。就像滥竽充数的故事一样，独奏是要有真功夫的，独奏需要的勇气比合奏大得多。

3.4.4　过程改进人员的勇气：找到你的定位

在一家已实施 CMMI 或 ISO 9000 的企业推广敏捷时，你必须面对的一个问题是为 EPG（组织过程改进委员会）重新定位。在敏捷环境下如何在组织层面推动过程改进活动？组织改进人员，组织质量保证人员的职责是什么？如何处理对自己工作定位的不确定性？这些都需要过程改进人员有面对新挑战的勇气。

敏捷更加强调的是自下而上的改进，更关注的是团队内部的改进，而不是组织层面的改进。这个敏捷的不足给过程改进人员带来了自己的机会，那就是如何在组织中借鉴共享团队中的优秀实践？如何让团队的迭代回顾会议在组织层面发挥作用？更重要的是如何在从瀑布模式到敏捷模式的转换中扮演重要的角色？

EPG 必须是这场变革的组织推动者，在本书后面关于 CMMI 环境下的敏捷实施相关章节中，我会更加详细描述敏捷企业的过程改进活动的组织、管理。这里我列一些敏捷变革中，过程改进人员应该了解、关注、解决的问题。这些问题没有简单的解决办法，这些问题的解决需要 EPG 的智慧和勇气，过程改进人员需要有较高的情商，情商也许就是智慧和勇气的结合。

由于敏捷的引入会极大地改变人的做事方式，EPG 必须意识到这个转变不可能是一朝一夕的事，需要给大家时间，同时需要在整个变革过程中给大家支持。人其实不反对变化，只要这些变化不需要他们自己去改变。过程改进人员需要让大家意识到敏捷带来的益处，这些益处有组织的、团队的、客户的，但千万不要忽略了其给个人带来的好处。

在整个变革过程中，EPG 需要倾听大家的声音：

- 你们希望的变化是什么？
- 你们担心的是什么？
- 你们有什么好的建议让敏捷的变革成功？

这个沟通不是一次性的，必须是制度化的，让组织内部的敏捷实践者随时随地可以将他们的想法转达给 EPG。

在沟通的过程中，大家对敏捷的愿景也要逐步形成一个清晰的共识，同时让大家了解为了达到最终目标，哪些东西必须变，哪些是实现目标必须走的步骤，每个人的工作会有哪些变化。EPG 必须给出目标是否达到的明确度量，这些度量应该和企业的商业目标有直接或间接的关系。

在敏捷的变革中，EPG 也必须将自己定位成服务型组织，也必须有勇气摒弃旧的工作模式，拥抱敏捷，用敏捷模式指导敏捷的引入。

3.5　变革之路：从瀑布模式到敏捷模式的转化

根深蒂固的瀑布思维是敏捷化的最大天敌之一，在瀑布模式下很难想象在需求文档和设计文档还没有通过评审之前，开发团队就开始编码，更难想象允许在编码过程中追加或修改需求。同时瀑布模式的影响远远超出了开发团队，一个软件企业的组织架构，部门之间的沟通机制和客户及市场的沟通方式，人员招聘及员工的职业规划等都会不同程度上受瀑布模式的影响。从瀑布模式到敏捷模式的转变，不仅仅是开发过程的改变，在很大层面上更是企业文化及习惯的改变，后者的变更比前者更难。

3.5.1　瀑布模式到敏捷模式中人和组织的转化

在瀑布开发模式下，设计人员会向设计经理汇报，编程人员向开发经理汇报，测试人员向测试经理汇报，这种组织结构可以支持瀑布接力开发但对敏捷 -Scrum 的新模式会有负面影响。任何一个企业都不会轻易改变其组织架构，因为这些变化会冲击一些人的利益。但是将矩阵结构转换成产品线为主的跨职能结构很可能是你要做的一个转化。

在从瀑布模式到敏捷模式的转化中，近 20% 的员工（包括管理人员）可能会选择离职，因为不是每个人都可以接受敏捷的工作模式。

另一个主要组织变化是开发团队是其开发产品质量的责任人，而不是质量管理部。质量控制活动必须贯穿每一个迭代，质量部的人员结构及定位不可避免地会发生变化。

产品管理的职责定位会发生很大的变化，比以前要求更高。选择谁来做 Scrum 团队中的产品经理，将在很大程度上决定项目的成败。产品经理将会承担很多传统项目经理的责任，管理好风险，确保每个迭代都能开发出最大价值的软件功能是他要做的事情。高层管理人员会向他了解项目的状况。敏捷企业的 PMO（项目管理办公室）需要重新定位或被取消。

从瀑布模式到敏捷模式会让其他一些工作消失，做这些工作的员工将被迫走上新的岗位，如项目经理很有可能变成 Scrum 过程经理，而一些职能经理的管理职能在敏捷环境下将不复存在，这些经理也将面临职业生涯发展的新挑战。他们也许会变成过程经理或产品经理。

敏捷的奖金机制也会发生变化，Scrum 不鼓励个人英雄行为，而鼓励的是团队英雄行为。奖金的分发会更大程度上基于团队的表现，如果一个团队有优异表现，那就请奖励团队的每一个成员。一荣俱荣，一损俱损。

3.5.2　瀑布模式到敏捷模式中企业文化及习惯的转化

一个敏捷团队很难在一个没有敏捷文化的企业里成功，因为敏捷是一个端到端贯穿整个企业的行为。那么什么是敏捷文化？如何从瀑布习惯转换成敏捷文化？我认为下面是一些必要的文化变革。

- **建立价值文化**：从进度、技术驱动决策转换成价值驱动。在做任何一个决策时，决策者一定要养成这样一个习惯：同时考虑成本及收益，而不是怎么方便怎么做。这就要求决策者扩大自己的视野，学会从全局看问题，学会平衡短、中、长期利益。敏捷宣言就是价值宣言，价值决策文化必须成为每个大小管理者的思维习惯。

- **真正建立的团队精神**：从推崇个人英雄转换成推崇团队英雄，敏捷追求的核心目标之一是发挥出团队的潜力，在开发中提升团队的能力。"成也团队，败也团队"的文化应该渗透到每个成员的行动上。

- **"Just do it！"的精神**：从追求完美的工程文化转换成关注问题的解决，从追求完满的产品转换为尽快提交为客户带来新价值的产品特性。Just do it!

- **全员质量文化**：很多瀑布模式下的企业把质量仅仅当成测试部门的事，这种文化往往造成开发和测试变成 PK 的关系。敏捷转型意味着质量是所有人的责任，防止带病迭代是所有工程活动必须关注的事。质量不仅仅是通过测试，质量更是一种意识，一种在开发过程中减少隐患、维护使用的意识。
- **善始善终的文化**：为了追求"效率"，不让员工有任何可能的闲置情况，很多企业会尽量启动很多项目，会让员工同时参与多个项目的工作，善始而不能善终是这种文化常见的后果。敏捷转型更会推崇善始善终的文化，启动一件事就专注地把它做好，尽量避免一个人同时做多件不相干事情的情况。
- **分而治之的文化**：瀑布模式鼓励追求大而全的产品，由此带来追求全面完美的习惯，敏捷则鼓励分而治之，尽量将一个大的复杂工作项分成多个小的、简单的工作项，一个一个地完成。从追求完美转换到追求简单是敏捷带来的另一个变化。
- **勇于实践、创新的文化**：瀑布模式带来高昂的变更成本，使得团队在开发过程中努力第一次把事情做好，不犯错误。而敏捷带来的快速反馈，让变更成本变得可以接受。鼓励团队勇于实践、勇于创新是敏捷转型中的另一变化。

3.5.3　瀑布模式到敏捷模式的转化过程

开发过程的改变是瀑布模式到敏捷模式最显著的变化，是所有人都能看到的变化。从瀑布模式到敏捷模式，开发过程不是简单的简化，而是多层次、多方面的改变。

- **过程改进管理的变化**：在敏捷模式下，"过程的执行者是过程改进的主人"，这句话变得更加实实在在了。过程改进的主要执行者是 Scrum 团队自己，每轮迭代最后一个活动就是对执行敏捷过程中的问题进行根因分析，找出改进实践，完善团队的 Scrum 过程实践。这些改进的落地是实时的，因为它们可以在紧接着的迭代中得到实施。这些新的变化大大完善了 CMMI 框架下的过程管理改进。
- **过程架构的变化**：引入敏捷后，组织内的项目类型会更加丰富：可能有遵循传统开发模式的项目，有遵循敏捷方式的项目，有可能也有遵循二者结合的项目。所谓过程架构在某种意义就是项目开发流程的全景视图，当然站在不同角色的角度，这个视图会不一样。过程架构于心，我们才能清楚了解不同子过程、方法、实践、过程产出物等之间的关系。
- **方法实践的变化**：敏捷的引入会改变很多管理、工程和支持活动的方法及实践。如项目估算方法会有很大的变化，技术评审方法、配置管理方法等都会有很大的变化。我们需要在组织层面形成敏捷模式下这些方法实践的新定义。

注意这些变化很有可能对相关联的子过程及产出物也有影响，任何过程变更不能损害过程的一致性。

- ▫ **工具的变化**：瀑布环境下的管理方式是任务驱动，而敏捷则是需求特性驱动，这个转换会要求团队替换旧的工具，引入敏捷管理工具。其他必要的工具引入也是敏捷转型中必要的投入，如持续集成工具等。

在从瀑布模式到敏捷模式的转换过程中，需要对原有的过程体系做一个全面的梳理，识别出需要追加的新内容，需要更改的内容，以及需要淘汰的内容。规划好过程的变更，不要妄图一口吃成个胖子，一步一步完成这个转换即可。导入 Scrum 最好的方式就是用类似 Scrum 的方法，通过持续迭代，不断收集反馈，逐步完善，完成从瀑布模式到敏捷模式的成功转换。

两个团队的故事

故事 1：紧急项目的故事——让过程合理合法

几年前，我帮助一家国内国有 IT 企业做过程优化，虽然这家企业已经通过了 CMMI 四级评估，但公司领导认为开发过程还是不能有效支持组织的业务目标及客户的期望。在和项目经理访谈时，我问了一个问题："如果给你一个绝对权力，允许你更改组织过程中的任何一块内容，你会改什么？"参加访谈的项目经理异口同声地提到了所谓紧急项目管理流程的问题：所谓紧急项目，是一些进度压力大的项目，这类项目往往带有一定的政治任务，有刚性的进度要求，如果按组织定义的标准过程来管理它们的话，一般是无法按时完成的。由于组织要求所有开发项目都必须遵循四级体系的要求，这就造成了这类项目的管理困境，如果完全按过程要求做，就不能满足进度目标，所以团队往往会在执行过程中走很多捷径。这也让 PPQA（Product and Process Quality Assurance，过程与产品质量保证）人员很为难，因为他们知道，如果按过程检查单做稽核，识别出许多不符合项的话，由于进度压力，项目组也很难对这些不符合项进行整改，最后大家只好睁只眼闭只眼。我把这种现象称为"合理不合法"，合理说的是项目组被逼做出必要的裁剪（不一定是合适的），不合法讲的是实际的过程是不符合组织过程要求的。

紧急项目的问题显然是一个优先级高、必须尽快解决的问题，因为它直接影响了项目质量、效率，对项目开发团队认可过程改进、CMMI 有很大的负面影响。我们决定将其列为当年的一个改进专题。首先我和开发部领导、项目经理以及分管需求及生产任务的职能部门领导一起，讨论确定界定紧急项目的标准：究竟什么样的项目可以认为是紧急项目？我们定义了下列 4 项界定标准。

（1）**工期短**：项目开发周期从项目组接收到开发指令至提交 UAT（用户验收测试）版本的时间要求，原则上在两个自然月（含）以内。

（2）**刚性的外部时间要求**：在确保特定的质量要求下，系统能否在规定时间内按时上线对组织的声誉、市场、战略等有较大的影响。

（3）**范围确定**：需求范围是确定的，没有缩减的余地。

（4）**任务量与工期不匹配**：特定资源下工作量大，若按正常流程，很难在指定工期内完成任务。

在和组织的核心管理、工程人员讨论建立紧急项目实施指南时，我问了大家两个问题。

问题 1：在你们的组织中，哪些工程活动是必不可少的活动？哪些是锦上添花的活动？哪些仅仅是为了符合 CMMI、ISO 9000 等过程标准的？

问题 2：哪些是必不可少的管理活动？哪些是必不可少的文档？哪些是必不可少的度量项？哪些归档可以在结项后完成？

针对第一个问题，大家讨论后给出了下列不可少的核心工程活动及原因。

需求澄清评审：没有需求评审和澄清，开发人员无法真正理解要开发的系统，就不知道要做什么。

总体设计：好的总体设计可以给所有开发人员一个公共架构，减少沟通及潜在返工成本。

编码：没有代码就没有软件产品。

测试：测试让开发团队了解什么时候开发可以结束。

当我告诉大家，这 4 个活动也是业界敏捷领军人物识别出来的核心活动时，他们都非常开心。我接着问了一个新问题：我们如何做这 4 件事，才能做得好、做得快？这个问题也引出了热烈讨论，但是没有达成明显的共识。他们问我业界有没有一些可借鉴的东西，我花了半天时间给大家介绍了极限编程的价值、核心理念以及相关实践。我向他们推荐了 Kent Beck 的极限编程的书，建议他们结合实际认真看看其中的 12 条实践，研究一下其中的例子，一周后我们再讨论紧急项目的工程过程。

他们当天在网上买了这本书，后来很多人告诉我，他们一口气读完了这本书，并结合紧急项目特点边读边做笔记。除了结对编程及不加班，我们全部或部分引入了其他所有的极限编程实践，在此基础上形成了紧急项目工程及管理流程。

在讨论第二个问题时，我引导大家摒弃任务驱动的管理模式，采用需求驱动的管理模式，简化管理计划、跟踪活动，简化管理文档。在此基础上，我们很快形成了紧急项目管理指南初稿。经过 6 个项目的试点，这个指南变成了体系的一部分。让所有人高兴的是：这 6 个项目的生产效率大大高于组织级效率基线，同时这 6 个项目的遗留缺陷率也都低于组织级的平均基线。

　　在年底总结时，公司领导问我：我们为什么不将这种做法推广到其他项目呢？

故事 2：用 Scrum 的方式引入 Scrum

　　这个故事描述了一家软件企业第一年的敏捷之旅。

　　KS 是中国南方一家知名软件公司，它在 6 年前第一次通过 CMMI 三级评估，并在 3 年前通过复评。KS 产品开发过程一致遵循瀑布模式，两年前管理层决定在公司内部引入 Scrum 为主的敏捷方法。KS 的 CEO 李总在和一些美国 IT 企业合作过程中，看到了敏捷带来的好处，他在美国期间参加了 Scrum 过程经理及 Scrum 产品经理的培训，研究了许多敏捷书籍，特别是 Scrum 创始人写的一些关于导入 Scrum 的书。参考一些成功转型的敏捷企业，李总决定用 Scrum 的方式引入 Scrum。

　　李总做的第一件事，是在公司层面成立了敏捷转型 Scrum 团队，他亲自做这个团队的产品经理，直接管理推广 Scrum 过程中的任务项，指导团队攻克下一个价值最高的任务。一位有经验并且有成功敏捷经历的敏捷教练被李总聘请为这个团队的 Scrum 过程经理，指导公司的敏捷之旅。几位公司副总、开发部门及职能部门（包括人力资源、财务、市场销售、行政等部门）的经理成了团队的其他成员。

　　敏捷转型需求列表对应的产品是一个敏捷化的组织，其产品开发过程由瀑布模式转换成敏捷模式。列表中的需求项来自转型团队及 Scrum 开发团队在实施 Scrum 中碰到的困难障碍及重要的任务。

　　敏捷转型团队将迭代周期定为 4 周，在迭代计划会上，需求列表中优先级高的任务项被选中，团队会选择建立执行团队来清除敏捷转型中遇到的障碍，完成任务项。在每天的例会中，转型 Scrum 团队为执行团队提供支持、指导。正在实施 Scrum 的开发团队的过程经理也会在会上提出团队碰到的、需要公司领导帮助解决的问题。

　　在迭代评审会议上，大家会展示各部门在上个月（本轮迭代）敏捷转型带来的变化，并调整需求列表中的任务项；而在迭代回顾会上，执行团队会分享好的实践及教训。

　　经过一段时间的准备，李总主持召开了由转型团队成员及其他高层管理人员参加的敏捷启动会议。参考 Ken Schwaber（2004）建议，会议在 3 小时的时间内完成了下列议题。

- 就公司敏捷转型的目的形成清晰的文字表述，它们将成为转型所做决策的依据。
- 过程经理（敏捷教练）给大家介绍了敏捷团队将要遵循的 Scrum 过程，让大家对新的过程有个基本了解，并解释了一些大家后面会经常听到的新的敏捷术语。
- 审定敏捷实施团队成员及转型团队将要遵循的 Scrum 工作方法，以及如何识别敏捷推动中的问题。
- 讨论敏捷可能带来的各种变化及影响。

对下列具体事宜做出决定：

- 转型团队第一次迭代计划的日期；
- 正式确定敏捷教练为转型 Scrum 团队的过程经理；
- 正式确定李总为团队的产品经理；
- 正式确定团队成员。

确定了下列任务项作为产品需求列表中的初始内容：

- 所有转型团队成员完成 Scrum 联盟的 ScrumMaster 证书培训；
- 研究并建立跟踪组织内部变化的方法及机制；
- 确定敏捷试点范围：项目类型、试点项目项目团队；
- 确定试点 Scrum 团队角色；
- 确定试点范围完成准备要求的标准；
- 制订并执行组织的敏捷实施沟通计划，通过各种会议，面对面地让所有人了解敏捷转型可能带来的变化；
- 在公司内部网建立并维护"敏捷之角"，让所有人了解转型过程；
- 调整公司内部过程改进反馈处理机制，确保任何人在任何时间、任何地点都可以提出针对敏捷实施的反馈及建议；
- 制定组织转型需求列表追加机制，确保相关人员都可以将需要克服的困难加入列表中；
- 调整度量体系，建立跟踪 Scrum 项目的度量项和使用指南；
- 建立针对 Scrum 项目的汇报沟通机制。

启动会结束几天后，转型团队召开了第一次迭代计划会议，根据需求列表的内容及优先级，确定了下列迭代需求列表。

- 在全公司范围内宣贯敏捷转型的目的、推动计划以及对组织和个人的影响。
- 全员 Scrum 培训让大家了解引入敏捷的理由、Scrum 过程及对个人的期望。
- 通过"敏捷之角"回答大家提出的任何问题。

- 确定下列实施Scrum的先决条件：建立一个全职跨职能团队；Scrum过程经理接受Scrum过程经理培训；产品经理接受产品经理培训；所有团队成员接受Scrum团队成员培训；建立一个能支持Scrum活动的办公环境。
- 建立敏捷项目汇报机制及渠道。
- 选择第一批敏捷试点项目。
- 选择这些项目的Scrum过程经理、产品经理和团队。
- 建立Scrum度量及其收集使用机制。
- 开始建立维护敏捷转型产品需求列表。
- 评估支持敏捷模式开发的考核办法。

敏捷实施执行团队具体执行迭代列表中所列任务，在实施过程中将识别出的困难障碍不断纳入需求列表中。这样第一轮迭代开始，也意味着敏捷转型在 KS 公司逐步推开。

从第二个月开始，更多的项目开始使用 Scrum，转型团队面临的第一个问题是：是否一定要等一切都准备完美了，才能开始敏捷之旅？是否可以一边实施 Scrum，一边解决这些问题？转型团队决定只要前提条件基本满足，项目就可以遵循 Scrum 开发模式。因为敏捷之旅本来就充满不确定性，用 Scrum 方法来指导 Scrum 实施是最好的保障。

新的任务项不断加到转型需求列表中，它们主要来自 Scrum 开发团队、转型团队和敏捷执行团队在实施中碰到的困难。产品经理李总将问题分成两类：一类是 Scrum 带来的问题，而另一类是原来就有现在被 Scrum 凸显的问题，识别出的大部分障碍都属于第二类。

前几个月中，主要问题集中在以下几个方面。

- 瀑布习惯是敏捷转型的普遍问题，这不光体现在开发团队本身需要基本摆脱文档沟通、接力开发模式，其他利益相关人也需要适应敏捷模式。以往客户的参与主要集中在一头一尾，而敏捷的增量开发需要他们自始至终地介入。特别是政府客户，往往不习惯这种模式。人力资源部在做岗位设置、为员工做职业规划时，也是按瀑布模式来做的。转型团队发现观念的改变十分困难。
- 执行团队缺乏必要的权力及技能推动敏捷转型。有些执行团队成员会将自己应该负责的工作布置给下属去做，没有尽到应尽的责任，在许多配合上不到位，难以达到Scrum的目的。
- 所有的Scrum项目都在实施不全的Scrum，它们在不同程度上绕过了一些有难度的Scrum实践，实施过程遇到困难时有停滞不前的情况。

- CMMI 和敏捷结合带来的问题，如 EPG（过程改进委员会）在转型中的定位、QA（质量保证）人员的定位等。
- Scrum 本地化的问题。一个简单的例子是如何将 Scrum 术语本地化，大部分转型团队成员建议用大家熟悉的叫法替代 Scrum 术语。但敏捷教练（转型团队过程经理）则建议为了显示敏捷转型的决心，还是尽量用 Scrum 中的术语，而且这些术语量也是非常有限的。例如，如果还用项目经理替代 Scrum 过程经理的话，会给这个角色以他还拥有传统项目经理的责和权的错觉。
- 真正的透明需要有敢讲真话的环境，敏捷依赖于完全透明，在敏捷转型前期，很多项目团队还没有完全讲真话的安全感。
- 在同一时间段想变革的东西太多，急功近利，欲速则不达。有些管理人员希望能"立竿见影"，短期内就"大见成效"，导致没有找到好的切入点。以最容易做到、最明显的改善成果来让每一个人都感受到 Scrum 的好处，从此改变意识，建立信心。

在第一年里，敏捷转型团队在摸索中完善，边做边总结，一轮一轮地迭代，李总要求碰到问题时要集思广益，准备多个解决方案；打开心胸，吸取不同意见，不要解释不能做的理由，要想出做下去的办法；不要等到十全十美，有 5 成把握就可以动手，错了就及时调整。随着时间的推移，KS 公司中越来越多的项目引入敏捷模式，其带来的价值也逐步体现。我问李总最大的感受是什么，他说："企业文化、习惯比任何策略都更加重要，敏捷转型更多的是企业文化的转型。"

第二部分

建立以 Scrum 为框架的软件开发管理体系

第 4 章 布好自己的局——确定 Scrum 中的角色、文档和活动

第 5 章 迭代管理亦有道——执行 Scrum 项目管理

第 6 章 把握好敏捷的度——敏捷工程及质量控制实践

第 4 章

布好自己的局——确定 Scrum 中的
角色、文档和活动

在前面章节里我们探讨了从瀑布模式到敏捷模式的转换会遇到的挑战。那么如何在组织层面布局？如何在基础软硬设施建设方面打好基础？这是本章关注的重点。

敏捷布局会牵涉组织调整、人员调整、办公环境调整，特别是开发过程的调整。规划好这些调整是保障成功敏捷转型的重要环节。当然合理的敏捷布局不是一步到位的，需要我们在迭代中不断完善。

4.1 敏捷转型的布局规划

在敏捷转型初期，组织必须做下列一些重要布局决策：

- □ 确定 Scrum 中的角色（核心角色及辅助角色）和组织内部角色的对应，以及各类角色的人员比例；
- □ 分析组织内的项目类型，建立相应的敏捷管理过程；
- □ 根据具体情况，确定所需引入的"敏捷"工程活动；
- □ 确定所需的工程和管理文档；
- □ 确定敏捷项目需要的工具支持、办公环境、开发测试环境等。

如何管理敏捷的导入可以参见第 3 章的内容，我们要避免做游击队式的敏捷实施。在这里，管理层的主动支持至关重要，他们的期望是什么？通过什么方式、什么渠道向他们汇报敏捷执行情况？必须对此有所了解，否则你的敏捷导入就是游击队的打法，经验证明这种模式成功的可能性很小。

4.2 建立自己的敏捷过程

仅仅用第 2 章描述的 Scrum 管理框架作为敏捷过程的全部是远远不够的。它并没有明确进入迭代前团队需要做哪些必要的准备工作，也没有讲清楚迭代完成后在系统级需要做的工作。一个完整的敏捷过程应该是端到端的过程。

4.2.1　建立一个端到端的敏捷过程

在第 2 章中，我简单介绍了 Highsmith（2011）提出的敏捷项目管理框架（见图 2-1）。这个框架中包含了 5 个阶段：产品愿景（envision）、推测（speculate）、探索（explore）、调整（adopt）和关闭（close）。第一个阶段可以看成是准备阶段，中间 3 个阶段是一个循环的过程，第五阶段则是完成总结及知识传递。

1. 产品愿景阶段

这个阶段的核心工作是为产品建立一个明确愿景及大的范围，也就是这个产品的存在价值。愿景阶段结束时，团队必须能够回答 3 个问题：做什么（what），谁会介入（who）以及他们如何一起工作（how）。

团队需要知道做什么，这个往往是通过产品的愿景及产品需求范围来明确的。产品愿景应该是相对稳定的，它帮助用户解决的问题是不会变的。如微软的 Office 产品的愿景一直没有改变，不论哪个版本，其目的都是一样的。当然每个新版本的功能和性能能有进化、完善，每个新版本都会解决前期版本的一些问题。在进入迭代前（进入推测阶段前），我们必须明确产品愿景，这样我们才能在迭代中判断哪些用户故事更能实现产品愿景，它是团队决策的一个重要标准。

我很尊重的产品大师 Donald Reinertsen（1997）在其经典著作 *Managing Design Factory* 中指出：每个成功的产品都会有一个简单清晰的价值定位（value proposition），消费者从众多竞争产品做选择时，往往只会根据三四个因素。

好的产品愿景描述是可以做到 Reinertsen 所提的要求的。我这里介绍一个常见的描述方法——电梯陈述法。何为电梯陈述法呢？道理很简单，你必须能够能用 1 ～ 2 分钟的时间（也就是从进入电梯开始到电梯落地），向一个路人讲清楚你的产品的价值定位。

电梯描述法的模板如下：

> 为了帮助（客户）能够（解决具体问题或需要创造的机会），它（属于的产品类别）的（产品名称），它能（为客户带来的重要好处或必须购买的理由）以及（和其他公司产品的主要差异）。

下面是个实际的例子：

> 牙医预约系统：为了帮助牙医及其助手能够方便地提前预约病人治疗时间，我们开发出牙医预约系统，它是个能够支持办公室台式电脑或通过互联网预约的软件系统，和其他所有类似系统比，牙医预约系统非常简单易用。

除了明确产品（系统）的愿景外，在此阶段，我们需要确定系统的主要功能及开发约束条件。

在建立愿景阶段，我们需要确定项目利益相关人，如客户、产品经理、团队成员及其他相关人员。这些利益相关人如何一起有效地工作，各自的职责是什么，如何沟通等也必须确定。

只有识别出产品目标、客户的愿景、产品应该具备的关键能力、开发的约束条件及对的项目参与者，我们才能判断项目的可行性及大的方向，为后续推测阶段做好准备工作。

2．推测阶段

注意这里没有用计划（plan）这个词，用的是推测，因为在项目开始阶段，我们往往并不完全清楚需求、技术实现、人员等情况。计划意味着对项目任务比较清楚，推测则明确告诉大家，团队所做的计划是在一定的推测基础上做出来的。当有更多的信息时，我们会不断完善计划。

推测阶段要做的主要工作有：

- 收集初始需求（第一次执行）或进一步细化完善需求列表（第二次及以后的迭代）；
- 估算调整工作量及其他相关信息；
- 建立（第一次执行）或调整（第二次以后的迭代）需求列表为基准的版本计划；
- 明确风险规避、缓解策略。

3．探索阶段

敏捷迭代过程是个知识增长的过程，通过不断增量开发，团队和客户一起逐步增加对所开发产品的理解。在这个过程中有可能需要不断地探索，增加理解，不断进行必要的调整。

在这个过程中，团队会开发出产品的用户故事。这个阶段团队主要做以下 3 件事。

（1）使用团队制定的工程实践，不断缓解风险，开发出本次迭代计划的用户故事。

（2）营造一个密切合作的自我管理项目社区。

（3）开发中持续管理和客户、产品管理团队以及其他利益相关人的接口。

团队自我管理主要需要解决下列沟通以及决策问题：

- 和客户协调沟通；
- 和特性开发小组之间沟通；
- 和异地小组的沟通；
- 正确使用组织赋予的授权（empowerment）；
- 明确何时、何人、何种方式、做何种决策；
- 明确具体责任范围；
- 通过哪些实践推动上面所提的几点。

Scrum 在评审和回顾会之前的活动可以认为是探索阶段的活动。

4. 调整阶段

Scrum 中迭代结束时的评审会议和回顾会议是调整阶段的重要活动，也就是说，团队会根据迭代的结果对产品、过程、项目进展情况进行分析；同时也会判断是否需要调整大的版本计划，并根据产品评审结果对产品列表进行完善。

这些分析结果也会用来做下一次迭代计划的输入。

5. 关闭阶段

在每次发布后，知识传递总结是必须做的工作，也是关闭阶段的重要内容。

从一定意义上来讲，Highsmith 提出的敏捷项目管理框架是瀑布模式和敏捷模式的结合物。在实际操作中，对大部分软件开发项目来说，这是一个自然的选择。图 4-1 就是一个瀑布模式和敏捷模式结合的开发流程的例子，它的整体结构采用的是集成产品开发（IPD）模式，其迭代循环是从 TR2（设计评审）到 TR4 和 TR4A（对代码验证以及对系统设计的验证），迭代主要覆盖了开发实现阶段。

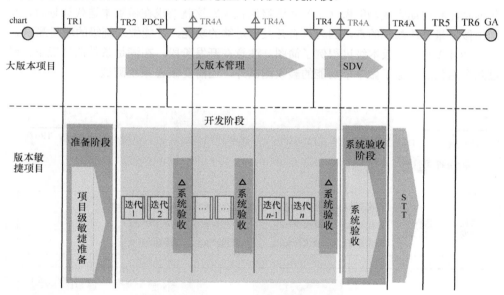

图4-1　瀑布模式和敏捷模式结合的开发流程

4.2.2　进入 Scrum 迭代的准备过程

为了保证迭代过程中的效率，入口前必须完成必要的准备。比较理想的情况是在迭代前能够将难点基本梳理清楚，能够从实现角度上给出大的方向。迭代就是在搭好的骨架上不断加肉，增量开发出产品功能。

进入迭代前应该完成哪些工作呢？下面是华为要求的敏捷准备活动：

☐ 需求分析；

      ❑ 架构设计；

      ❑ 系统设计；

      ❑ 建立版本迭代计划；

      ❑ 完成关键模块设计架构；

      ❑ 制定测试策略；

      ❑ 组建迭代开发团队；

      ❑ 完成持续集成环境；

      ❑ 团队完成其他组织要求的敏捷准备。

4.2.3　敏捷迭代过程及验证过程

在第 2 章中，我们描述了标准 Scrum 中每次迭代的活动。但其中缺少一个重要的考虑，就是系统级的增量测试。每次迭代团队都会开发出新的功能，那么如何保证新的功能和前期完成功能做（子）系统级测试呢？这就要求在做版本迭代计划时，识别出做增量系统测试的点，因为只有开发出足够的功能，才能做系统级的增量测试。

图 4-2 是一个版本级过程例子简图。注意在开发阶段，在满足条件的情况下，经过几个迭代后，除了做单个功能的验收测试外，还需要做 Δ 系统测试。

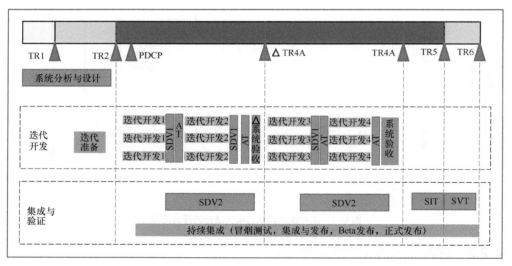

图 4-2　版本级的敏捷过程

在所有迭代完成后，或者通过独立全量系统测试阶段，在发布前验证产品的正确性。在这个体系中，迭代后依然需要完成 SIT 和 SVT，但迭代中的 Δ 系统测试会大大减轻验证的压力，因为迭代中识别、清除局部缺陷比通过全量系统测试识别、清除问题成本更低。

图 4-3 是一个小型敏捷项目过程实例，RD 和 RP 是敏捷准备阶段的活动，后面 4

角色	产品需求开发	产品版本发布计划	进化规划	迭代	迭代评审	迭代回顾	系统测试、发布（一般2~3个迭代）
产品经理	收集、开发和维护客户需求 对不同的需求开发需求调研 将需求转换为用户故事形式 确定各用户故事的优先级	组织版本规划会 确定各用户故事接受准则 加工从版本发布计划 形成规划始的迭代产品需求列表	需求梳理和澄清 形成产品需求列表	维护产品需求列表	冲突完成或用户故障确认 更新产品需求列表 产品需求列表优先级排序	参加冲刺回顾会	确认发布内容 版本发布
过程经理		组织版本规划会 确定迭代周期 确定配置项和基线 识别版本级风险 形成规划始的迭代产品需求列表	组织冲刺规划会 确定各团队和基本活动的可用工作量 组织团队分解任务、估算工时 组织团队识别风险 形成迭代产品需求列表	组织每日站立会议 组织代码走查 维护燃尽图 收集质量数据	组织迭代评审会议 统计：效率、质量等过程数据 汇总问题和问题列表 归纳阶段性风险 更新产品需求列表	组织迭代回顾会议 成功回答三个问题 审查迭代成果 审查迭代效率 识别阶段性风险 确定改进措施	系统测试（测试团队） 修改缺陷 构建发布版本
开发团队		识别配置库和基线 预测和确定团队生产力目标 团队头脑风暴 估算出每个用户故障的故事点 参考优先级选择用户故事 确定下一迭代开发的内容	和产品总经理澄清需求 头脑风暴 确认本迭代的用户故事 针对每个用户故障分解任务 进一步任务点计划 确认总计划工时与团队的可用工作量的匹配性 确定迭代开发展目标 识别团队风险 形成迭代产品需求列表	编写测试用例（测试） 评审测试用例 设计 评审设计 编码单元测试 单元测试 代码走查 提交代码 持续构建 并行自动、手动测试（并行测试） 参加缺陷立会议 分析缺陷 跟踪缺陷 用户故障/用户反馈等缺陷处理流程	参加迭代评审会议 演示开发的用户故障	参加迭代回顾会议 跟踪迭代进展情况 产生迭代质量报告	建立版本基线 组织系统配置管理 跟踪过程不符合项的解决
支持团队、配置库和质量保证人员		识别配置项和基线	定义质量保证检查单	配置人员建立基线 根据审核人员用程度对商品改进需求	度量数据统计、分析 建立迭代基线 审核迭代基线	参加迭代回顾会议 跟踪迭代进展情况 产生质量报告	
工作产品	原始需求列表 需求说明书	产品发布计划 迭代需求列表 配置管理计划	迭代需求列表 风险管理工作表 Scrum过程评估文档	迭代文档、设计文档、评审文档 测试用例、滤单代码、缺陷走查报告 缺陷列表、每日例会记录、风险管理列表 风险管理工作表	缺陷列表、风险管理记录、评审工作表 度量数据文档、迭代进展报告、产生质量报告	回顾会议记录、迭代评估文档、度量报告 跟踪过程不符合项的解决	产品发布包、产品缺陷图 跟踪过程不符合项的解决

图 4-3　敏捷过程实例

个活动是一个迭代的过程，根据版本计划会重复多次。

4.2.4　敏捷的改进过程

所有过程改进一般都遵循 PDCA 循环：Plan-Do-Check-Act。在 Scrum 过程中，PDCA 会更加聚焦。

- ☐ **Plan**：产品经理有个业务计划，我们需要在执行这个计划时努力将利益相关人的利益最大化。
- ☐ **Do**：过程经理推动团队按敏捷过程执行计划。
- ☐ **Check**：产品经理在每个迭代后检查团队的工作成果。
- ☐ **Act**：过程经理组织回顾会，找出改进机会，争取下一迭代能够做得更好。

PDCA 和敏捷十分合拍，而且改进措施可以立即在下轮迭代中应用，能真正做到"做中学"！在布局建立敏捷过程时，一定要考虑将过程改进加进去。

4.2.5　选择敏捷实践

选择哪些敏捷或其他实践指导团队开发工作也至关重要，这些实践应该是团队过程的一部分，应该用来规范开发团队成员的日常工作。表 4-1 展示了一个团队实践的具体例子。

表 4-1　一个团队使用的敏捷实践例子

序号	敏捷实践	操作方式	是否选择使用
1	系统解剖 （system anatomy）	根据《解剖指导书》操作，对整个版本进行概要解剖，对下轮迭代需求进行详细解剖，画出解剖图，写出每个任务的验收用例，并对代码量或工作量进行估计	不使用
2	任务 （task，小粒度需求）	把需求分解成若干个 500 行代码以内、2～4 天能开发完毕的小粒度需求——任务（不含测试人员的测试工作量）。每轮迭代版本转测试前，每个任务都会独立转测试	使用
3	任务级和迭代级的项目管理	项目计划等管理活动，均以任务级或迭代级粒度进行	使用
4	迭代级澄清会议	在每轮迭代开始时，由系统分析员向所有开发人员和测试人员说明本轮迭代要开发的任务、验收用例，并对工作量达成一致	使用
5	任务级澄清会议（TCM）	在每个任务开发前，由开发人员和测试人员独立编写测试用例，然后由开发召集系统工程师、测试领导和测试人员，对需求和测试用例进行交流，以达成一致	使用

续表

序号	敏捷实践	操作方式	是否选择使用
6	座位安排	尽量紧靠相关人员的座位，包括系统工程师和开发人员、开发人员和测试人员之间，以利于平时的高效交流。如使用结对编程，安排所有相关人员围绕一个大桌子就座，提高交流效率	使用
7	任务级签收（pre-signoff the task）	对于每个任务，都有一个签收活动，开发人员向测试人员展示已开发的任务并讲解。测试人员执行用例，确保测试质量，也可加深测试人员对任务的理解	使用
8	任务级别交付（尽早测试）	每个小规模的任务均可独立交付测试，以尽早发现问题，体现敏捷开发的优点	使用
9	状态墙（status wall）	在卡片上写明任务信息（简述、度量数据等），按实际开发状态贴在白板上，每天更新，便于简单、高效地展示开发进度信息	使用
10	技术展示（showcasing）	每轮迭代结束前，特性负责人召集产品经理、系统工程师、技术服务等人员进行特性演示，演示方式不限于系统演示，可以进行交付特性、关键指标达成讲解	使用
11	回顾会议（retrospection meeting）	每轮迭代结束前，项目组召开所有人参加的会议，总结和共享本轮开发经验、问题	使用
12	统一项目设置（unified project setup）	所有代码（包括测试码）、工程、脚本、配置文件等均使用ClearCase进行管理，任何员工获取后，均能一键式编译和运行。如果要设置本地PC环境（修改路径等），应提供小工具或批处理，一键式修改完成。目的是确保所有运行环境的一致性，避免由于环境不同导致问题出现	使用
13	每日站会（daily standup meeting）	每个项目每天固定时间召开15分钟站立会议，依次讲解昨日进展、今日计划、经验和问题	使用
14	非正式评审（informal review）	由技术负责人和设计负责人走读本项目组所有员工代码	使用
15	结对编程（pair programming）	由2位开发人员使用一台PC，共同进行所有工程活动，包括设计、编码和测试等	使用
16	持续集成（continuous integration）	有独立的服务器，每天若干次自动从配置库获取代码、静态检查、编译、自动执行所有测试用例并发结果邮件给相关人员	使用
17	本地构建（local build）	每位开发人员在本地PC上建立本地构建环境，签入代码前必须通过本地构建的验证，以确保代码质量	使用

续表

序号	敏捷实践	操作方式	是否选择使用
18	测试驱动开发 （Test Driven Development，TDD）	针对每个任务，先写所有测试用例，然后针对每个测试用例进行开发（写测试代码、产品代码、执行用例和重构），直至实现此任务所有代码	不使用
19	测试驱动修正 （Test Driven defects Fixing，TDF）	对任何一个缺陷的修改（即使只修改一行），都要先写测试用例、测试代码，然后才写产品代码并执行通过	不使用
20	代码重构 （code refactoring）	任何时候发觉代码冗余、结构不合理等问题，都必须立即对代码进行修改，并确保测试通过	使用

4.3　确定 Scrum 的角色

如果你问 NAB 最好的教练是谁，大多数人会说是 Phil Jackson。但假设他没有乔丹、没有科比、没有"大鲨鱼"，他还会有 11 个冠军戒指吗？所以，在任何一个行业，要成功都需要人才。在我们的行业里，20% 的人完成了超过 50% 以上的开发工作，每个团队都需要有能啃硬骨头的人，敏捷团队也不例外。

第一次和客户沟通、了解他们的情况时，我都会问一下具体谁决定项目中的 5W2H 问题，也就是：

- □ 谁决定做什么（what）？
- □ 谁决定为什么（why）？
- □ 谁决定什么时间做（when）？
- □ 谁决定谁来做（who）？
- □ 谁决定在哪里做（where）？
- □ 谁决定如何做（how）？
- □ 谁决定做到什么程度（how much）？

在做任何一个软件项目时，都必须回答这些问题，敏捷也不例外。一般来讲，前 3 个 W 是由客户和产品经理来决定的，谁来做一般由内部管理者决定，如何做应该由开发团队来决定。

团队不需要由组织中最强的人组成，但是需要一群合适的人：一方面他们应该具备必要的技能，另一方面他们应该有正确的态度，有必要的职业道德及自制力。如果没有合适的人，再好的过程也不可能让我们开发出符合客户要求的产品。好的过程能让一群合适的人一起有效地工作，但它永远不可能取代人才。

一家做互联网金融开发的企业开发的一个产品让客户很不满意，因为架构问题使得许多性能很差，客户基本无法使用。这家公司在实施 CMMI 时引入了很好的同行评审流程，但是由于缺少这类产品开发的经验，参加架构设计评审的专家没有能力识别出架构的不足，导致了架构评审的失效。过程永远不能替代能力。

一些有很好学习能力、在工作中能够不断成长的人，只要他们有足够的动力，愿意在团队的环境中养成好的做事习惯，也可以是合适的人。

4.3.1　猪和鸡合作创业的对话

以下是猪和鸡关于合作创业的一段经典对话。

> 鸡问猪："伙计，咱们合伙开家餐厅如何？"
> 猪问："那我们卖什么呢？"
> 鸡回答："卖火腿和煎蛋如何？"
> 猪说："不好，我是全身投入（杀了猪才有火腿），而你只是参与了一下而已（鸡蛋可以天天下）。"

这个故事强调了两个角色的区别，而 Scrum 团队是一个由一群"猪"组成的团队。

一般来讲，过程经理和开发团队扮演"猪"的角色。用户、客户、供应商、市场部、管理层等常常扮演"鸡"的角色。

产品经理是"猪"还是"鸡"呢？他代表了客户的意愿，好像是"鸡"，但作为对交付功能负总责的人，产品经理也是"猪"。

敏捷（Scrum）团队必须由一群全身心投入的人组成，一损俱损，一荣俱荣，互补互助开发出客户需要的产品，所以团队里不应该有人同时扮演"猪"和"鸡"的角色。没有全身投入的角色（鸡）不应该做决策，不应该告诉"猪"如何做他们的工作。如在每日站立会中，只有"猪"的角色才可以发言。

虽然"鸡"的角色不是 Scrum 过程的核心部分，但我们不能忽略他们。用户和利益相关方自始至终地介入，并对开发出的软件及时提出反馈，这是敏捷方法的一个重要原则。所以他们应该出现在迭代评审中，他们可以提出建议及反馈。

管理者应该是为敏捷团队提供必要支持的人，他们不应该告诉团队如何做好他们的工作，而是激励他们，做好后勤支持，如给每个敏捷团队建立一个共同工作空间，为每一个团队建立敏捷岛。"鸡"的角色对敏捷项目的成功起到很重要的作用，这个对话更多的是强调在开发过程中决策的制定应该由"猪"的角色把控。

4.3.2　选择 Scrum 产品经理

图 4-4 展示了产品经理在传统开发方式和敏捷开发方式下的介入模式：在传统模式下，产品经理的介入主要是一头一尾；而敏捷模式下，产品经理在整个开发周期中的介入基本是个常数。这个差异对开发团队的影响是非常大的，对产品经理的要求也不一样。

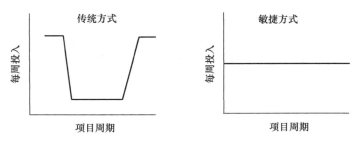

图4-4   产品经理的介入模式

在前面章节里我们描述了产品经理需要担当的工作及责任，那么在敏捷布局时，什么样的角色比较适合做产品经理呢？最重要的考虑应该是这个人必须能对产品市场前景有很好的嗅觉，能够很好地梳理用户及市场反馈。

什么样的人能做产品经理呢？答案是视组织情况而定。下列是一些常见的担任产品经理的角色。

- **产品线经理**。如果企业的组织架构已经按产品线来管理，那么产品经理很可能就是很好的人选。
- **业务分析师**（business analyst）。业务分析师也是产品经理的很好候选人，他们对产品的洞察力使之能很好把控产品的大方向。
- **客户账目经理**。他们直接对行业客户负责，对负责的客户会有比较好的了解，能够比较好地领会客户反馈。
- **运维负责人/专家**。运维会直接面临用户在产品使用中的抱怨，从而升级反馈。这方面的专家也有可能对产品的前景有一定的理解。

我们的目的是要建立一个能够有效管理产品反馈的环节，产品经理有可能来自组织的许多不同领域。

两个产品经理的故事

徐经理被安排做某个应用开发产品项目的产品经理，这个产品面对的是几个要求苛刻的大客户。徐经理花了很多精力研究竞争对手，研究市场需求趋势，他希望能做出正确的产品需求优先级判断。当某个客户经理看到了徐经理做的产品需求列表后，感觉很失望，因为她负责的客户所需要的一个大的功能需求不在需求列表的前面部分。听了她的抱怨后，徐经理给她做了详细解释。根据他的调研结果，这个功能不会被其他客户使用，只会被这一个客户使用，那么只能是定制开发，所以他把更能被市场接受的功能优先级放在这个功能的前面。徐经理完全没有说服这个客户经理，她还是认为这个客户需求非常重要，应该尽快开发出来。她一遍又一遍地请求徐经理改变需求列表的优先级，并直接向公司高层抱怨。最终徐经理实在受不了这样的折腾，就告诉她："请直接和开发经理沟通吧，如果开发能把这个功能加进去，不影响大的发布计划，我就不管了！"

徐经理这个举动不是一个好的产品经理应该有的。这里他犯了几个错误：第一个错误是徐经理没有和所有产品利益相关人沟通需求，因为客户经理也是重要的利益相关人；第二个错误是他推卸了产品经理的责任，开发什么不开发什么是他一人的决定，将责任推给客户经理和开发经理是不负责任的表现。如果他在平衡各种因素后决定接受客户经理的建议，他就应该调整产品需求列表，降低其他等量需求的优先级。产品经理做好他的工作对 Scrum 的有效实施至关重要。

第二个故事里的朱经理则是一个称职的产品经理。接到任命后，他的第一个动作是将自己的工位移到 Scrum 团队的地方，他希望能随时回答团队任何与需求相关的问题。除了定期和客户沟通外，朱经理也会花一部分时间和产品的真正用户代表、公司的销售、客户经理、运维人员等沟通，了解用户是如何使用产品的，有何困难及不方便之处，以及运维中存在的问题。他会花很多时间，分析整理收集到的信息并用在建立需求列表过程中。另一方面，朱经理也会了解足够的技术背景，不断学习，让自己能听懂 Scrum 团队有关解决方案的讨论，了解团队的难处及局限。这样朱经理能够平衡技术实现难度和需求价值，通过性价比分析对用户故事进行优先级排序。

没有天生的好产品经理，我认为只要他能够边做边学，不断提升自己的能力，逐步体会产品经理在敏捷中的角色、价值，那么好的苗子就会成为合格的产品经理。

那么一个产品经理应该对应几个 Scrum 团队呢？有 3 种可能性。

（1）**一个需求列表、一个团队**。这是最简单的场景，一个产品经理管理一个需求列表，支持一个 Scrum 团队。一些小规模的项目会有这种情况，如图 4-5 所示。

（2）**一个产品经理，多个 Scrum 团队**。有一定规模的项目，往往会有这种情况。这里团队可以共享一个需求列表，也可以是各自有自己的列表，如图 4-6 所示。

图4-5 一个产品经理对应一个团队

（3）**多个产品经理，多个 Scrum 团队**。这种安排往往应对于较为复杂的系统开发，一个产品经理会对应一个或多个子系统，如图 4-7 所示。这种情况下，我建议还是需要一个总的产品负责人，他可以对需求决策做最终拍板。

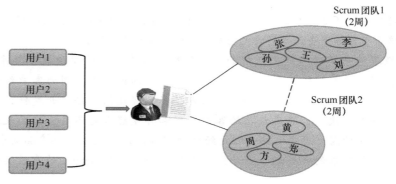

图4-6　一个产品经理对应多个团队

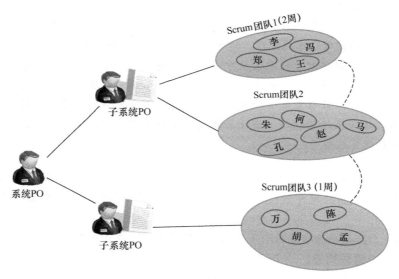

图4-7　多个产品经理对应多个团队

4.3.3　选择 Scrum 过程经理

如何安排过程经理，是敏捷布局时一个重要的考虑。不同组织会有不同的做法，这里我们需要回答 4 个问题。

（1）全职还是兼职？

（2）固定人员还是轮岗？

（3）什么样的角色是过程经理的合适候选人？

（4）一个过程经理可以支持几个 Scrum 团队？

1. 全职还是兼职

这是个在 Scrum 圈子里面有争议的问题，有些 Scrum 的坚决维护者认为过程经理必须是全职的，也就是过程经理不应该再做其他工作。对此我认为这样的安排在中国很多企业中是不现实的。是否用全职的过程经理应该根据实际情况定。如果我们面临的是一个复杂的大项目，有很多团队成员没有敏捷经验，或者产品经理相对较弱，那么安排一个全职的过程经理是不错的选择，如果情况相反，我们面临的是一个小项目，一个有敏捷经验的团队，那么我是可以接受使用兼职过程经理的，他完全可以同时担当团队其他工作，如开发或测试工作。

2. 固定人员还是轮岗

过程经理应该是一个受人尊重的岗位，做一个好的过程经理绝对是一件具有挑战性的事。如果发现了合适的人，可以将其安排成固定人选。但如果我们有个稳定并且有经验的 Scrum 团队，敏捷实践已经是团队的做事方式，那么由团队人员轮换担任过程经理也是可以接受的选择。切记，在敏捷导入前期需要用全职、固定的过程经理。

3. 什么样的角色是过程经理的合适候选人

下面是一些常见的候选人类型。

- **项目经理**：这恐怕是最常见的选择，大部分组织都会将项目经理作为敏捷中的过程经理。虽然这是个自然的选择，但不一定是最好的选择。注意瀑布环境下的项目经理和敏捷中的过程经理是完全不同的两种类型，前者是控制命令型，后者是协调指导型。不是每个项目经理都能成功地完成这个转型。
- **QA 人员**：对于一个实施 CMMI 的组织来讲，QA 人员也可以是敏捷过程经理的候选人。QA 人员的优势在于他们对过程的熟悉和以往辅导项目组执行过程中积累的经验。但并不是任何 QA 人员都可以做合格的过程经理的。如果 QA 人员没有多少经验，只能在"做没做"这个层次执行过程符合的稽核，显然他们就不是合适的人选。对于有经验、情商高的 QA 人员，我会鼓励他们做这个转型。
- **开发经理**：你可能觉得这是个奇怪的选择，但在两种情形下，我会做这样的建议。一是如果你的组织是个刚起步不久的小企业，那么由开发负责人亲自担任过程经理是一件自然的事，因为你的资源一定紧张，一人身兼数职是必需的。另一个场景是，在组织刚刚开始敏捷转型时，由开发负责人亲自担任一个团队的过程经理，让其亲身体会其中的挑战以及与瀑布模式的差异，这对成功完成敏捷转型会很有帮助。任何培训都比不上实实在在的实践。
- **资深开发人员**：有能力做技术决策的资深开发人员也可能是过程经理的考虑人选，特别是在中国 IT 企业中，技术不强往往不一定能够镇得住场面。所以受大家认可的，有很好沟通能力的技术强人，也是可以胜任这个角色的。

4.　一个过程经理可以支持几个 Scrum 团队

这个问题的答案和兼职还是全职的答案很类似：视情况而定。问题少的小项目，过程经理只需要花其 10% 的时间，而问题较多的小项目，有可能占用其 50% 的时间。所以前者一人可以做多个团队的过程经理，而后者的过程经理只能同时支持两个团队。对于大的项目，一个过程经理最多可以支持两个项目。

两个过程经理的故事

　　小蔡是公司的王牌过程经理，她被派去帮助一个问题很多的团队。首先，她和团队的每一个成员做了一次一对一的谈话，倾听每个人对问题症结的看法。然后，她让每个人知道，她就是为团队服务的。只要有问题，并且没有及时做出处理决定，小蔡就会立即让问题升级，确保在紧张的迭代中不影响代码的开发。如果团队成员间产生分歧，她会立即组织讨论，对事不对人，收集各方意见，找出一条解决问题的办法并形成共识。当受到外部挑战时，小蔡会坚持团队决策，不推诿责任。她的领导力使得开发人员能够专注开发出高质量的代码，测试人员尽可能找出代码中的缺陷。她让团队为自己的承诺负责，一门心思做好各自工作。

　　小刘是个老好人型的过程经理，他非常不喜欢冲突，不喜欢争论。当团队意见不统一时，他只是强调讲话态度要好，让大家都讲话，但他像一个事不关己的观察员，没有去推动问题的解决！团队内部有 2～3 个性格强势的开发人员，他们基本控制了所有的讨论会，喜欢压制不同意见。为了表面上的和谐，小刘让这几个人控制了项目的开发方向。内部有位技术能力很强但个性腼腆的开发人员，团队的氛围让他沉默寡言。虽然他看到了设计的缺陷，虽然他想到了更好的算法，但为了避免成为靶子，他总是选择沉默。结果自然是累积的技术债务大大影响了团队效率。小刘没能帮助团队解决问题，他自己成了问题的一部分。追求表面的和谐，害怕冲突，是敏捷过程经理的大忌。

和产品经理一样，好的过程经理也需要一个成长过程。这也是导入敏捷的一个重要布局。

4.3.4　选择 Scrum 团队成员

在团队软件开发中，同样的信息会分布在多个成员脑子里。在选择 5～9 名团队成员时，一定要保证覆盖下列能力。

　　□ **设计、编程能力**：这意味着团队需要有设计人员、架构人员以及编程人员。
　　□ **理解业务需求问题能力**：团队所有成员都必须具备一定业务背景知识，能够和产品经理沟通需求，正确理解需求支持设计、开发、测试工作。

▫ **理解软件规范及规则能力**：这意味着团队需要有行业及具体业务领域专家。

▫ **设计用户界面的能力**：团队需要有类似美工的能力。

▫ **清楚理解模块间调用关系的能力**：对复杂些的项目一定要有接口设计能力。

▫ **识别软件中错误的能力**：团队必须有对业务、设计、白盒和测试技术都熟悉的测试人员。

▫ **处理好和团队外关系的能力**：团队需要有项目管理的能力。

▫ **熟悉敏捷实践**：团队要了解敏捷实践如何有效地在团队落地。

▫ **具备持续改进的习惯**：一开始可能需要一个敏捷教练。

团队各职能人员的比例安排可以参考以往的积累数据或业界经验，如一个全职设计人员可以支持几个全职开发，一个全职测试可以支持几个开发。通过对各类工作量比例的统计分析，可以算出相关比例。

在建立敏捷团队时，我们首先需要列出确保完成项目目标所需的技能。在选择人员时，尽量做到团队具备的技能覆盖所有所需技能，同时一定要考虑具备各类职能技能的人员比例。如果有不足，就应将技能学习作为迭代中的任务，放入产品需求列表中，前期迭代计划会包括培训活动。

4.3.5 架构师在 Scrum 团队中的定位

对一个全新的项目或需要对架构重构的项目来讲，架构师在敏捷开发中扮演什么样的角色呢？这个问题十分重要，需要花些篇幅做进一步讨论。

进入迭代前，在准备阶段往往需要先做好不少架构设计，项目的基本软件架构应该已经确定。软件架构十分重要，它的主要的价值在于，它对系统自身核心基础设施做一系列关键决策：哪里需要泛化？要使用分层模式吗？如果使用，每一层的职责是什么？每一层包含哪些模块以及为什么要创建这些模块？如何在层和组件之间划分系统的职责？如何将模块进行大规模部署？信息如何在模块之间以及系统与外围系统之间流转？如果在迭代准备阶段中架构师已经完成了架构的设计，那么在 Scrum 过程中，他只能扮演辅助角色。

但微软的企业架构师 Nick Malik 对此有不同看法，他认为架构师完全可以在使用 Scrum 的软件项目中扮演关键角色。Malik 认为架构设计中的每一项选择都要仔细平衡系统的一连串质量需求，而这些选择会在 3 个不同层次上考虑这些需求。

最上面一层称作"校准过程"（aligning process），每季度或者每半年发生一次，解决整个组织的信息和商业策略相关的架构问题。这一层的输出是组织的未来软件模型。第二层包括"平衡过程"（balancing process），它与给定的软件项目相关联，可能发生在前面几次 Scrum 迭代的推进过程中。Malik 解释说，在这一层会对系统的逻辑架构进行精心设计。

这些过程考虑单一系统的需求，但仅仅决定几个方面的问题，包括为什么软件要分成模块、层和组件，如何进行职责划分，以及最终系统使用特定技术部署到特定的环境以后是什么样子。

最后，该模型的最底层是"实现过程"（realization process）。据 Malik 说，这一层是"架构变成软件的地方"，架构师做出具体的设计决定，软件开发人员按照决定构建系统。Malik 承认，开发人员可能不接受架构师选择的设计模式，即便如此，"开发团队还是极有可能按照架构师的描述实现软件架构，但是可以改进它"。

那么，在实践中，对于一个给定的 Scrum 软件开发过程，如何开展这项工作呢？Malik 直接在迭代计划会议之前增加了一个阶段（如图 4-8 所示）。原先，可以直接从产品需求列表进入到迭代计划会议及后续软件迭代阶段。现在，项目团队插入了"迭代前故事评审"（pre-sprint story review）阶段，用于对故事进行改进及架构评估。

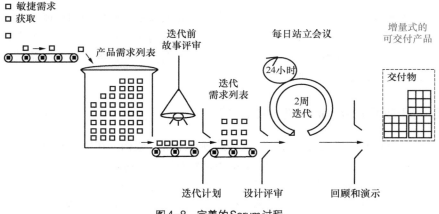

图 4-8　完善的 Scrum 过程

Malik 建议在迭代计划会议前一周执行这个专注于架构的新步骤。

在迭代计划会议前的一周里，那些与产品经理一起工作的人可以改进故事、增加约束、完善描述和验收标准。这时，架构师开始发挥作用。他完成了上述模型中的"平衡"任务，将有（或可以创建）一份描述软件系统架构的概要文档，并且能够把文档与受该设计影响的具体故事"链接"起来。

Malik 的结论是，在敏捷项目中，一名架构师是"鸡"还是"猪"取决于他在哪一层。在精心设计第一层和第二层的时候，架构师是团队的一名普通参与成员，即扮演"鸡"的角色；当在第三层工作的时候，架构师是一名投入大量时间与精力的参与者，即扮演"猪"的角色。

4.3.6　Scrum of Scrum（大敏捷项目的管理）的安排

虽然可能没有大的敏捷团队，但是一定有大的敏捷项目。Scrum 和其他敏捷方法对这方面的探讨相对弱一些。这里我主要关注如何将一个大的团队分解成多个 Scrum 团队的问题，这是个至关重要的决定，分得不好，项目成功的希望就会极其渺茫。

在同一项目中组织多个 Scrum 团队时，需要回答的一个问题是如何将需求列表中的用户故事分配给各个团队。图 4-9 展示了 3 个不同选择。

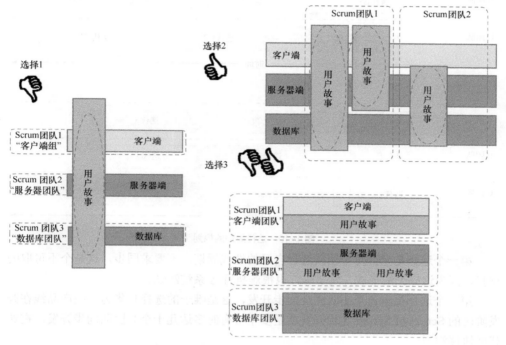

图 4-9　将需求分配到 Scrum 团队的 3 种方式

第一个选择是按客户端（前端）、服务器端（后端）和数据库端分成 3 类 Scrum 团队。而大部分面向用户的用户故事覆盖了 3 个环节，这种团队的布局是灾难性的，在每个迭代中，需要 3 个敏捷团队的密切配合。可想而知，开发效率将是非常低的。

第二个选择是根据用户故事的需要，每个团队都有客户端、服务器端和数据库的人才。这样在迭代开发中，团队之间的沟通需求可以降到最低。这有助于提升团队效率。

这个例子告诉我们，Scrum of Scrum 的一个重要工作就是解耦，在分配用户故事给 Scrum 团队时，尽可能让每个 Scrum 团队的工作在每次迭代时不受其他团队的影响，各自的需求功能相对独立，在迭代中的测试不需要调用其他团队的代码。

Scrum of Scrum 需要做的另一个决策是不同团队的迭代周期应该如何规划。图 4-10 也给了两个选择。

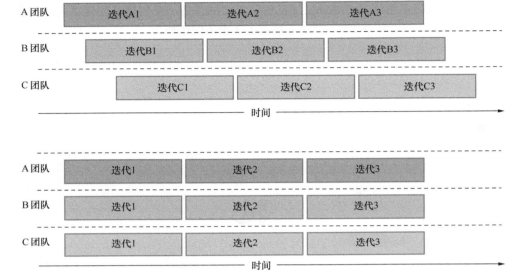

图 4-10　迭代周期的规划

第一个选择是允许每个团队选择自己的迭代周期，不要求同步。这是个不可取的选择，因为这样无法形成开发节奏，也很难执行 Δ 系统测试。

第二个选择要求各个团队完全同步开发，这是唯一的选择！华为一些产品线在开发阶段的 Scrum of Scrum 迭代开发就是多个（有时多达几十个）团队同步开发，在迭代间协调沟通。

Scrum of Scrum 的另一个重要布局考虑是如何建立每个 Scrum 团队。一般有 3 种建立 Scrum 团队模式。

- **统一安排**：由管理层为各个团队分配人员。这样做的好处是效率高，同时能平衡保证各个团队具备必要的技能。缺点是不能保证团队有好的化学反应，个人不能选择自己想加入的团队。
- **自由组队**：允许个人自由选择，形成各自的团队。这样做的好处是保证团队的和睦及个人的选择自由。缺点是形成团队要花很多时间，同时很难保证每个团队都具备必要的技能。
- **二者结合**：先通过指定各个团队人员，然后允许不满意的个人申请加入其他团队，或者在经历了一个迭代后再做调整。这个方法结合了二者的优势，应该是个不错的选择。

关于 Scrum of Scrum 要讨论的最后一个问题是团队扩展速度问题。一般情况下，我推荐逐步增加迭代团队数目，控制好开发节奏。我赞同种子团队的模式，也就是先用一个 Scrum 团队验证架构做些原型开发，并明确开发环境。种子团队的成员可以作为其他团队的种子成员，这样各个团队的协调沟通会更加通畅。图 4-11 展示了这个场景。

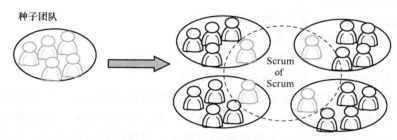

图4-11　种子团队及其人员使用

4.3.7　Scrum 中的共享团队资源

在下列场景中，我们需要建立一些资源共享的 Scrum 团队，提升开发效率：

- ☐ 支持多个应用团队的公共模块团队；
- ☐ 在架构不够成熟的情况下，建立一个架构团队，不断完善设计架构，为应用团队提供公共架构；
- ☐ 在测试资源紧张的情况下，可能被迫用一个支持多个应用开发团队的测试小组；
- ☐ 为了减少对开发的干扰以及应付紧急开发任务（如缺陷修复、紧急功能实现等）而建立的维护团队。

4.4　敏捷过程对文档的要求

除了产品需求列表、迭代需求列表、版本计划，Scrum 没有明确提出其他文档的要求，但这并不意味着不需要其他文档。敏捷不是不要文档，而是不要没有价值的文档、重复内容的文档、在满足标准名义下产生的没人用的文档。

4.4.1　文档的价值及应用

软件工程中的文档是用来做信息沟通，用来描述所开发产品的知识的。不少文档是为了支持未来的软件维护工作的，尽管它们在开发过程中应用并不多。

软件文档的主要作用及应用可以概括如下：

- ☐ 支持便利的旧设计复用；
- ☐ 支持需求沟通；

- 支持更有效的设计评审；
- 支持独立实现模块的集成；
- 支持更有效的代码走查；
- 支持更有效的测试；
- 支持高效的产品功能升级、缺陷修复；
- 支持有效知识传递、项目交接；
- 支持团队计划软件开发过程；
- 支持用户使用、管理开发出的软件系统。

不论敏捷模式或瀑布模式，我们都必须解决这些问题，解决的方式不可避免地需要有文档的编写、维护工作。在敏捷环境下，要力图用最小的代价实现这些目标。也许你看到过这段网上流传的搞笑段子：写这段代码的时候，只有上帝和我知道它是干吗的，现在只有上帝知道。在现实中，没有开发人员会觉得这是件好笑的事。

盲目地砍掉必要的文档工作会增加技术债务。债总是要还的，越拖利息越高、成本越高。在开始敏捷实施布局时，必须对此有明确的要求。随着迭代的进行，要做必要的调整，即追加、删减、整合等。

以美国军标为代表的传统方法对文档有严格要求，MIL-STD-1521B（1985 年美国国防部出的软件标准）要求软件系统级出 41 份不同的文档，更有甚者，它对主要子系统也有同样的文档要求，有数百份文档的软件系统是家常便饭。一些后期的美国军方软件标准（如 DoD-STD-2167A、MIL-STD-498 及在此基础上形成的 ISO/IEC 和 IEEE/EIA 等）同样要求软件系统生成数百份文档。对一个大的软件系统来说，文档开发成本可以达到数百万美元。

4.4.2   敏捷文档制作指南

虽然敏捷方法中没有给出明确的软件文档标准清单，但业界对敏捷环境下文档制作还是有一定的共识。下面是一些敏捷文档制作应遵循的办法。

- 让尽可能多的人员介入文档编写过程。
- 将以邮件形式、论坛形式的技术讨论、常见问题回答（FAQ）转变成正式的产品技术支持文档，这些也可以看作是开发文档。
- 用各种形式支持文档制作，如文字、多媒体、演示等。
- 根据需要建立不同的文档形式，如教程辅导材料、标准文档、书、网上使用说明等。
- 所有文档都应该是电子形式的。
- 用网站对电子文档进行逻辑分类，获取使用控制，发布。

- 允许文档增量扩展。
- 规范文档质量。
- 建立并强化文档建立维护的社区组织。
- 尽量使用传统方式的操作指南类的"如何做"的文档。
- 文档的开发调整和迭代开发产品的开发调整同步。
- 面对面沟通是文档使用过程中不可缺少的一部分。
- 用静态检查工具分析确认文档。
- 由专业技术写作人员对所做文档进行完善，如修改语法、改进可读性等。
- 尽可能使用hyperlinked电子文档。
- 使用XML的形式支持文档管理。
- 使用注解说明代码变更的来源及可靠性。
- 在文档生命周期中，根据用户问题更新文档。
- 用专题的形式制作文档，增加文档的复用性。
- 明确文档开发的相关角色及职责。
- 通过使用Markup语言及工具建立并强制文档结构。

4.4.3　敏捷过程的需求文档

Scrum里面定义了产品需求列表作为需求的重要文档，仅从项目开发角度来讲，也许这个就够了。但站在产品维护角度来看，我们需要有其他一些需求文档。不论采用什么样的形式，我认为下列3个方面的内容是必需的。

1. 用户需求描述

站在用户角度，产品需要解决什么问题是需要记录下来，并且在产品的整个生命周期中加以维护的。用户需求应该简单描述问题的背景领域及用户希望系统能做什么。请注意，这里是希望系统做什么而不是开发人员做什么！用户需求描述应该包含下列内容：

- 站在用户角度对要解决问题的描述或产品的愿景；
- 问题领域简介；
- 完整的问题描述；
- 希望软件产品提供的功能；
- 不希望软件产品提供的功能（这个信息对开发会很有帮助）。

用户需求不应该包含下列内容：

- 站在开发角度的需求描述；
- 具体技术实现的细节或包含大量的技术术语；
- 如果用户没有要求，不要对开发语言或实现环境做描述；

　　□　解决方案。

2.　必要的需求分析结果描述

　　用户需求描述是需求分析的输入，分析是站在设计角度来做的。这个描述会比需求描述更细，但不会细到程序的编写。分析往往是个分解过程，从大系统分解到小系统，从大需求分解成小功能。某种意义上，分析就是将软件系统应用领域对应到用户需求，所以可以为设计提供很好的支持。

　　需求分析描述应该包含下列内容：

　　□　设计者对用户需求的解释；
　　□　问题分解，将系统分解到适当的子系统；
　　□　对各子系统做深入分析；
　　□　识别一些已有的解决方案；
　　□　识别一些可选的技术方案；
　　□　将方案和用户需要解决的问题进行对应；
　　□　给出一个整体的解决思路并做必要分解；
　　□　给出对解决方案的测试方法。

　　需求分析描述不应该包含下列内容：

　　□　用户角度的描述；
　　□　实现细节；
　　□　算法；
　　□　用户接口说明（我一般建议有一定规模的项目对接口做单独的分析）。

3.　用户接口描述

　　用户接口信息十分重要，这些接口要做什么？采用什么样的形式？人机沟通如何做？这些信息需要清晰地记录下来。如何实现这些接口不需要在这里描述，用户要能看得懂这些描述。一般描述方式可以用图或原型的图片等，一图胜千言！

　　用户接口需求应该包含下列内容：

　　□　对用户接口需求的完整描述；
　　□　用户看到的接口形式；
　　□　各个接口功能；
　　□　有哪些人机交互动作；
　　□　在图形用户界面（graphical user interface，GUI）环境下，给出详细的界面设置（各组件的名称，鼠标、选择键、指令、接口位置等）；
　　□　在命令行界面（command line interface，CLI）环境下，给出详细的使用说明以及所有参数和子命令的意义和说明；
　　□　在应用程序编程接口（application programming interface，API）环境下，给出

可能的授权、用户、文件、目录、操作等相关信息，同时给出功能、请求方法、参数等的说明。

用户接口描述不用包含下列内容：

- 实现细节；
- 接口后面的东西。

上面 3 个方面的内容是需求文档应该覆盖的，根据具体情况，其他文档信息也可能对团队有帮助，如产品原型等。

用什么样的文档形式准确捕捉用户及产品需求，应该是团队自己决定的事。但在敏捷实施时，需要明确所需描述的信息。

4.4.4　敏捷环境下的工程文档

Scrum 没有明确对工程文档提出要求，极限编程实践的实施会引入设计、测试、编码等相关文档。敏捷强调代码的重要性，但是并未排斥其他文档。如果用的是面向对象开发（object-oriented development）模式，那么在开发阶段，我认为下列信息是需要用文档记录下来并加以维护的：

- 面向对象分析（object-oriented analysis，OOA）结果；
- 面向对象设计（object-oriented design，OOD）；
- 代码文档；
- 测试文档；
- 用户指南。

需要记录并维护其他什么文档以及描述的内容、颗粒度应该根据后续需要和维护成本来考虑确定。

4.4.5　必要的维护文档

虽然文档的编写和维护是一个耗时耗力的工作，但往往又是必须做的。为了做好软件工作，维护团队需要哪些文档呢？研究显示，对维护团队来讲，下列信息必须是准确并及时更新的：

- 源代码；
- 注释；
- 逻辑数据结构；
- 物理数据结构；
- 需求描述；
- 需求清单；
- 验收测试计划。

4.4.6　敏捷（Scrum）的管理文档

Scrum 定义了 3 个管理文档：产品需求列表、迭代计划和燃尽图。敏捷白板及敏捷岛的信息墙也是重要的管理文档。在从瀑布模式到敏捷模式的转型中，我们需要确定哪些文档不再需要了，哪些需要保留，哪些需要修改。

图 4-12 给出的是一个用敏捷方式通过了 CMMI 三级企业的 Scrum 团队角色、活动和文档清单的例子。

角色	项目立项后	迭代开始前	迭代1～N
产品经理	《合同需求概述》	需求细化 Backlog、用户故事、界面原型	迭代计划 下一个迭代的需求细化 迭代验收
质量保证人员	《总体测试方案》 建立测试规范 《用例规范》 《缺陷管理流程》 《配置管理规范》	迭代测试方案	迭代计划 下一个迭代的需求细化 下一个迭代的测试方案 迭代测试报告
架构师	总体架构设计 建立开发规范 《编码规范》 《架构流程》 《实现规范》	概要设计 《接口设计》 《数据库设计》 《类的设计》	迭代计划 下一个迭代的概要设计
UI 设计师	总体 UI 风格	需求细化 《界面原型》	迭代计划 下一个迭代需求细化
过程经理	组建团队 相关培训	协调与流程的推进	流程的推进 《迭代计划》 《每日例会》 《迭代演示》 《迭代回顾》 《迭代休整》
团队成员		接受培训 技术预研 搭建环境 《开发环境》 《测试环境》 《配置管理环境》	执行迭代计划 开发与测试

图4-12　Scrum 团队角色、活动和文档例子

4.5　建立一个成熟的 Scrum 过程

敏捷导入成功的一个重要标志是有了一个成熟的敏捷过程，在第 8 章中我们将具体讨论 CMMI 和敏捷的结合，CMMI 的过程管理部分对敏捷导入管理会有极大的帮助。

4.5.1　什么是成熟的敏捷过程

我对成熟的敏捷过程的理解是：

$$成熟 = 执行力 + 改进力$$

执行力就是团队能够忠实地执行组织确定的要求、标准及实践。改进力就是用常识（common sense）来不断改进不适用的地方、改进瓶颈。软件产品的质量只能通过成熟的过程来保证。

如图 4-13 所示，只有执行力而没有改进力，会导致一套官僚体系。而只有改进力，却缺乏执行力，有的只是一套有创意的混乱过程。二者皆无，那就是一种无序的不可控。二者皆有，带来的是质量的保证。

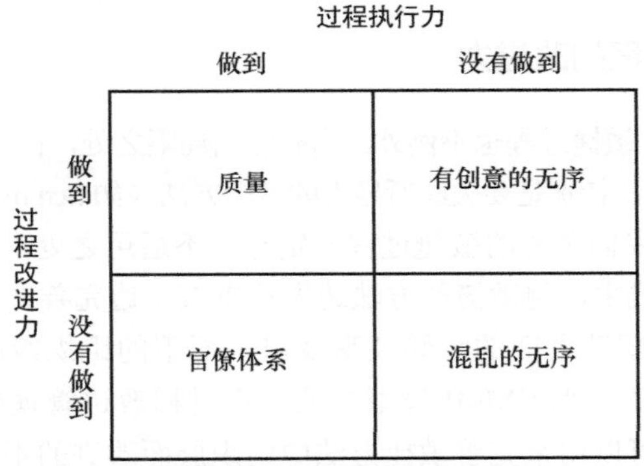

过程执行力

	做到	没有做到
做到	质量	有创意的无序
没有做到	官僚体系	混乱的无序

（过程改进力）

图 4-13　过程改进力和过程执行力的关系

4.5.2　保证敏捷过程的执行力

过程执行力的保证是组织及管理层需要关注的事情，在后面章节中，我将介绍敏捷环境下如何执行 CMMI 的通用实践，其中不少做法就是过程执行力的有效保障。这些内容和企业文化有关。在前面的第 3 章我也探讨了相关内容。在敏捷布局时，必须建立过程执行力保障的支持体系。

这里我想举个例子说明如何做到说的（定义的过程）和实际做的（真正执行的过程是一致的）。

如果公司高层决定通过 Java 开发团队推行代码重构（优化）来解决产品的一些质量问题，那么执行力就是要使代码重构成为团队每个程序员的一个常态化的活动。为了实现这个目标，下列活动必不可少。

- 建立代码重构的专题组，根据 Java 产品常见的问题，参考业界优秀实践，指导代码重构的过程、方法、操作指南等内容。在全面发布推广之前，这些内容需要通过程序员的评审，并在小范围内做些试点。根据反馈，完善代码重构过程。

- 向程序员讲清楚为什么要这么做、好处是什么，保证所有人的理解是一致的。同时通过各种形式，让程序员掌握重构时机和方法。
- 产品经理建立维护产品需求列表时，代码重构是考虑的内容之一。在建立版本计划时，需要考虑何时安排谁做代码重构优化。
- 团队在做迭代计划时，也需要将重构作为任务项的一部分。
- 在团队的站立会和回顾会上，代码重构应该是讨论的话题之一。团队可以边做边找出需要完善之处，修改代码重构流程，使之更有效率。
- 过程经理必须关注推动团队的重构实践，保证相关问题的及时解决。
- 通过鼓励、奖励、支持等形式，关注代码重构执行的效果，使之在所有 Java 团队中落地。

4.5.3　保证敏捷过程的改进力

没有完美的过程，敏捷过程也不例外。它有它的局限之处，在一个具体企业落地时更需要考虑本地化的问题，特别是要关注所导入的敏捷方法（如 Scrum）没有考虑到的地方。

在敏捷布局时，我们选择的敏捷过程一定存在不适用之处，这一点需要给团队讲清楚，鼓励他们在实践中，用敏捷的方法边做边审查、边完善调整。

如 Scrum 忽略了团队之间的经验共享及自上而下的组织级的统一改进规划，这无助于敏捷过程的改进。而 CMMI 模型中的组织过程改进管理的过程域很好地弥补了敏捷的不足，完全可以用来完善敏捷方法中组织层面改进的不足。在第 8 章中，我将会详细地讨论这个问题。

4.6　敏捷工具

随着敏捷的普及，支持其开发模式的工具也越来越多。它和瀑布工具的巨大差异在于一个是任务管理模式，一个是需求驱动管理模式。

在这里，我列出了一些常见的敏捷工具。

- Asana。
- Greenhopper。
- Hansoft。
- Mingle。
- Pivotal Tracker。
- Rally。
- Spintly。
- Target Process。

☐　VersionOne。

这个清单一定是不完整的，相信有更多的工具会不断涌现。这里我给出一个建议：一定要在过程相对稳定后再引入工具。**让工具适应你的过程，而不是让你的过程去适应某个工具！**

两个敏捷角色的故事

故事 1：IT 部门的产品经理

在过去几年里，在帮助一些大企业的 IT 部门导入敏捷时，他们都面临一个同样的问题：如何选择一个好的产品经理。很多 IT 部门的产品经理都来自内部，他们了解开发团队，但不能很好地系统管理用户需求的收集、分析。产品经理和开发负责人是两个完全不同的角色，如果混在一起，会大大增加项目失败的风险。

赵经理是某大公司 IT 部门的开发负责人，在 IT 部门敏捷试点中，赵经理被任命为某个新开发的项目的产品经理。这个项目要支持 8 个业务部门的 IT 需求，覆盖整个中国主要的一、二线城市，有数十个不同类型的用户。赵经理除了要做产品经理工作之外，还要负责 IT 部门内部的很多其他工作。项目开始后不久，各个业务部门开始组织需求的收集工作，很短的时间里，一百多个需求提供者提出了数百条用户故事。赵经理以前没有直接面对用户的经验，加上还要负责许多部门内部的日常工作，他无法管理需求提供渠道，没有时间梳理共性需求、删除无用或重复需求，也没精力对需求的优先级做出深层次的分析。他支持的 Scrum 团队常常无法得到用户故事的及时澄清，他开始听到很多抱怨。

为了避免拖延项目进度，提高开发效率，赵经理决定将需求分析及需求优先级判断的工作转让给 Scrum 团队做。他只是收集从业务方发来的需求，然后转给团队分析。他以为这是个很好的平衡，反正团队也要理解需求。

这个完全违反 Scrum 要求的试验成了一场噩梦，团队会站在开发角度分析需求，同时会对用户的需要做出未经确认的假设。他们没有真正分析需求的价值，即应解决用户的什么问题，业务部门逐步感到自己的声音常常会被忽略，这大大打击了他们参与的积极性，项目成了完全由 IT 开发团队主导的一场游戏。产品管理和产品开发间的桥梁断了，开发团队开始替客户、用户、产品经理做主了，这是一场没有赢家的游戏！

试点后期他们请我做了一场培训，产品管理（产品经理为代表）和产品开发（Scrum 跨职能团队）的交互关系应该是什么样子是他们提出的培训需求之一。

在培训中我提出，做什么（需求）、哪个重要（优先级）是产品经理的决定，团队最多只有建议权。如何做是团队的责任，产品经理也仅仅有建议权。开发出的需求是否满足用户要求（验收）是产品经理的判断，开发团队无权决定。

在产品经理主导下，双方可以对产品愿景进行讨论，因为技术愿景可以作为产品愿景的一个输入。今天做不到的，但明天可以成为现实的新技术，在一定程度上可以左右产品的路径图。在为开发团队澄清需求时，产品经理也许会找出一些问题，调整需求及优先级。

敏捷环境下，二者必须分开，合二为一必然导致类似赵经理碰到的问题。

我同意这样一种说法：如果没有一个真正代表客户的产品经理，那么就不要立项！

培训结束后，我给这个 IT 部门的领导提了许多建议，其中一条是：Scrum 中，产品经理不要在 IT 部门内部选择！

故事 2：QA 过程经理和技术过程经理

ZZ 公司是一家为电信服务的 IT 公司，有 7 条产品线，分属 3 个业务部门。ZZ 公司数年前已经通过四级评估，当时主要用瀑布开发模式。公司主管质量及过程改进的聂经理是一位十分称职的管理者，她对公司内部的问题十分了解，也十分关注业界新的软件开发技术及新的管理模式。2010 年年底，ZZ 的四级资质快要到期，聂经理开始寻找四级复评的合作者。

通过朋友介绍，我们见面对 ZZ 的复评需求做了沟通。聂总希望不仅仅是用以往的过程做个简单复评，她希望能够通过复评做些真正的改进，解决 ZZ 一些开发的痛点。

通过了解，ZZ 有很多政府客户，项目需求变更十分频繁、相当随意。经常在没签合同的情况下就必须开始开发工作，许多需求还很不明确，很不完整。随意项目存在大量返工，成本进度控制都存在很多问题。

我给聂总的建议是，考虑引入 Scrum 管理框架，完善这类项目的开发过程。我简单介绍了 Scrum，并告诉她我近期会在她所在的城市做敏捷公开培训，欢迎她来参加。等她充分了解 Scrum 之后，再判断 Scrum 是否合适。培训后，聂总决定向公司最高层建议引入敏捷，并通过敏捷模式进行四级复评。

在敏捷试点布局时，我们探讨了 QA 人员在敏捷环境下的定位。Scrum 中没有 QA 这个角色，现有的 QA 团队该如何安排？与 QA 代表和项目经理沟通后，我感觉他们都有一定经验，并且和项目组保持良好关系。他们不仅人被项目组认可，而且 QA 工作价值也得到了认可。我建议在 Scrum 试点时，可以先用最有经验的资深 QA 人员作为 Scrum 的过程经理。这些人员会介入敏捷过程的制定，并参加必要的过程经理培训，在试点中，他们每周定期直接向聂总汇报。

经过几轮迭代，QA 过程经理和团队都反馈一个问题：QA 人员缺乏必要的技术背景，所以他们不能介入技术相关的决策讨论。在团队成员都没有任何敏捷经验的情况下，造成了一些混乱。考虑到团队的实际情况，聂总提出了一个新想法：除了 QA 过程经理外，Scrum 团队里再安排一位技术过程经理。两人做好分工，Scrum 中的实践由 QA 过程经理负责，而一些工程实践则是技术过程经理的职责。

虽然这是一个突破框框的想法，我还是同意了。又经过几轮迭代，随着大家对过程的理解加深，这种安排得到了大家的认可。

ZZ 公司经过了一年多的努力，让敏捷成为公司的主要开发模式。Scrum 的 QA 过程经理和技术过程经理，在让敏捷过程落地并成为成熟过程的努力中起到了重要的作用。ZZ 公司在 2013 年 8 月通过了 CMMI 四级评估。

第 5 章

迭代管理亦有道——执行 Scrum 项目管理

长期以来，软件开发过程是一个很浪费的、收效慢的过程，其主要原因有两个：随着开发的进程，变更成本会以指数级增长；从项目开始到产品上线被用户使用，整个时间周期过长，这就意味着早花钱晚收钱。如何能将需求变更及其他变更成本控制好，让项目后期的变更成本不要和前期变更的成本有太大的区别，同时给产品团队更多的选择做出性价比好的决策，这是敏捷期望解决的问题。

另一方面，如何实现敏捷中的支持点（即透明、审查、调整）也是敏捷 Scrum 管理框架考虑的要点。在本章中，我会比较深入地探讨这些问题。

在阅读本章之前，建议你再看一下第 2 章中敏捷管理架构的相关内容。

5.1 应对变化的敏捷计划：波浪式的版本规划

相信大家都有体会，在软件产品开发项目中，估算和计划是一件令人头疼的事。传统的模式中，我们把一个项目看成是单纯的完成一系列的活动。就像完成马拉松比赛，我们已经知道终点在哪里，目标就是尽快地跑完全程。在起点对整个赛段进行非常详细计划不是一件非常有价值的工作，因为对后面的路况、天气的变化、对手的策略等因素，我们都不完全确定，需要根据情况不断进行调整。也许根据自己的实力，开始时制定一个整体目标，每跑完 5 公里重新确定下一个 5 公里的速度、在领跑集团中的位置，是个更有效的方式。在软件开发领域，由于各种不确定性，在开始阶段我们不可能确定所有关于产品需求、客户、团队的情况并做出准确的计划。例如，对于一个周期 18 个月的项目，在项目计划阶段花很大精力排出一个以周为单位的详细计划，很可能是做了一件没有价值的事情。在这 18 个月的时间里，下列情况都会发生：

- 客户对产品的功能会有新的想法；
- 五分之一的团队成员有可能发生变化；
- 一个更重要的项目来了，会暂停这个项目或将一半人员抽走；
- 新技术的引入或在形成解决方案时识别出的复用。

这些可能发生的事情都会导致计划的变化调整。要求项目在项目的初始阶段，在了解相关信息最少的时候就做出详细的估算、计划，是传统开发模式的致命伤之一。

那么在敏捷的模式下，项目对我们而言意味着什么呢？在敏捷的世界里，项目被看成是一个源源不断的，持续创造新的功能和获得新知识的过程。新功能在不断开发出来的产品中逐一体现，而新的知识会被用在后面的开发活动中。这些源源不断的新功能和新知识会被用来指导管理项目工作。在 Scrum 中，每个迭代（sprint）结束时，团队在两个方面获取新的理解：产品方面——通过评审会议对正在开发的产品有更深的理解；项目方面——通过回顾会议，对团队的能力、开发环境及技术、风险等有更清楚的认识。这些新的理解会帮助团队及时调整后面的计划。这些调整可能包括：重新调整产品的功能特性的优先级，整改低效的做法，固化有效的优秀实践。从某种意义上来说，在 Scrum 的计划活动中，团队是在计划后面我们要学什么而不是结束时产品是什么。

人们常说"计划赶不上变化"，希望从一而终的传统计划方式的后果是放弃计划。每个软件项目经理都会在项目启动阶段做一个貌似完美的计划，包括进度、资源、成本、项目范围等。在项目开始阶段，一切往往又是按计划有条不紊地进行着。不幸的是，在项目开发过程中，总会有一些如前所述的事情发生。当这些情况发生时，再回顾一下当初的计划，你会发现它已经失去了实际指导意义。在这种情况下，你的团队变成了消防队，四处救火，疲于奔命，你也不会再看几个月前制订的计划了，因为现实和当初设定的计划已经大相径庭。

敏捷模式下，为了达到最终目标，敏捷计划过程是一个不断制订和修改中间目标的过程。就像要步行到一个目的地，在规划下一段路程时，你只会规划到你能看到的路。当你试图计划你看不到的地方时，计划的准确度会大大降低，缩短计划的周期是增加计划准确性最有效的方法。

下面我们重点讨论一下敏捷计划的一些重要原则及优秀实践。

5.1.1 掌握你的团队速率

每个团队经理都需要回答这样一个问题：你管理的团队到底能做多少事？大部分企业会用生产率来回答这个问题。而有多少团队经理能很有信心地回答这个问题呢？在瀑布开发模式下，团队很难形成可预测的开发节奏，所以很难确定准确的团队生产率。敏捷方法让我们能很好地解决这个问题。

频繁且相同周期的迭代开发，使团队能形成有序的开发节奏。通过收集每次迭代完成的用户故事点数，我们能够计算出团队的速率。根据团队速率，规划产品发布是一个简单有效的方法。

在 Scrum 项目中，客户期望的需求特性在产品需求列表（product backlog）中通常以用户故事的形式按优先级排列出来。Scrum 团队实现用户故事的速度就是团队的速率。了解了团队的速率，产品版本计划就可以通过下列公式推算出来：

$$迭代次数 = 总的产品规模 / 团队速率$$

举个简单的例子说明一下上面的公式：假如团队使用用户故事描述产品需求，总的用户点数是 250，团队速率是 25，则实现 250 用户点需要 10 次迭代（250/25）。如果每次迭代周期是 4 个星期，那么本次版本发布大概需要 10 个月的时间。

记住不要把第一次迭代前制订的版本计划当成一个硬性的要求，特别是当你还不知道 Scrum 团队的速率时。经验告诉我们，如果你将第一版的版本计划作为硬性要求的话，这个项目还没有开始时很可能就已经失败了。

迭代开始后，速率可能高于预期，更大的可能是低于预期。如果是低于预期，那就意味着这个团队在时间要求内承诺太多。每次迭代结束时，我们审视团队的实际效率，对版本计划做出必要的调整。

当 Scrum 团队面对太多要做的事的时候怎么办？还是放到我们熟悉的生活场景里来解释吧。例如，某个周末你安排了太多的活动时，你怎么处理？通常你会调整计划安排，减少一些相对不重要的活动，或者将这些活动安排到下周末去做。很多时候，成熟的客户会接受这种做法。当然 Scrum 团队有责任主动和客户沟通，用客户能够理解的语言及实际数据阐明减少需求功能或延时的理由。了解团队的实际速率是合理调整的基础。

在项目开发过程中，团队的速率可能会有增加及减少的趋势。下面是几个影响团队速率的因素。

- **团队的稳定性**：如果团队是稳定的，在经历几次迭代的磨合之后，团队成员会逐步找到自己的定位，形成高效工作模式，速率也会逐步提升达到稳定。在实施敏捷企业中，尽量不要在团队成员还没有完全适应 Scrum 模式前就打散团队。
- **迭代前的准备**：这个准备包括对团队对项目的愿景及核心需求功能的理解，架构及关键设计的完成，开发团队及利益相关人对 Scrum 工作模式的了解，开发环境及工具的到位等。
- **团队在开发过程中的质量意识**：如果一个团队只注重开发的速度而不注重产品质量，那么这个团队一定会选择走很多捷径。在设计、编码、测试活动中走捷径，往往意味着技术隐患已经被植入产品中了。随着迭代轮次的增加，这些隐患会变成问题逐步暴露出来，团队必须花很大的投入去偿还这些技术债务，从而导致速率的降低。如果团队能有效地管理好技术债务，不断及时清除技术债务，从长远看，速率会不断增长。

- □ **定义并遵循严格的完成标准**：一个好的团队会不断扩大完成的定义。早期迭代的结束标准可能只包含开发和功能测试，并不能交付真正可工作的软件。但是随着时间推移，完成的要求会慢慢延伸，逐渐包含压力测试、稳定性测试、安全性测试、客户验收和上线部署等验证及确认软件正确性的活动。如何管理好这些活动会对团队的速率有一定的影响。严格定义完成标准并真正按其要求进行检验，看似让团队的速率有所减慢，其实替团队省下了项目后期的很多工作。由于返工及维护的工作量减少，团队能够保持可持续的高效速率。

- □ **团队成员能力的培养**：为了拓展团队成员的能力，在某一段时间内一些人会挑选自己不熟悉的任务来做。这从短期来看可能会减慢速率，但是从长期来看可以减少团队的瓶颈，增加团队的合作性，从而提升速率。敏捷团队需要T型人才，这些人除了具备专项特长外，对其他一些相关工作的技能也有所掌握。如果团队成员都是I型人才，也就是都是仅会做一件事的人，就会形成资源瓶颈，很难形成高效团队。

当团队速率发生变化时，我们需要理解这个变化后面的故事。需要在信息透明的情况下总结并且提高。后面的章节中，我会讲到如何用统计过程控制的方法，及时发现问题信号、消除隐患、保证团队的效率。整个组织也应该提供一个允许团队长期发展的氛围，承认团队速率的浮动是正常的，而且不要只顾短期速率而忽视了团队的长期发展。

5.1.2 允许项目需求范围有一定的灵活性

允许产品需求范围有一定的灵活性是保证敏捷项目计划有效的重要前提。英文里有个说法叫"zero sum game"，中文将其译成"零和游戏"。它的意思是赢输相抵，加减相抵。在管理本次版本要实现的产品需求列表时（也就是做版本计划时），产品经理和开发团队也应该遵循这一规则：每增加一个客户认为是重要的新需求时，应该将范围内大致等量的需求推到后期实现。

不论是硬性的开发进度要求还是硬性的产品需求要求，客户和团队都应该适应边做边调整的做事方式，而不是一开始把所有的需求都列出来并且只准加不能减。如果进度要求是刚性的，那么每次增加新的需求时，就可以考虑在本次发布版本中减少等量的需求。

敏捷的反对者给出的一个主要理由是：在项目启动时我们需要明确了解哪些功能会被实现，而敏捷方法不能明确地给出承诺。很多组织在决定是否立项、投入多少资源时需要这个信息。我接触到的软件公司全部都定义了标准过程、模板来确定产品需求。当项目有一定规模及难度时，估算出来的进度表及所需资源往往都是很不靠谱的。更令人懊恼的是，往往当项目结束时，客户才意识到很多立项时确定的需求并没有什么大的价值。在立项阶段，我们并不一定要明确定义最终产品的所有功能特性。如果我们能明确产品的愿景（vision）及主要功能（颗粒度不一定很细），根据可用资源情况，做一个大致的初始规划就可以达到同样的计划效果。

统计数据显示，65% 的软件产品的功能很少或根本没有被用户用过（见图 5-1）。用于开发这些没有多少价值的特性的投入是软件开发中最大的浪费。你一定是个微软 Excel 表的使用者，问一下自己，你真正用了其中多少功能——10% 还是 20%？如果你使用了其中 30%，那么恭喜你，你已经是 Excel 专家了。

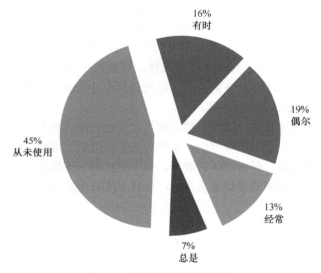

图5-1　软件产品使用比例分布

中国有句俗话讲得很好，"万事开头难"。软件产品开发也不例外。在项目初期，我们往往无法识别出客户真正需要的 20% 的需求项（如图 5-1 所示）。传统方法的做法是，识别出可以想到的需求，然后严格控制变更，将其开发出来。这也是造成巨大浪费的重要原因之一。Scrum 通过不断地迭代增量开发，不断提升客户及团队对产品功能价值的理解，为解决这个问题提供了一个有效办法。

在启动一个重要项目前，我们需要知道产品的整体方向、产品的愿景和大概粗略的需求范围。但是几千行的计划及几百页的需求文档并非是按时完成客户真正需要功能的保障。根据需求的优先级及不确定性，在恰当的时机确定产品需求是敏捷方法的最大优势之一。所以，在制定项目目标时，允许一定需求范围的灵活性是实施有效 Scrum 的重要前提。

富士通要求其团队在产品开发中，争取最大实现客户的价值。它将客户价值定义为：

$$\frac{FQS}{TC}$$

其中 F 代表功能、性能，S 代表服务，Q 代表品质，T 代表时间，C 代表价格。

关注功能及性能、优质的服务和可靠的品质都需要时间和金钱的付出。这个公式就是要求富士通的产品团队，争取以最小的代价为客户实现最大的价值。这也是敏捷的核心价值之一。

5.1.3 遵循"最小有市场价值"原则制订产品版本计划

在 *Software by Numbers – Low Risk, High Return Development*（Denne et al.，2004）一书中，Mark Denne 和 Jane Cleland-Huang 提出了一种新的增量软件开发思路：将项目分解成最小有市场价值功能特性（Minimum Marketable Feature，MMF）集。每个小的子集都能实现独立的客户价值，依据这些价值，我们可以找出性价比最好的针对 MMF 的开发次序，最大限度地降低我们投入的风险。

MMF 中的两个 M 是关键。第一个 M 的意思是"最小"（minimum），因为功能变得更小的话，就没有任何市场价值了。它提醒我们用最小的代价、最快的速度实现能给客户带来价值的功能。不要忘了 80% 的产品价值是由 20% 的功能实现的。在做每一个版本计划时，我们要选择能给客户带来最大价值的最小需求子集。

第二个 M（marketable）提醒我们，发布的每一个功能都要给客户带来价值。每一个 MMF 都是产品的一部分，用户会使用或者购买这个功能。

MMF 不等同于 Scrum 和极限编程中的用户故事，MMF 比用户故事大，往往是多个相关的用户故事构成一个 MMF。每完成一个 MMF，就可以发布一个新的版本。当然，优先级比较低的 MMF 可以用一句话的用户故事来描述。

这里我们用一个简单的例子来解释 MMF。假设开发团队要为某航空公司开发一个网上服务网站，自然网上订票是一个很重要的功能，在实现这个功能时，团队需要考虑支持多种不同的付款方式。什么是最小有价值的需求子集呢？使用某银行的某个信用卡完成网上订票就是这样一个子集。这个子集会包含下列一些功能：

- 查询航班信息；
- 选择提交预定航班；
- 提交某银行的信用卡信息；
- 处理信用卡支付；
- 确认航班及付款信息；
- 通知用户预定是否成功。

这是一个最小且有市场价值的需求子集，一方面它对乘客及航空公司来讲都有独立的价值，有了这个功能航空公司的服务网站就可以发布了。另一方面它也是个最小子集，因为如果拿掉任何一个需求，对乘客和航空公司就没有完整价值了。例如，如果只能处理信用卡而没有实现其他功能，那么对用户来讲是没有价值的。

请注意，找到最小功能集并不是我们的目的，最小是相对的，它不会能满足所有可能的用户。现实中，不是每一个客户都会对你的所谓最小功能集表示出很大兴趣的，很可能只有小部分特别的用户对它表示关注，因为它会让他们对产品的愿景充满期待。通过 MMF，你是在推销产品愿景，最小功能集是给有远见的客户而不是给所有人的。

MMF 主要目的有两个：

☐ 一个减少工程人员的时间浪费；

☐ 尽快让软件产品在有眼光的客户手中用起来。

图 5-2 展示了项目和 MMF 的关系。

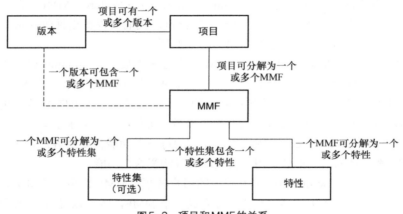

图 5-2   项目和 MMF 的关系

从图 5-2 也可以看出，MMF 和发布版本不一样，MMF 是提供业务价值的功能集合，而版本则是实现客户需求的进度。

Scrum 增量开发的关键是识别出 MMF，根据它们的价值罗列出开发优先级。理论上讲，只要开发出一个 MMF，你就可以发布软件产品并开始看到产品带来的价值。版本计划应该围绕识别出的 MMF，同时兼顾技术实现的相关依赖关系进行。

MMF 方法不是专门为敏捷提出的，但我认为它为如何进行敏捷中的版本计划提供了一个有效的实践。

5.1.4   制订第一个版本计划

准备一个好的敏捷计划就像安排一个紧凑有趣的周末活动一样，需要先有一个好的活动清单。我建议考虑建立 3 个 Scrum 列表，即产品需求列表、版本需求列表和迭代需求列表。对于简单项目，可以将产品需求列表和版本需求列表合并。

产品需求列表是客户对产品的愿望清单，按照对客户的价值高低排列，由 Scrum 团队对其内容进行估算。它是敏捷计划的基础。产品经理可以根据情况，随时追加、删除、修改列表中的需求项，或根据优先级的变化重新排序。

版本需求列表是产品需求列表的一个子集。一般建议这个子集应包含不超过团队 6 个月的工作量，其内容可以随时调整。版本需求列表定义了本次版本希望实现的产品功能、性能。它应该是一个性价比最好的 MM 子集。

迭代需求列表是 Scrum 团队从版本需求列表（或产品需求列表）中选取的一个子集。它是本次迭代需要实现的需求。在迭代中，一般它是稳定不变的。

敏捷计划的制订需要按照下面几个步骤。

（1）**建立产品及版本的需求列表**。通过和客户、用户沟通及其他渠道，建立初步的版本需求列表。如果有可能，可以参照前面讲的 MMF 原则。这个列表是动态的，随时可以由产品经理维护。

（2）**估算需求列表的故事点数**。Mike Cohn（2010）描述了常用的敏捷扑克牌估算法，团队可以用这个方法或其他方法初步估算出每个用户故事的点数。

（3）**确定优先级**。哪些功能先开发，哪些后开发，客户应该有决定权。但 Scrum 团队有责任从减少实施风险角度提出自己的建议，如那些对客户有重要价值同时能用来证明设计架构的合理性的用户故事，应该是我们的首选。

（4）**估计团队的速率**。只有根据团队速率排出的计划可以代表团队的承诺。Scrum 团队第一次在项目中合作时，无法知道团队的速率。但经过几次（4～6 次）迭代后，团队的速率会逐步趋于稳定。每次迭代结束后，需要根据新的速率数据调整后期版本计划。团队可以用控制图方法建立维护自己的速率基线并识别处理异常场景，我在第 8 章会结合 CMMI 四级量化管理要求描述相关的方法步骤。

（5）**初步确定版本进度**。有了用户故事的总点数及团队的速率，确定进度就是件很容易的事了。根据客户的要求，你可能会碰到两种情况：版本提交日期是刚性的或者版本需求是刚性的。

如果进度是不可更改的，那么需求范围就应该有一定的灵活度。根据团队的能力（用速率来度量），在保证进度的前提下，完成性价比最好的 MMF 集合。例如，如果每次迭代是 2 周，客户要求下个版本必须 20 周发布。团队的速率是 10 的话，版本计划就会包括 10 个迭代，完成的用户点数是 100 左右。那么你最好选择价值最高，规模在 100 用户点左右的 MMF。

如果版本需求是不可变更的，那么进度要求就应该有一定的灵活性。

后面章节描述的燃尽图是一个很好的支持工具，它能帮助我们在版本迭代开发中，不断根据实际情况调整目标，使计划能真正帮助我们进行有效的监控。产品经理的一个重要工作就是在每次迭代结束时，对版本计划做必要的调整。

5.2　Scrum 迭代中的管理：频繁反馈，及时调整

在产品愿景和路径明确前提下，一般 Scrum 计划包括以下 3 个层次。

- **版本计划**：主要考虑本次产品需要实现的新功能（范围）、进度和投入资源。项目初期会有个初步版本计划，每次迭代后，根据需要进行必要调整。
- **迭代计划**：新一轮迭代前，团队根据上一轮迭代情况，根据版本需求列表中产品经理排的优先次序，选择本次迭代实现的功能，并识别出开发这些功能所需要完成的任务。
- **每日计划**：通过每日站立会议，协调每个团队当日要完成的任务。

在 Scrum 管理框架下，团队主要通过下面 5 个会议逐步找到自己的开发节奏和做事规则。

（1）通过细化版本需求列表会议，准备好以下 1 ～ 2 轮迭代要做的工作。

（2）通过迭代计划会议，安排下轮迭代的工作。

（3）通过每日站立会议，共享信息协调当天的工作，识别出当天需要解决的问题。

（4）通过迭代评审会议，获取重要利益相关人对上轮迭代完成的用户故事的反馈，完善产品、迭代需求列表。

（5）通过迭代回顾会议，识别改进点，不断完善团队的迭代过程。

5.2.1　细化版本需求列表中的用户故事：准备好下一轮迭代的工作

越来越多的敏捷团队使用用户故事的方法描述需求，进行需求分解细化，并对需求规模进行估算。顾名思义，用户故事是从产品用户角度描述需求功能。

它的表述形式非常简单：**作为"角色"，我希望完成"活动"，这样可以获取"业务价值"。**

一般来讲：

- 角色是做这个活动的人，也可能是这个活动的受益人；
- 活动代表实现的产品或系统完成的动作；
- 业务价值代表用户获取的价值。

下面是一个用户故事的简单例子："作为一个消费者（角色），我希望能看到每日用电度数（活动），这样我可以开始考虑如何减少我的电费（业务价值）。"

很明显，不同故事的大小颗粒度会有很大差异。一般来说，用户故事可以被分成3类：

- 故事集合（epic）；
- 主题（theme），如 MMF 的功能（feature）；
- 故事（story）。

由于迭代周期非常短（不长于 4 个星期，通常是 2 个星期），在短时间内开发出

经过充分测试的用户故事，那么这些故事的颗粒度必须足够小。细化版本需求列表中优先级高的故事，就是为迭代准备的最重要工作之一，如图 5-3 所示。

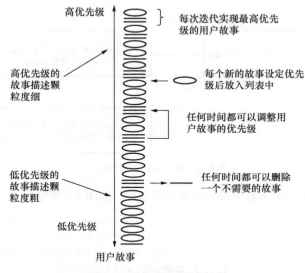

图5-3 产品需求列表的操作

细化工作就是将一个故事集变成一系列独立的故事，将颗粒度大的故事分解成多个颗粒度小的故事。

如果你需要开发一个酒店预订系统，那么一定有这样一个故事：**作为一个客人，我希望取消我的酒店订单，避免经济损失。**

这明显是一个颗粒度较大的故事或故事集，Scrum 团队在开发实现这个故事的功能时，对很多细节还是不很清楚，还是无法估算工作量。在细化版本需求列表的会议上，团队和产品经理一起，通过将其细化分解，使之变成几个颗粒度足够小（能在不超过迭代周期的四分之一的时间内实现）的故事。

关于上面这个故事，Scrum 团队需要知道的一些细节包括：

- 要求取消订单的客人是得到全部退款还是部分退款？
- 退款是退回到客人的信用卡上吗？
- 客人至少需要提前多久才可以取消预订？
- 取消预订的规定适用于所有酒店吗？
- 对 VIP 客人是否有特殊规定？
- 需要给客人发个取消确定通知吗？如果需要，如何通知客人？

这些细节中，有些则可以分解成更小的故事。如图 5-4 所示，按客户类别我们将左边的故事分解成 3 个小故事。

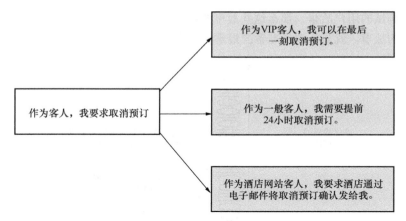

图5-4   用户故事分解的例子

有些细节则可以用来做故事验证测试的条件，如图 5-5 所示。

作为客人，我可以取消预订	□ 确认 VIP客人可以当天取消预订且不会被罚款。 □ 确认一般客人如果当天取消预订，会有10%的罚款。 □ 确认电子邮件通知会发给客人。 □ 确认酒店也会被通知客人取消的预订。

图5-5   用户故事细化为验证条件的例子

非功能需求也可以使用用户故事形式来展示，下面是两个例子。

- 作为同时上线的一百万用户的一员，网站能够足够快地处理我的申请，在很短时间内给出反馈。
- 作为系统的首次用户，我可以不需要通过使用帮助指南就掌握大部分的操作使用。

Scrum 没有要求一定要按用户的故事的方法进行需求分析，团队完全可以根据自己的情况使用其他方法。

5.2.2   计划下一轮迭代

迭代计划会议，团队和产品经理一起从版本需求列表中选择下一轮迭代要实现的用户故事。这也是个很好的机会，通过审查前面迭代的状况，判断一下版本后续开发是否需要调整。

我建议每次迭代，团队应该和产品经理一起制定一个迭代目标然后识别出相关的用户故事。设定迭代目标可以让团队在关注目标实现的前提下，在实现需求功能方面有一定自由空间。每次迭代应该有一个功能实现主题，也是团队承诺完成的目标。在时间允许的情况下，版本需求列表也可以包含一些其他故事，如支持非主体功能的故事、缺陷修复等。

假设团队在建立一个在线学生信息管理系统，学生成绩管理是其中一个重要特性。下面是个迭代目标的例子。

　　　　目标：实现在线学生成绩管理的基本功能。

相关的用户故事可能包括：
- 显示学生成绩；
- 更新修改学生成绩；
- 学期结束时，自动生成学生成绩单。

在迭代中，如果团队发现有些功能的实现比一开始估计的要难，那么团队可以在尽可能实现目标的前提下开发出部分功能。以上面的目标为例：在实现更新修改学生成绩功能时，团队发现一年前的学生成绩保存在旧的数据库系统中，更新旧系统里的成绩比预想的困难，这将导致本次迭代不可能完全实现这个功能。为了让用户先看到在线学生成绩管理的基本功能、提出反馈，团队可以在本轮迭代先实现当前学期学生成绩的更新修改，将更新修改以往学期学生成绩的功能推迟到后面迭代实现。虽然团队没能实现所有迭代计划的需求，迭代的目标还是基本实现了。

5.2.3　开好每日站立会议

虽然每日站立会议是一个人人皆知的 Scrum 活动，但我发现很多团队还是没有真正理解它的目的。形似神不似的问题，在这个活动上体现得很明显。

有点 Scrum 知识的都知道每日站立例会上，每个团队成员要回答如下 3 个问题。

（1）昨天我做了些什么？

（2）今天我准备做什么？

（3）有什么障碍会阻止我完成要做的工作？

其实回答这 3 个问题，快速了解项目状况并不是例会的主要目的。在第 2 章里，我们讨论了敏捷的核心理念之一：不断的审查（inspect）和调整（adapt）。Scrum 通过迭代评审会议和迭代回顾会议完成迭代之间的审查和调整；通过每日站立例会，实现迭代实施过程中的审查和调整。

审查和调整应该有两部分工作：
- 收集信息（审查）；
- 如有必要，再根据信息完成必要的工作（调整）。

这 3 个问题的答案帮助我们收集信息，但这不是最终目的，团队如何根据这些信息做出调整决策才是更重要的事情。当然 15 分钟的例会是不允许我们来讨论这些决策的，**例会的真正结果应该是确定会后要开哪些后续会议**。也就是说，例会帮助我们识别出问题，问题的解决不是例会讨论的内容，而是后续讨论的。

下面是迭代中常见的一些障碍：

- 未能有效关注障碍的清除，也就是说，提出了问题，没有确保问题的解决；
- 缺乏足够测试的支持，不能提交工作的软件；
- 产品需求列表中的优先级及用户故事描述不明确；
- 对团队成员的各种干扰；
- 跳不出瀑布思维；
- 技术债务失控；
- 过分依赖于个别核心人员；
- 缺乏团队的场地支持；
- 过多的组织级问题；
- 客户做不到及时介入；
- 说得多做得少的坏风气。

团队所有成员（如果条件允许，包括产品经理）都应该参加每天的例会，Scrum 过程经理（Scrum master）会记录下会后需要讨论的问题，在例会结束时，安排一下相关的讨论会时间及参加人员。在讨论具体问题解决方案时，通常不需要整个团队参加，但这些讨论会有可能需要邀请团队外的人员参加。

下面是一些我经常看到的每日例会的后续会议。

- **互助会议**：某些团队成员在例会上提出了在完成用户故事任务时碰到的一些难题，其他成员也许有过类似的经验可以提供帮助。会后他们应该聚在一起做些交流，这些交流的结果有可能是当天任务的重新调整。这里也体现了 Scrum 中的自我管理。

- **障碍清除会议**：一般 Scrum 的过程经理会组织障碍清除会议，讨论如何清除或绕开当日例会发现的障碍。有时团队会需要外部的帮助，过程经理需要做些协调工作。如果障碍有可能影响到本次迭代目标的实现，那么这个会议就可能变成迭代功能范围调整会议了。

- **迭代中的反省会议**（introspective）：如果 Scrum 的过程经理注意到团队一些问题，而这些问题的解决需要团队改变一些做事方式，那么例会后就需要开反省会议，讨论一下什么样的变化是必要的。做事方式的调整不一定要在迭代回顾会议上来做。

- **产品实现的技术讨论或评审会**：通常几个团队成员一起完成一个故事的相关任务，例会后他们通常会有一些技术讨论或评审会，如设计架构、详细设计、接口、测试覆盖等。团队应该鼓励有兴趣的人都参加这些讨论会，将其作为学习提高的好机会。

- **迭代功能范围调整会**：如果团队判断已经不太可能实现迭代计划承诺的用户故事集，就要尽快和产品经理沟通做必要的调整。在调整时，需要考虑下面几个因素：迭代目标、本次迭代所剩时间、还有多少没有开始开发的用户故事、人员变化等。

现在我们理解了每日站立会议的目的是识别出为了实现用户故事，当天团队有哪些后续讨论需要做。也许 3 个问题可以换一种问法，让团队更加关注迭代目标及用户故事功能的实现。Jeff Sutherland 建议每个成员回答下面 3 个问题。

（1）昨天你做了哪些工作帮助完成高优先级的用户故事？

（2）今天你准备做哪些工作帮助完成高优先级的用户故事？

（3）今天你会碰到哪些障碍让你不能完成高优先级的用户故事？

对你的团队来讲，问什么样的问题最合适可以根据情况做些调整，一开始可以先用标准问题。如果你用燃尽图的话，每个人的回答应该能让你做出正确计算更新迭代燃尽图。

5.2.4　展示团队的迭代成果：开好迭代评审会议

迭代评审会议是对被开发产品的审查及调整活动，团队借这个机会展示自己的成果，同时更重要的是和产品经理一起获得第一手客户对产品功能的反馈。下面是迭代评审会议会通常的议题：

- 演示完成的用户故事；
- 产品经理确定哪些用户故事满足验收条件；
- 统计团队本次迭代的速率；
- 收集参加会议人员对产品的反馈，帮助产品经理调整产品需求列表。

团队只演示通过测试的代码，部分完成的或未经充分测试的代码一般不应该做演示。迭代评审会议不是开发测试的工作会议。产品经理是唯一判断演示的代码是否满足验收标准的人，团队必须尊重产品经理的判断。鼓励用户和客户代表主导功能演示，观察他们如何使用已完成的软件产品功能。

迭代需求列表中没有完全完成的用户故事，将被放回到版本需求列表中。如果产品经理发现有更重要的功能需要优先完成，这些故事不一定自动放入下次迭代需求列表中。

我建议每个 Scrum 团队在迭代评审会议上都统一下自己的工作效率，一般是用速率来表示。假设你用 4 个度量级别来表示用户故事的复杂度——超大、大、中、小，它们对应的故事点数是超大——100，大——8，中——5，小——3。本次迭代，如果团队成功完成了 2 个中故事、3 个小故事，那么本次迭代的实际速率就是 2×5+3×3=19。前面章节讨论了速率在版本计划中的应用。

　　所有迭代评审会议参加者在看到演示的功能后，都可以提出新的需求、修改的需求、新的需求优先级的建议以及应该删除的没有价值的需求。产品经理在此基础上调整需求列表。例如，以前面在线学生信息管理系统为例，如果参加的老师（用户代表）在演示更新学生成绩时，看到屏幕只显示了一个学生，他可能会提出希望每次能显示多个学生，这样更新一个班的学生成绩会变得容易。还是那句老话：看到错误的，才知道什么是正确的！

　　增量开发最重要的目的是不断加深团队和客户对所需要产品的理解，最终用最小的代价开发出对用户价值最高的功能。客户在计算机屏幕上看到的功能展示，比 100 页文档需求描述要更加直观清楚。所以，迭代评审会议是 Scrum 中重要的活动，是产品经理完善产品需求列表的极好机会。

5.2.5　不断完善 Scrum 过程：开好迭代回顾会议

　　迭代评审会和迭代回顾会议是每次迭代的最后两个活动：前者通过审查实现软件产品功能，对产品特性进行必要的调整；而后者则是通过对迭代活动的回顾，对迭代过程进行完善。我在做 CMMI 咨询培训时常讲：过程的执行者是过程的主人，他们应该是过程改进的主要驱动者，因为他们每天在执行过程，最清楚过程的瓶颈、问题。敏捷更是如此，团队是 Scrum 过程及工程实践的主人，开好迭代回顾会议、对其不断完善是团队的重要责任之一。

　　敏捷企业应该是学习型企业，好的敏捷团队一定是一个善于学习的团队。迭代回顾会议是个学习总结的会议。聪明的人不会重复犯同样的错误，而善于学习的团队一定是一个聪明的团队，让每一个所犯的错误变成改进提高的机会。

　　由于 Scrum 没有给出具体的方法，迭代回顾会议是很多国内 Scrum 团队做得很差的一个敏捷环节。

　　我建议一开始可以采用结构化的方式组织迭代回顾会议以确保达到希望的效果。团队可以按次序完成下列活动：给迭代回顾会议确定基调、收集数据信息、根源分析、决定改进活动、结束迭代回顾会议。

　　□　**给迭代回顾会议确定基调**：迭代回顾会议应该遵循团队制定的行为规范。如果你还没有的话，可以考虑参考极限编程所推崇的团队价值：品质（quality）、简明（simplicity）、团队配合（teamwork）和勇气（courage）。在这个基础上，考虑你的实际情况，用自己的语言形成自己的行为规范。团队达成的共识可以贴在工作区，时刻提醒所有成员。营造一个宽松的环境十分重要，让每个人都能没有顾虑地对困难的话题进行有挑战的对话，而不感到大的压力。要做到对事、对过程，不对人。

　　迭代回顾会议组织者首先应提醒与会者迭代回顾会议的目的、本次会议要实现的目标、会议时间和方式。由于时间很紧，你需要在很短的时间内很快收集大家的想法，常见的一种方式是让每个人用一句话回答组织者的一个问题。组织者在开会之前，需要准备好要问的问题。下面是一些问题的例子：

- ◆ 你希望今天的迭代回顾会议能做些什么？
- ◆ 如果让你只能保留本次迭代的一件事或一个做法，你会保留什么？
- ◆ 如果只允许你改正本次迭代的一件事或一个做法，你会改什么？

- ☐ **收集数据信息**：这个活动的主要目的是还原本次（或前几次）团队做的工作，以找出一些有规律的做事模式（好的或不好的）及改进机会。Derby 和 Larsen（2006）在 *Agile Retrospectives: Making Good Teams Great* 一书中提出了一些有意思的数据收集的方法。

  这里我们讲的数据包括迭代发生的事件、迭代中收集的度量数据、完成的用户故事等内容。

- ☐ **根源分析**：在考虑如何解决识别出来的问题之前，首先要问几个为什么。做根源分析以保证从根本上解决问题是聪明人的思维方式。团队可以对1～3个可能的改进点进行根源分析。业界有很多结构化的根源分析方法，如5个为什么、鱼骨刺图、A3 过程（丰田根源分析及改进过程）、头脑风暴等。

- ☐ **决定改进活动**：我们不可能同时改进迭代中发现的所有问题。团队面临重要的平衡决策：一方面项目的压力不会减少；另一方面，必要的改进投入会提升团队的效率。也许团队可以参考 CMMI 决策分析过程域，平衡考虑一些重要因素，如改进的紧迫程度、可行性、投入要求、可用时间等，选择1～2个改进项，写出改进方案及如何度量改进效果。想象一下，如果每次迭代后，我们都能够扎扎实实改进一件事，那么至少每个月我们都在进步。

- ☐ **结束迭代回顾会议**：会议结束前，强调迭代回顾中学到的东西，并且明确后面迭代要改进的事情及这次达成的新的团队共识。

不要把迭代回顾会议变成一个抱怨会议。如果识别出需要改进的都是团队外的人和事，这样的会议会变成没有价值的会议，很可能是在浪费时间。用上述结构化的方法组织这个活动，能够让团队对自己的开发方法及过程有个全面深入的认识，同时让讨论集中在能做什么上面来，这样有助于形成后面迭代应该改进的具体行动方案。

除了每日站立会议以外，需求列表细化会议可以在迭代中完成。其他3个会议可以在2个迭代之间进行。团队可以根据自己的情况，一天完成这些活动。下面是个时间安排的例子。

- ☐ 10:00～12:00：迭代评审会议。

- 13:00～15:00：迭代回顾会议。
- 15:00～17:00：下轮迭代计划会议。

5.3　建立、维护你的敏捷岛

看一下机场的进出港信息显示屏，你马上能了解哪些航班什么时间到达、哪些航班什么时间起飞、哪些航班被取消了。这个显示屏简单明了地为乘客和接机者提供了他们所需要的信息。在敏捷项目管理中，你也可以做同样的事，建立你的敏捷信息显示屏来管理迭代开发活动。

如果你的团队决定要实施 Scrum，建议你们考虑重新设计一下办公空间。由于跨职能团队需要在一起工作，大部分成员都是全职的，建议将他们安排在同一办公区域，让他们坐在一起。这就为成员间的相互帮助、沟通和学习提供了良好的环境。

如果一个有一定规模的部门中多个团队都在实施 Scrum，考虑到 Scrum 中频繁的会议，会议室一定是个问题。我建议为每一个团队建立一个敏捷岛，里面包括办公区、站立例会区和信息区。在设计时，要注意团队之间的封闭性，保证互不干扰。

下面是 Scrum 团队信息区常见的板块：

- 本次迭代任务状况板块；
- 本次迭代用户故事板块；
- 版本发布板块；
- 速率和燃尽图板块；
- 团队章程板块；
- 关键用语板块；
- 关注问题板块。

Jonathan Rasmusson（2010）在 *The Agile Samurai* 一书中建议，如果有足够的空间，可以考虑建立一个产品核心目标及团队社区平台（inception deck）。关于这一点，我会在本章节后面对其做个简单介绍。

在了解这些信息板块的内容之前，我们首先要搞清楚它们存在的目的：为谁服务？通过提供这些信息帮助团队及其他利益相关人（利益相关人是 CMMI 里常用的词汇）做哪些决策？同时也要了解建立维护这些信息板块的成本。

5.3.1　迭代任务状态板块

任务状态板块主要用来支持 Scrum 的每日站立会议，它是团队用来自我管理的重要工具。根据每个成员对 3 个问题的回答，Scrum 过程经理会更新实现用户任务的任务状态。

图 5-6 显示了迭代开始时的任务状态板块的情况。

迭代需求列表：开始状态

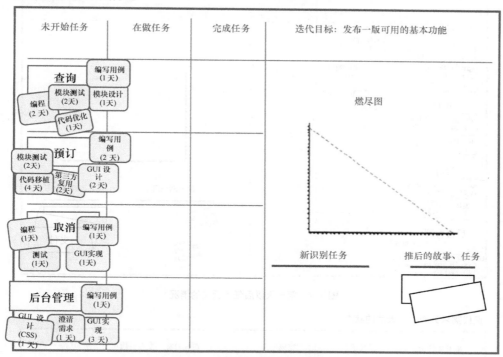

图5-6　迭代开始前的任务板块

最左边是本次迭代的用户故事中对应的任务（图 5-6 中一共有 4 个用户故事，黄色的便笺纸是团队识别出实现这些故事所需要完成的任务）。第二列是团队正在实施的任务，第三列是已经完成的任务。最右边燃尽图下面的未计划的任务是团队前面没有估计到的任务，而取消的任务是要推迟到后面迭代执行的。

图 5-7 显示第一天以后任务板块情况。

图 5-8 显示了迭代中某一天的情况。

任务状态板块主要是为团队服务，监控迭代进展情况以便及时做出必要的调整。团队应该学会读懂状态板块背后的故事，看出可能的问题信号。

图 5-9 显示了没有经验的 Scrum 团队常犯的错误。

中间正在进行的任务形成了一条繁忙的泳道，这是一个信号，很可能迭代结束时，我们能实现的用户故事会很少。如果有可能，我们应该尽可能集中精力，一个故事一个故事地去开发。"伤其十指，不如断其一指"。同步做过多的不相干的任务，有可能最后都没做好，这是影响团队效率的一个重要原因。

迭代需求列表：第一天后的状态

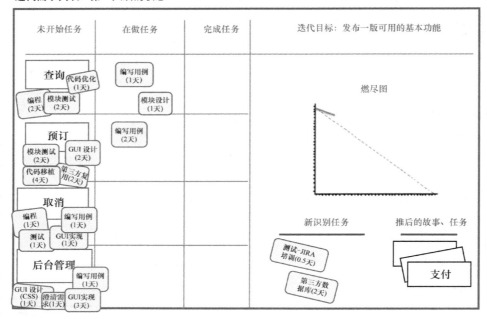

图5-7　第一天以后任务板块的情况

迭代需求列表：数天后的状态

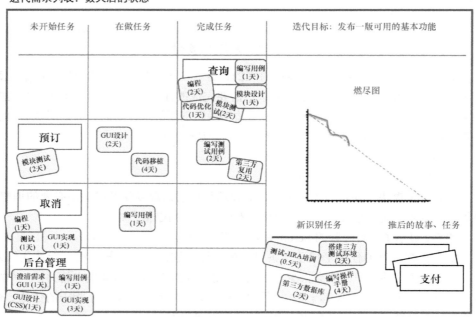

图5-8　迭代数天后任务板块的状况

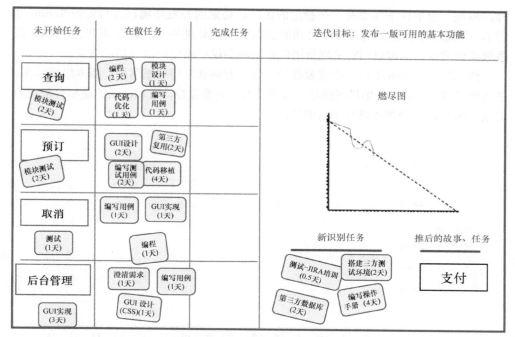

图5-9 Scrum图队常犯的"泳道"错误

5.3.2 其他信息板块

1. 用户故事板块

用户故事板块可以很容易地从任务板块中推导出来。故事板块一般可以分成4部分内容：尚未开始的故事、正在开发中的故事、可以进行测试的故事和通过完成标准的故事。

产品经理、客户和其他相关人员可以马上从故事板块看到本次迭代的完成情况。如果在等待测试的故事太多，那就意味着测试瓶颈已经很突出了，也许需要追加测试资源。

2. 版本发布板块

版本发布板块展示目前为止项目完成情况，列出各轮迭代用户故事完成情况，以及还没有完成开始开发的用户故事。

版本发布模块展示项目整体情况，用户故事板块展示本次迭代故事级的完成情况，而任务板块则提供了具体任务级的执行情况。

3. 速率和燃尽图板块

如果想知道团队的效率——每轮迭代能做多少事，速率是一个很好的答案。如前面讨论的，速率是做版本发布计划的重要依据。虽然每次迭代的速率不太可能一样，但在一定条件下（如有一个稳定的团队、稳定的开发环境以及稳定的 Scrum 过程），迭代速率会逐步落在一个可预测的区间。团队速率也可以用来作为 Scrum 改进效果的度量，如可以用它来度量团队在回顾会议中确定的改进活动效果。

燃尽图是 Scrum 中的一个重要管理工件。有两种常用的燃尽图：版本级燃尽图、迭代级燃尽图。版本级燃尽图指导项目的发布计划和监控，它和团队的速率有密切的关系。图 5-10 是个版本燃尽图的例子。

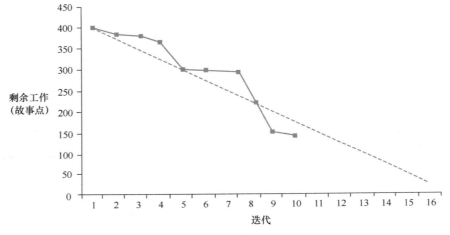

图5-10　版本燃尽图

建议用故事点作为 Y 轴的单位，其中中间直线代表版本计划，点组成的曲线代表实际完成情况。

每次迭代结束时，产品经理应该更新版本燃尽图，团队可以根据本次迭代完成情况做些必要的调整。如果客户要求在版本需求列表中追加新的需求项，产品经理可以按图 5-11 的例子根据团队速率排出新的发布时间。

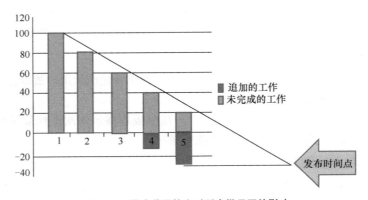

图5-11　需求范围扩大对版本燃尽图的影响

迭代内的燃尽图是用来指导团队迭代中的计划监控活动的重要工件。Y 轴一般有下列 4 种表示方法。

- 用完成的故事个数作为表示单位。能这样做的前提是用户故事都被分解成类似规模并且颗粒度要足够小。
- 用完成的故事点数作为表示单位。这种方法同样要求故事的颗粒度要足够小。
- 用分解出的任务点数作为单位。这需要除了对故事进行相对估算外，还要对任务进行相对的估算。
- 用工作量作为单位。很多敏捷专家不推荐这种方法。

读懂燃尽图背后的故事，识别出问题并及时解决问题，是 Scrum 团队成员必备的能力。下面介绍几个燃尽图的例子。

图 5-12 显示了迭代计划，每天完成的工作都一样，是个理想状况下的燃尽图。显然这是不现实的，实际的燃尽图不会出现这样的形式。

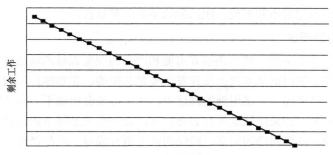

图5-12 理想的燃尽图

现实中的燃尽图一般会像图 5-13 展示的形式。

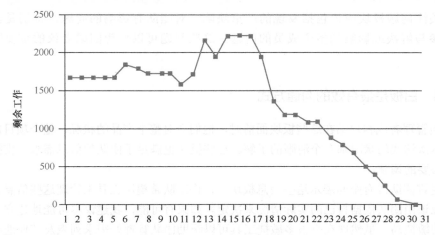

图5-13 现实的燃尽图

4．团队章程板块

团队章程是团队达成的共识，决定每个成员的行为规范，反映了共同的价值观。它应该贴在办公空间显眼的地方，时刻提醒大家。下面是个团队章程的例子。

- 站在客户、用户角度，理解实现的每一条软件功能给他们带来的价值。
- 成功是团队的成功，任何人不能由于团队的失败而受益。
- 遵守软件工程人员的职业操守。
- 每个团队成员都有不断学习的责任，每个团队成员都有帮助他人的义务。
- 针对常见的缺陷、严重的缺陷，开发人员需要做预防分析，测试人员需要做失效分析。
- 对不确定的需求、约束条件，要做必要的追溯澄清，不做自以为是的假设。
- 质量不是嘴上讲讲的东西，而是团队每个成员的责任和义务。
- 改进是每个团队成员工作的一部分。

随着迭代中问题的不断出现，团队应该不断完善章程。

5．关键用语板块

团队在软件开发中的一些用语很有可能和产品的业务领域的场景有差异。如果不能准确地将一些关键用语从本次产品开发角度定义明确，在和客户沟通中，在用户故事的描述、算法的描述、测试用例的描述中，就很可能会出现不一致的情况，会造成一些不必要的返工。如果团队觉得有必要，可以加一个关键用语的板块，对一些有可能造成误解的词汇给出明确的定义，确保团队中所有成员、产品经理、客户对一些重要的概念都有一致的理解。

6．关注问题板块

关注问题板块应该包括发现的严重缺陷，对团队有影响的问题，特别是需要团队参与解决或影响到多个成员的问题。这些问题可以作为回顾会议的重要输入之一。

5.3.3 白板是最有效的沟通方式

当管理者或客户站在这些板块面前时，他们会对整个产品的状况、整个项目的状况和本次迭代的状况都有个清晰的了解。这些板块也满足了团队的信息需求，支持团队做必要的调整。

也许团队没有空间展示这些信息板块，也许团队希望用工具来管理这些信息，这些都应该由团队依据自己的实际情况来决定。如果有可能，我建议尽可能地建立一个透明的敏捷岛。虽然现在有很多敏捷工具可以帮助团队管理好需求列表及其他迭代活动的监控，但我觉得它们都不能替代这些白板。虽然用白板会稍微麻烦一点，但是白板所带来的团队互动是任何电脑终端的工具所无法比拟的。白板是最简单的工具，但是它能促进团队的有效互动。相比而言，那些手绘带来的麻烦简直不值一提。不要忘了敏捷价值的第一条："**个体和互动高于流程和工具。**"

　　McCarthy 和 Monk 的研究结果显示，两个人在一个白板前面对面的沟通是最有效的，如图 5-14 所示。

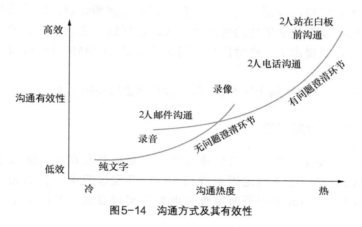

图5-14　沟通方式及其有效性

5.4　Scrum 中的风险管理

　　敏捷方法在很大程度上缓解了不确定环境下产品开发的风险。增量开发，不断根据对完成的产品特性的反馈进行调整就是有效的风险管理策略。每次迭代结束后，根据迭代结果调整版本计划是 Scrum 中的核心风险管理活动。

5.4.1　软件项目的5大风险来源

　　现代的项目管理就是风险管理。大量的相关书籍、PMP 的考试、CMMI、ISO 模型对风险管理的要求似乎都验证了这句话。但令人遗憾的是，项目中有效的风险管理是在国内软件企业中难得一见的事情。观察一下你周围成功的项目经理，他们一定是好的风险管理者，虽然他们不一定把诸如"风险识别""风险评估""风险缓解""风险跟踪"之类的话挂在嘴边，但他们的决策往往是在得失分析基础上做出的。可惜这样的项目管理人才少之又少。

　　软件业基本赞同 DeMarco 和 Lister（2003）提出的项目中需要关注主要的5类风险：

　　（1）进度的不准确；

　　（2）需求的蔓生；

　　（3）团队成员的变动；

（4）业务规范理解错误；

（5）低下的生产率。

缓解这些风险最有效的策略就是增量开发提交，逐步消除各种不确定因素带来的潜在问题。Scrum 提供了一个很好的风险缓解架构，忠实执行敏捷实践会提高团队的有效风险管理能力。敏捷团队会逐步体会到这一点。我们也要注意敏捷可能会带来的新风险，特别应注意缺乏自律、缺乏前期计划、缺乏质量标准、缺乏成熟的架构、缺乏技术债务的管理等带来的新问题。在后面有关敏捷与 CMMI 关系的章节中，我提出了一些解决相关问题的方法。CMMI 可以成为敏捷实施的安全网。

在 Scrum 中，如何缓解上述 5 类风险是我们本章讨论的重点。

5.4.2   把握你的进度风险

进度风险主要是由于必然的估算偏差（主要是开发规模及团队能力的错误估计）导致的。在一些不确定因素较高的产品开发过程中，我们无法彻底消除这个风险根源。Scrum 中的不断审查和调整的实践要求，是团队把握进度的灵丹妙药。

□ **Scrum 团队参与估算计划活动**：Scrum 中需求列表的细化会议、迭代计划会议对把握进度起到关键作用。随着团队对需求及完成相关任务所需工作量不断深化理解，其估算能力会不断提升。如图 5-15 所示（Boehm et al., 2000），团队估算得越来越准确。

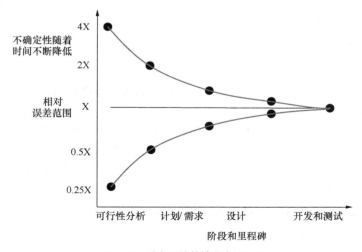

图5-15   阶段和估算精准度的关系

- **把握自己团队的可用时间及速率**：团队速率是产品经理制订版本计划时最重要的依据。准确的团队速率获得，取决于团队在每次迭代计划时识别出本次迭代可用的时间和在迭代评审会议上统计完成的用户故事。建议在4～5次迭代后，团队 Scrum 过程负责人可以开始建立并完善团队的速率基线。在迭代追溯会议中，针对团队速率进行异常分析。注意在用速率计划进度时，一定要考虑可用时间及其他约束条件。

- **工程人员和产品经理实时交流**：作为客户及用户代表，产品经理是需求问题的裁决者。在整个开发过程中，团队和产品经理的实时交流，是减少返工保证进度的重要保障。Scrum 中的需求列表细化会议、迭代计划会议、迭代评审会议、每日站立会议都为此提供了机制上的保证。

- **缺陷发现清除前移**：在瀑布开发模式下，缺陷发现清除的前移是提高质量及效率的重要手段。同行评审变得十分重要，在一些 CMMI 五级的企业，评审能够发现并清除90%的缺陷。由于缺陷的修复成本随着阶段推移呈几何级增长，缺陷前移能够大量减少返工，提高效率，保证项目进度。在 Scrum 模式下，及早发现并清除缺陷变得更为重要。如果前期迭代缺陷不能及时发现，就会给后期迭代造成大量返工。高额的技术债务是效率和进度的杀手。对于每个用户故事，团队必须给出明确的完成的定义（Definition of Done, DoD）。测试环境的建设是必不可少的一环，进入迭代准备阶段，对架构的评审及迭代中的必要评审也是不应忽略的活动。在后面章节中，我会专门讨论 Scrum 中的质量控制活动。

5.4.3　把握好需求使之自然完善而不是遍地蔓生

在产品开发中，不仅是团队越做越清楚，客户对其需要的产品也是越来越清楚。产品需求的完善调整是一件很自然的事，也是 Scrum 架构鼓励的。版本需求列表可以随时调整，但本次迭代的需求列表却是稳定的，这样需求变更的成本就会很小。但如果客户及用户或产品经理未做必要的产品规划，盲目地随意增加功能，需求蔓生膨胀就会危害到产品目标的实现。本章前面章节提出的版本计划的制订及 MMF 的应用会大大缓解需求膨胀的风险，将 Scrum 的价值最大化。

一个称职的产品经理，会在和客户、用户的沟通中把握好产品的愿景。每一次迭代后，他会对需求列表做必要的调整，将价值高的功能调整到列表的前列。在迭代计划会上，团队会选出性价比最好的用户故事作为下一轮迭代的开发范围。

例如，当团队意识到他们大大低估了某个功能的实现难度，而且该功能给用户带来的价值非常有限，那么将其优先级降低，甚至选择不做，就是一件很自然的事。同样当团队发现一个可以用成熟技术实现并且用户喜欢的功能时，当然应该将其纳入需求列表中。从经济角度考虑问题，也就是同时考虑每个功能实现的成本及收益，是控制需求蔓延的有效手段。

5.4.4　建立一个 T 字型能力团队缓解团队不稳定风险

人员流动是国内所有 IT 企业面临的问题，也是软件开发过程中一个必须控制的风险。如果团队成员都是专一人才（所谓 I 字型人才），人员流动对项目的影响会更大。培养 T 字型人才是缓解人员不稳定风险一个好的办法，同时也是敏捷开发中提高效率的好办法。

T 字型人才是指一个人在开发过程某一领域具备较深的造诣，同时在其他相关领域也具备一定能力。如一个有经验的软件开发人员同时能做些详细设计工作及具备编写测试用例的能力，他就是一个 T 字型人才。

培养 T 字型人才应该是企业的战略举措。新员工往往是 I 字型人才，将其培养成 T 字型人才需要下列一些措施：

- 建立鼓励多面手的激励机制；
- 推广跨领域培训；
- 在安排工作任务时，将开阔团队成员能力作为一个重要考虑。

让工程人员获取上下游工作技能是一个有效的做法，如让开发人员掌握测试技能。这样在测试人员离职或测试资源不足时，开发人员可以做些测试工作。

有效执行敏捷环境下的自我管理，让每一个成员都能得到能力提升的机会；同时不断交付有价值的产品，让整个团队有成就感。这些敏捷实践会对提升团队稳定性有很大的帮助。

5.4.5　建立维护好产品规格

在开发一个复杂系统时，不同背景的用户可能会对一些产品规格要求有不同的理解或冲突。当他们对一些业务流程及规则不能达成共识时，对项目会产生很大的负面影响。如在开发一个国有银行内部 IT 项目时，不同分行对业务流程及操作规范不能达成共识。在传统瀑布开发环境下，这些不能确定的需求规格会被挂起，团队会假设这些需求规格在后期项目中会明确。但由于项目周期过长，实际结果很可能是造成一些需求规格前后冲突，而许多需求特性又极其相似，这些结果都会对项目产生很大的负面影响。

一个称职的 Scrum 产品经理在很大程度上可以缓减这个风险。产品经理的一个重要职责，就是把控软件需求规格的开发过程。通过一个完全透明的过程，用户和开发团队一起逐步明确复杂的需求规格。需求之间的相互依赖关系，是产品经理考虑需求优先级的一个因素，而业务实现的复杂度也是团队为产品经理提供的一个重要参考依据。如果需求规格完全不能达成共识，也许最好的决策是取消这个项目或大大减少需求范围。

前几轮的迭代目标也可以帮助验证确定一些重要的需求规格。可以通过实现一些原型或简单特性，通过迭代评审会议，让不同用户对需求规格（业务流程规则）达成一致的理解。

5.4.6 克服低效率风险的几个法宝

低效团队是每个项目经理都要考虑规避的风险。影响团队效率的因素有很多，本书讨论的大部分的话题都和软件开发效率有关。

人是影响效率的最关键因素。明确角色的职责，选择合适的团队成员，建立相互间的配合，营造一个共同成长的平台，Scrum 为建立一个高效团队提供了一个很好的过程架构。除了人的因素，将不必要的工作及返工量降到最低也是提高效率的有效手段。我在这里提出几个提高开发效率的有效方法。

1. 频繁审视完成的工作

一个开发通信产品的编程人员错误理解了通信协议，自然也就会在使用这个协议的代码模块中植入缺陷。考虑下面两个场景的后果：这个错误在 24 小时之内被检测出来并告知该程序员；这个错误在 60 天后才被查出。在第二个场景下，该程序员会在 60 天内，在所有使用这个通信协议的地方犯类似的错误。这些错误的检测、纠正、解决验证会给团队带来很多返工。而第一个场景则避免了这些问题。

在开发过程中，缩短审视周期，认真执行每一个评审、每一个测试，是提高效率的有效手段。如果团队中有很多新手或在开发一个技术难度高的产品，缩短质量检测周期就尤为重要。因为这时团队犯错误的机会大大增加了，这些错误带来的返工会成为团队效率的杀手。

2. 建立 T 字型资源池并将相互独立的任务放在一起解决任务瓶颈问题

开发过程中不同任务（如设计、开发、测试）所需资源不会完全一样，某种资源有可能成为瓶颈。假设为了充分测试 5 个全职开发人员写的代码并保证进度，我们需要 3 个全职测试人员，如果团队只有 1.5 个测试人员，那么测试会拖项目的后腿。如果开发人员也具备一定的测试技能，他们可以在测试人员指导下完全一些测试工作，这样不仅质量和进度不会受到损害，而且效率也能得到保证。这是因为在开发过程中，工程人员都在有效地工作。

3. 分步解决项目难题

如果在开发一个产品时，我们需要引入 10 个新技术，那么尽量避免一次性全部引入这 10 个技术。如有可能，在迭代中分多次初步引入这些技术。

4. 在定义的过程中重复重要的活动

想象一下，你一年只做一次代码构建，估计你不会有太大的动力完善这个过程；但如果每天都必须做这件事（每日构建），相信你会尽力完善这个过程以提高效率。

5. 做好复用管理

复用度的提升一般会对效率有正面的影响。但复用不是目的，价值的提升才是更重要的。在做复用决策时，需要平衡新技术带来的经济价值和复用带来的好处。

6. 减少任务包的规模是一件非常值得做的事

任务包规模的减少意味着开发周期的减少、反馈频率的增加，同时也会增加团队的紧迫感。这些都会对团队效率的提升有正面的促进。

7. 形成团队开发节奏

让开发过程的活动形成可预测的节奏会有助于效率的提升，如新产品引入节奏、测试节奏、原型节奏、状况报告节奏、资源使用节奏、项目会议节奏、评审节奏、供应商沟通访问节奏、休息节奏。

8. 管控好在制品规模

开始做一件事比结束一件事要难得多。不论对个人还是一个团队，同时执行太多的任务貌似让每个人都在忙，但实际上并没有真正提高工作效率。10 盘做了一半的菜不如一碗做好的面。菜最好是一个一个地做。管理好在制品（work in progress，WIP）是 Scrum 团队在迭代中要关注的重要工作。控制在制品规模也是精益开发方法中的一个重要原则，本书第 10 章会有更深入的探讨。

Scrum 为缓减一些软件开发的常见风险提供了一些优秀实践，我们同时要关注它可能带来的新的风险。在后面关于 CMMI 与敏捷的章节里，我会更深入地探讨这个话题。

两个团队的故事

故事 1：没有目标的迭代计划

为通是国内一家开发通信产品的公司，T 产品线占其业务很大一部分，是公司发展的重点。巨大的市场压力要求 T 产品每年推出一个新的版本，以应对国内外的竞争者。T 产品的开发团队是一个勤奋能吃苦的团队，多年来，通过技术创新及改进开发过程，T 产品一直是为通盈利能力最强的产品。但随着行业竞争的加剧，近几年团队面临越来越大的开发压力。刚性的进度要求和产品复杂的耦合关系逼着团队去摸索更好的开发模式。

为通数年前引入了敏捷开发模式以提高其产品开发能力。T 产品的软件团队结合 Scrum、极限编程和一些通信行业的优秀实践，建立了自己的敏捷开发流程。这个流程主要分 3 大阶段，即迭代准备阶段、迭代开发阶段和系统验收阶段。

迭代准备阶段主要完成下列工作：

- 组建迭代开发团队；
- 制订开发原始需求包；
- 制订版本迭代计划；
- 准备持续集成环境；
- 完成关键架构、模块设计；
- 完成主要特性测试设计；
- 迭代准备评估。

迭代开发阶段一般包括 10 次左右的迭代，每个迭代周期为 4 周，根据版本迭代计划，中间会穿插几次增量系统集成测试。每次迭代主要需要完成下列工作：

- 调整版本迭代计划；
- 用户故事划分；
- 特性澄清；
- 用户故事分析、开发；
- 迭代测试；
- 迭代验收演示；
- 迭代评估；
- 迭代回顾。

系统验收阶段则对本次版本开发的特性进行系统测试及验收。

虽然 T 产品的软件团队在引入敏捷后也看到了一些效果，但团队效率提升一直不是很理想，返工依然过多。T 产品线决定引入 CMMI 来提升其以 Scrum 为核心的过程能力，希望能将期望的敏捷价值转化为效率的提升。我作为 CMMI 主任评估师介入了产品线的改进努力，参与了初期的诊断、问题识别、改进专题的确定。

在检查团队迭代计划时，我们发现迭代计划目标性不强，没有关注实现相对独立、对用户有价值的功能特性。迭代需求列表中所选的用户故事没有清晰的关联性，团队在选取迭代需求时，主要考虑故事的颗粒度、凑够任务，没有将迭代结束后提交一个可用的功能作为迭代目标，因而每次迭代没有一个主题。由于迭代结束后团队不能交付相对完整有价值的功能特性，客户、用户看不到完整的功能展示，就不能及时给出使用反馈。反馈的滞后增加了需求变更的成本。

另一方面，团队在规划迭代时，也没有充分分析与相关团队的依赖关系，特别是集成拉通点。其后果会造成进度的延误以及人员使用的不平衡。

我和团队一起做了根因分析，决定执行下列改进措施。

- □ 重新梳理了迭代计划过程及模板，将价值交付定义为每轮迭代最重要的度量指标；定义了度量价值的标准，这个标准平衡了实现用户价值及内部研发团队协调。
- □ 明确要求每次迭代必须有一个主题，大部分用户故事应该是围绕这个主题提出的。在迭代过程中，团队必须关注迭代目标的实现，迭代目标实现应该有一定的灵活性，实现部分故事在某种程度上也有可能实现目标。
- □ 引入了 MMF 的思想，每个非"偿还技术债务"的迭代至少应该实现一个 MMF。在做版本规划时，识别出 MMF 之间的关联依赖以及和硬件、平台的依赖，选择 MMF 迭代次序，将资源浪费最少化。
- □ 在管理工具中，将用户故事和 MMF 对应起来，同时细化需求，减少迭代中的瀑布开发，让团队在实现迭代目标时有一定的故事选择的灵活性。

经过一段时间的试点实施，团队效率有了显著的提升，返工明显减少，每次迭代价值交付有所提升，明确每轮迭代目标是改进的原因之一。不久，T 产品线将制定迭代目标作为产品线级的过程要求。

故事 2：谁的每日例会

几年前一家做对美外包的软件公司的罗总联系我，希望我能领导他们的 CMMI 三级评估。这家公司很小，当时有 4 个团队，服务 4 个固定客户。罗总告诉我：预算有限，希望能尽早通过评估（6 个月之内）。从对话中不难看出，他不知道 CMMI 是什么，只知道一些客户似乎很看重这个证书，最重要的是当地政府会为通过了 CMMI 三级认证的企业提供非常不错的补贴。

我还从来没有为这类企业做过评估，一般当听到对方不现实的评估时间要求时，我会很快挂掉电话，浪费自己和别人的时间不是我的风格。但这次是个例外，因为对方提到他的其中一个团队在为一家位于波士顿的保险公司开发一个合同期为 3 年的网上产品，客户要求这个团队采用 Scrum 的开发模式，每两周交付一次功能。由于客户严格的要求，这个团队已经形成了一套自己的开发管理流程，在客户的支持下，团队建立了持续集成的测试环境。客户同时要求团队遵循一些极限编程的工程实践，这些实践及 Scrum 流程都已经文档化。目前这个团队正在执行第二年合同的内容，虽然客户有些意见，但团队的努力还是得到了认可。

当时我很少接触过外包类的敏捷开发模式，这让我对这个位于二线城市的小企业有了很大的兴趣。我耐着性子了解了另外 3 个团队的情况，很显然，这 3 个团队至少需要 18 个月的时间才能达到 CMMI 三级的要求，6 个月的时间连过程试点一轮都不够。

针对罗总的期望，我提出了一个简单的方案。

- 将评估范围限制在他的 Scrum 团队，我把它称之为"三一"评估：一个客户、一个团队和一个过程。评估不包括其他 3 个团队。
- 争取在 10 个月内完成评估。
- 请适当增加一些评估预算以支持必要的改进咨询、培训工作。

罗总显然已经联系了几家 CMMI 评估机构，但对我的建议很感兴趣，他意识到评估也可以带来其他价值，很快我们达成共识，签了评估协议。

一个月后，我第一次到现场咨询，见到了团队的 Scrum 过程经理石经理。他给我的印象很好：人很聪明，有十几年的开发经验，英文很好，他也是这家小公司的技术总监。第一次见面，他介绍了团队 Scrum 总体执行情况，他自己曾到美国接受过两天的 Scrum 过程经理的培训，也看过一些敏捷书籍，感觉很有自信。在介绍中，他不止一次地用了"我的团队"的说法，让我感觉有些不对。听完他的介绍，我问是否能旁听一下他们的每天例会，他表示很欢迎。包括石经理在内，团队一共有 9 个人——6 个开发人员加上 2 个测试人员。

会议室是个不大不小的房间，中间有个投影仪。8 位成员站在投影仪后面的一排桌子后面，石经理站在投影仪后面，这个站位方式让我感觉不太舒服。石经理解释说，他们使用的 Scrum 工具中有支持白板的功能，所以现在团队用投影仪替代了白板。即使有工具，我个人还是倾向同时使用白板来支持团队沟通，但我没有马上说出我的看法。

石经理打开电脑，投影仪显示出一个任务列表，里面包括任务及对应的责任人。接下来会议算是正式开始，从左至右，石经理逐一询问每个成员："昨天布置的任务完成了吗？"同时根据成员的回答更新任务列表。然后他告诉成员今天他需要完成的任务。最后石经理会问成员有无困难。有几个成员提出一些技术问题，石经理会和他们讨论解决办法，这时其他成员都会保持沉默。在他和第 5 个成员沟通时我看了一下表，20 分钟已经过去了。看来时间盒也被忽略了。

站立例会开了 30 多分钟，我感觉腿有些酸。除了回答石经理的问题，每个人都没有讲话。会议结束后，石经理请我到他办公室去，有些急不可耐地问我感觉如何。我想了想，说他能够很好地保护团队不受外界干扰，专注迭代目标的实现，这点非常好。接下来我告诉他我的最大感受是"这真是你的团队、你的站立会议，而不是团队的例会"。石经理听了后，脸上有惊讶和思考的表情，我想他意识到他的团队忘了实施一条非常重要的 Scrum 实践。

我们一起讨论了 Scrum 过程经理的定位，以及从传统项目经理的转换中经常碰到的问题：如何让自己从控制团队变成推动团队；如何从一个管理者变成一个教练；如何让团队进入自我管理、更加主动、更加互助的工作模式，摸索出实现迭代目标最好的方式，让团队变成一个高效的团队。Scrum 过程经理不是 Scrum 的主人，Scrum 的团队才是 Scrum 的主人。

我同时给石经理提了下面几条建议。

- 遵循 Scrum 中时间盒的实践（15 分钟按时结束），让团队更专注 3 个问题。在例会上识别问题，但不解决问题，例会后的会议才是问题解决的时机。
- 逐步让团队成员自己认领任务，逐步做到自我管理，可以让成员自己操作白板工具，转换完成任务的状态及认领任务的状态。
- 当成员提出碰到的困难障碍时，鼓励其他成员站出来，看谁有能力帮助解决问题。会后他们可以在一起讨论解决。石经理记下重要的问题及解决人，后面进行跟踪，确保问题的及时解决。
- 组织些团队建设的活动，让大家相互间有更多的了解。

和石经理沟通很愉快，他同意考虑我的建议，同时考虑团队的实际情况，去完善团队的 Scrum 过程。

数月后，在正式评估时，评估小组又旁听了团队的每日例会。这一次是成员在主导，他们沟通能力的提升让我刮目相看。在最终的评估报告中，评估组识别的一个强项是：9 位跨职能的成员形成了一个有效的团队，经过几个月的努力，团队的速率有了明显的提高。

第 6 章

把握好敏捷的度——敏捷工程及质量控制实践

有关敏捷的一个大的认识误区是"敏捷牺牲质量",看过这一章后,希望读者对敏捷要求的工程活动及质量控制活动能有一个新的认识。如果我们不能把控好敏捷和自律的平衡点,项目的质量有可能会失控。

首先我认为需要对软件产品质量有个新的定义,仅仅用所发现的缺陷数来衡量质量是不全面的。我们必须站在软件产品的全生命周期来看待质量。有些质量问题不是通过测试发现的,给后期产品维护、客户使用带来麻烦的问题都是质量问题。

敏捷对质量控制的一大贡献是抓住了质量控制应该关注的点,更加明确了质量是所有人的责任,而不仅仅是测试人员的责任。技术债务的概念是软件工程中的一个创新,这个概念可以用来和高层管理团队有效沟通软件结构问题带来的风险和成本,它对敏捷团队也有很好的指导意义。

6.1 再议技术债务

在前面章节中,我们初步讨论了技术债务的问题,这里我们对其做深度讨论。首先技术债务的标准定义是什么?对此业界有多个定义,下面是我比较认可的定义:

Technical Debt is the cost of fixing structural quality problems in production code that the organization knows must be eliminated to control development costs or avoid operational problems.

中文翻译如下:

技术债务是修复已上线程序中结构质量问题的成本,如果这些问题不解决,组织清楚其带来的后果:后续升级开发失控或用户操作失灵。

根据 2010 年 Gartner 的调查结果，全球 IT 行业当年技术债务总和是 5000 亿美元。他们预测到 2015 年这个数字会达到 1 万亿美元。

6.1.1　技术债务的来源

技术债务是软件开发中常常遇到的问题，这些问题不是敏捷的专利，瀑布模式中一样会存在同样的问题。

常见的债务来源有以下几个。

- 进度压力逼迫开发团队走"捷径"，如程序中不写注释，造成后期理解的困难；测试不充分，导致产品中存在操作隐患等。
- 设计团队做了不恰当的设计决定，如过早地选择了某个通信模式，后期的应用开发中发现需要用不同的协议，由此带来了不必要的返工。
- 在修复缺陷或根据新要求修改代码的时候未识别出程序其他需要修改之处，造成软件产品中的不一致。
- 用户故事没有得到足够的分解。分解是解决复杂问题、减少隐患的有效方法。要保证用户故事被分解到足够小的单位，使每个代码函数及类的规模也都足够小。没有做到这一点，就会造成后期的返工。
- 没有对复杂的、有依赖关系的技术文档、代码进行互查或评审。在一个迭代周期内，如果评审、互查从来没有出现在敏捷白板的任务列表里的话，也会增加本次迭代隐患植入的可能性。
- 缺少必要的系统文档支持。其后果是使得代码和其他技术文档产生不一致，也为以后的开发、维护、升级埋下了隐患。
- 没有把不增加技术债务作为每次迭代"完成"的条件之一。这就给团队走"捷径"开了绿灯。

这里应该说明的是，有些技术债务也是可以的，毕竟它能够加快开发速度。就像我们用信用卡借钱花一样，有时候我们确实需要超前消费。关键是要及时还款，否则利息会压垮我们！

就像 Ward Cunningham 讲的那样：

> 为加快开发速度产生些债务也是可以的，只要能及时优化还债……当这些债务没有被及时归还、处理时，风险就来了。花在那些没有写得太好的代码上的每一分钟都是这些债务的利息。

华为把技术债务称为"带病开发"，我认为十分形象，说到问题的根子上了。

6.1.2　管理技术债务

最重要的技术债务管理是开发过程中完整执行组织定义的敏捷实践，尽量避免隐患的植入，这也是本章讨论的内容。当然除了在植入环境把关外，我们也需要在迭代过程中监控管理技术债务，及时将其纳入产品列表，根据严重程度，给予适当的优先级。

图 6-1 展示了技术债务失控的后果。在前期迭代开发过程中，植入的隐患没有暴露出来，所以在第 6 个迭代结束后，产品经理的判断是产品可以在第 10 个迭代结束时发布。到第 8 个迭代后，前面的问题已经迟滞了团队的速率，产品经理将发布时间延迟到第 12 个迭代。等到了 13 个迭代，植入的隐患开始大量暴露，团队需要花大量的精力还债，已经不能开发新的用户故事了。这时我们已经无法判断何时才能发布产品了。

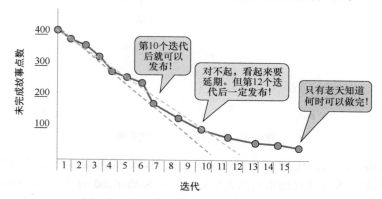

图6-1　技术债务对版本发布的影响

如果碰到这种情况，首先应强化出口要求，完成标准应该包括零债务增加。如果有必要，坚决先停止新需求的开发，集中精力清除前面植入的债务问题，可能需要对需求做进一步的细化，完善架构，明确"结束"标准，优化代码，做深度测试等工作。图 6-2 显示了这样做的好处，在清理了债务后，团队可以轻装上阵，加快开发速率。

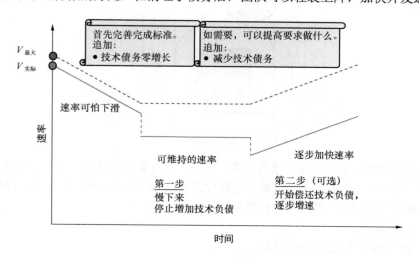

图6-2　技术债务和开发速率的关系

6.1.3   减少技术债务的实践

控制好技术债务是敏捷团队能够保持稳定开发节奏的一个必要条件！图 6-3 显示
了控制与不控制的区别。

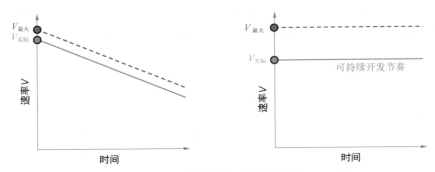

图6-3   技术债务管理好坏的后果

Jeff Sutherland 认为敏捷成功的秘诀就是控制好迭代的入口及出口。图 6-4 强调
迭代前的准备标准及迭代结束时的完成标准。用 Sutherland 的话来讲，就是 "Ready
Ready，Done Done！"你可以把第一个单词看作是动词。如果翻成大白话可以理解为：
"迭代入口准备充分，迭代出口严格把关！"可惜的是，太多敏捷团队不清楚自己
需要准备什么，也不清楚把关的标准是什么。这是这些团队取得的效果有限的重要
原因！

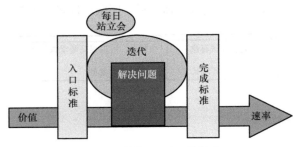

图6-4   敏捷入口出口控制图

在第 4 章中，我们讨论了迭代准备的过程，以及要做的事情。本章后面讨论的工
程实践，能够保证出口的把关。什么是迭代完成（Done）的标准？什么是干净简洁的
程序？我认为下面是一些必要的检查项。

- ❑   没有缺陷。
- ❑   符合编码规范或编码军规。
- ❑   完成基本代码重构，确保重复代码被清除、乱码被清理。

- 清除不必要的模块复杂度，也就是说没有用所谓的"编程把戏"（trick）。
- 代码易懂，否则需要加上必要的注释。
- 注意这些检查项的工作不是在迭代后期做的，而是贯穿整个迭代周期的任务。

近年来软件业提出了许多减少技术债务的好方法以及有益的实践，大体可以分为以下 3 类。

- **识别技术债务的来源**。常见的来源有：代码质量差，测试覆盖不足和缺少必要的文档支持。
- **技术债务的分类**。下面是一些技术债务分类的例子：
  - 意识到的债务或没有意识到的债务；
  - 短期债务或是长期债务；
  - 慎重考虑的债务或是不顾及后果的债务；
  - 战略性的债务或是非战略性的债务。
- **技术债务的偿还**。下面是一些减少技术债务的优秀实践，其中一些也会在本章后面部分讨论：
  - 代码重构；
  - 测试驱动开发；
  - 代码评审；
  - 结对编程；
  - 持续集成；
  - 编码规范；
  - 增量设计。

6.1.4 减少技术债务的具体步骤

虽然我们会努力控制技术债务，但如前所述，它依然不可避免。根据 Vinay Krishna 和 Anirban Basu（2012）提出的减少技术债务的 13 个步骤，我重新做了梳理、优化。如果以往借的技术债务让团队举步艰难，那么不妨借鉴下面的 13 步流程。

（1）**确定能投入到减债的时间**。为了保证产品按时发布，Scrum 团队需要计算出每天（假设每天工作 8 小时）必须花费的开发新需求的时间（如 5 小时），在此基础上，算出能花在评审及代码重构上的时间（如 3 小时）。

（2）**了解代码的问题所在**。重点是了解团队开发出的多余代码，以及不规范、有隐患的代码。在进度压力大的情况下，这个工作比较难做到常态化。实践证明，后面步骤提到的预防措施会更加有效。

（3）**根因分析**。分析为何有超前（实现用户故事外的要求）的代码，隐患植入的原因是什么，如何规避类似问题。

（4）**优化超前实施**。超前实施在某种意义上来讲是预测客户需求，需要整个团队考虑各种因素来确定，一般来讲**一定要避免仅仅由团队去假设客户将来的需要！仅由开发预测未来需求，一般意味着麻烦！**

（5）**尽量寻求帮助**。哪怕没有实施结对编程，也应该鼓励相互沟通。你的问题很可能其他人已经经历过，有问题一定要让大家知道，以寻求帮助。

（6）**避免盲从**。兼听则明，偏听则暗，团队需要多听然后做自己的选择。

（7）**遵循最佳实践及编码规范**。监控检查需要工具，业界有许多这类工具，包括开源工具。如果没有工具，规范不能太多，也许规范要简化成编码军规！军规包含最重要的编码要求。

（8）**对超前代码做重构**。团队需要完成一个模块的重构后，再做下一个模块，不要同时对多个模块做重构。

（9）**有效使用减债时间**。如果在某个迭代中，团队提前完成了迭代计划的任务，那么可以考虑用剩余时间做些还债工作。当然一定要考虑第一步的时间规划！

（10）**自我管理技术债务**。团队需要在每个迭代都关注债务的积累情况，安排优化工作，也就是决定由谁做、做多少、在哪些代码模块做。

（11）**关注效率提升**。团队需要持续跟踪迭代速率，如前图所示，它的变化有可能暗示债务失控。

（12）**学习使用重构技术**。所有开发人员都需要接受重构方法技巧培训，并在开发中不断学习提升。

（13）**持续学习，持续改进**。在每个回顾会上，技术债务管理应该是一个常态话题。

6.1.5 技术债务的度量

近来业界提出了一些复杂的技术债务度量，这些方法很难真正被团队使用。其实一些简单的度量就可以刻画出债务状况，例如：

- 上线时发现的缺陷数；
- 维护中新功能开发的平均时间；
- 上线后修复缺陷的平均时间。

这些指标的增加，意味着技术债务的增加。

技术债务很难被量化，Israel Gat 将其转换成钱。如修复 5 万行代码需要 10 万元的话，那么每行代码的代价就是 2 元。用这个方式和高管沟通技术债务，容易引起他们的关注。

如果使用这种方式度量债务，团队可以设定一个贷款限额（credit limit），当债务超出这个值的时候，也许你就不能再开发新功能了，需要静下心了还债了。

6.2　敏捷中的需求开发及管理

也许你看到过下面一段关于需求的名言，它来自 Frederick Brooks（图灵奖获得者）：

> The hardest single part of building a software system is deciding precisely what to build. No other part of the conceptual work is as difficult as establishing that detailed technical requirements, including all the interface to people, to machine, and to other software systems. No other part of the work so cripples the resulting system if done wrong. No other part is more difficult to rectify later.

其大概意思是：

> 软件系统开发最难的一件事（没有之一）就是准确决定开发什么。建立详细的技术需求，包括建立所有和人的接口、和机器的接口以及和其他软件系统的接口，是一个最难的概念梳理工作。它的错误对最终所建系统的破坏力以及后期修复难度的影响都是其他工作不能比的。

统计数据显示 37% 的软件开发问题和需求有关，其中 13% 源于无效的用户需求收集，12% 源于需求遗漏，12% 源于需求变更。需求问题带来的返工可能占整个返工的 75% ～ 85%。

需求分析为何困难？无外乎下列原因。

- 开发不懂应用及应用领域。
- 客户和用户不懂软件能做什么，也不知道如何表达他们的需求。
- 开发替客户做需求决定，他们对客户的态度是"你不懂，那我替你决定"或"这些特性非常好，你一定喜欢"。
- 开发和客户不理解对方。某个词汇在不同领域有不同的意思。
- 软件需求不能明确表述出来，需求描述和实施无法分离。（这种情况发生过吗？客户看了软件规格之后的第一反应是：这是我要的系统吗？）
- 低估了需求分析获取的难度，没有投入必要的资源。
- 没有识别出或真正理解非功能需求。
- 自始至终需求都可能会变，甚至上线后也会变。

敏捷中的需求工程实践的核心是：

> 我们意识到永远不可能开发出完美的需求，我们只需要对下轮要开发的需求特性（可能只占整个产品的1%）在价值点和所需投入上达成足够的共识，将风险尽可能控制在可接受的范围。没有足够的需求共识会导致大量不可预测的返工。

需求工程是一个很大的话题，需要专著探讨。这里我主要展示一些敏捷下需求工程的方法，有些比较重要的会稍做深度讨论。

6.2.1   敏捷四级产品计划

表 6-1 显示了敏捷四级产品计划，最高级是产品级，每年会做一到两次。这个主要由产品经理和管理层负责，产品计划的目标是把控好产品的大方向。

表6-1   敏捷四级产品计划

计划级别	频度	负责人	关注点
产品	每年1～2次	产品经理或管理团队	随着时间推移产品的演进方向
版本	每年3～4次	产品经理和开发团队	根据功能特性和交付时间进行平衡
迭代	每周1～2次	产品经理和开发团队	每个迭代能交付哪些功能特性
每日	每日	团队	如何完成本迭代承诺的功能特性

版本计划有可能每季度都要做一次，这个层次的规划应该由产品经理和团队负责（产品经理决定），它是需求功能价值和实现难度的平衡，重要的是每次发布都能给用户带来新的价值，解决新的问题。

迭代计划每 2 ～ 4 周都会做一次，团队会根据产品经理的建议，确定每次迭代要完成的功能。

每日 Scrum 则由团队负责，确定需求的实现方式。

6.2.2   用户类型的识别过程

敏捷中的需求开发是围绕着用户的使用，通过理解用户要解决的问题来完成的。它不是以产品为中心，不是仅仅关注能在市场上成功的产品特性，换句话说，我们不去猜用户需要什么，而是和他们一起逐步理解产品要解决的问题。

在第 5 章中，我们讨论了用户故事的描述方法。如果要开发出完整的用户故事，我们需要首先识别出产品的完整用户类型。任何了解用户需求的利益相关人都可以和团队一起识别出所开发产品的用户类型，具体步骤如下。

（1）用户不同角色类型识别头脑风暴。每个参加者把他认为是可能的所有用户类型写在不同的卡片上，写完后，把卡片都放在桌子上。

（2）如图 6-5 所示，梳理角色，将相似类型放在一起。

（3）通过做下列工作，对用户类别进行整理、组合：

  ❑ 讨论每张卡上所提用户的特点；
  ❑ 将同类或有重叠的用户卡放在一起；
  ❑ 合并同类用户；

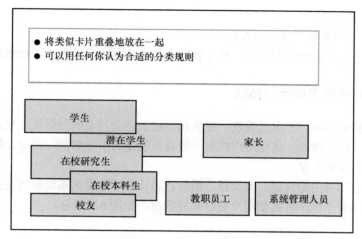

图6-5 用户角色的头脑风暴例子

□ 用更通用的名字替代内涵过窄的名字；
□ 删除对产品成功意义不大的用户。

考虑建立一个高校门户网站的例子，经过上面的步骤，我们最终会识别出下列用户类别（如图 6-6 所示）：

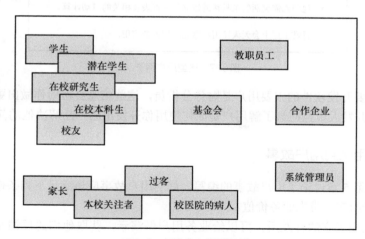

图6-6 用户角色识别示例

□ 学生，包括希望申请本校的学生、在校本科生、在校研究生、校友；
□ 教职人员，包括教师、行政人员；
□ 学生家长；
□ 病人（如果有医学院的话）；
□ 本校三大球的球迷（假设你有几支强大的校队）；

❑ 学校基金会；

❑ 过客（无意看到网站的人）。

通过上述方式全面识别用户，是开发用户故事的基础，是不应该省略的活动。

6.2.3　建立维护典型用户档案

建立维护典型用户档案是我在一家美国金融软件公司看到的做法，它对敏捷团队理解用户需求很有帮助。这些用户档案一般会是敏捷岛中内容的一部分，敏捷团队随时都可以看到最新内容。

档案主要回答两个问题：此类用户的特点是什么？开发的系统如何让他们受益？

我们一起看个例子，典型用户是财务分析员，如图 6-7 所示。

```
财务分析员

  ● 非常熟悉计算机系统的基本操作；

  ● 熟悉并能熟练使用Excel中的功能，特别是用表格做定制分析；

  ● 对收入及利润的计算公式非常清楚；

  ● 他们急需灵活的工具帮助建立各种报表及相关的自动计算；

  ● 日常工作中会天天使用数据仓库相关的应用。
```

图6-7　典型用户例子

如果你要开发软件的主要用户是财务分析员，这些信息会帮助你做出更加合适的实现决策。开发人员也应该了解用户是如何使用你开发出的产品解决他的问题的。

6.2.4　从用例到用户故事

我们在第 5 章讨论了用户故事的编写，好的用户故事应该满足下列条件。

❑ 它能给客户带来业务价值。

❑ 当完成了它的开发后，可以给业务用户做演示，获取他们的反馈及接受与否的结论。

❑ 它可以在一个迭代内，使用完整架构，以发布质量被开发出来。

本书前面给出的用户故事例子基本都满足这 3 个条件，下面是一个反例：

　　作为一个财务分析员，我需要知道所用数据模型能够正确收容所有我需要的数据，以保证我能够做多方面的收入及利润分析。

注意这是一个披着用户故事外衣的架构故事。用户不需要知道数据模型和系统架构，他需要的是数据模型和架构支持的解决方案。

业界常用的用例（use case）需求模型分析方法很适合业务导向的软件开发，如果你一直在用用例开发你的功能需求，那么引入用户故事（user story）可以更好地推动开发和客户关于需求的对话。用例为用户故事的开发提供了一个很好的框架，我们可以从正常业务流程及异常处理两个角度挖掘用户故事，避免遗漏。

6.2.5　贯穿整个开发过程中的需求澄清：串讲及反串讲

在前面的章节中，我多次提到，文档不能替代面对面的沟通，在开发一个复杂系统时更是如此！这里我介绍一个 H 公司无线产品线的一个优秀实践——串讲及反串讲。

这个实践属于"本当如此"的实践，很多软件团队都会做类似的事。但 H 公司是我接触过的唯一一家将这个做法规范并制度化的组织，这个也是在他们以往经验教训基础上总结出来的必须做的活动。鉴于这个实践的可推广性，我先花些篇幅介绍一下它的做法。

长期以来，H 公司的某产品线开发团队一直苦于开发后期的大量返工问题。项目的最后一个月，开发人员和测试人员基本每周都要工作 60 ～ 80 小时，测试团队经常晚上睡在公司。团队负责人希望能改变这个状况，问题分析验证了大家已经知道的事实：大部分返工是由于产品开发各个环节对需求理解不一致造成的。

虽然设计、开发、测试等人员都参加了需求评审，但显然并没有对所有需求在细节方面达成一致的理解。**只有二意的需求，没有二意的程序**！这些错误会在项目开发过程中逐步暴露，最终在后期会有个大爆发。究其原因，目前评审没能确定各个环节人员是否真正理解了需求。

鉴于这个问题的严重性，产品线负责人决定花精力从过程上缓解这个问题的影响。经过一段时间的努力，一个端到端的需求串讲－反串讲制度形成了。

在前期规划阶段，项目技术负责人需要考虑哪些需求特性需要做串讲，哪些点需要做反串讲。产品线的需求演变过程经历下列的形式：原始需求（Initial Requirement，IR）→ 特性需求（Feature Requirement，FeR → 功能需求（Function Requirement，FuR）→已分配需求（Allocated Requirement，AR）→接口→验收标准。

上述产出物代表了需求逐步细化，向最终代码演进的过程。产品线遵循 IPD 和敏捷结合的开发模式，从前到后这些产出物是一对多的关系。FeR（特性需求）是开发阶段的输入，每一个 FeR 代表了一个独立有价值的特性功能，FuR 是 FeR 的实现，AR 则是 FuR 的实现。所以随着开发进程，需求被不断细化、实现。

串讲的第一个讲解点从 FeR 到 FuR 的设计开始，由解决方案 SE（系统工程师）主讲，相关产品 SE（系统工程师）、每个功能的 FO（function owner）、MDE（模块开发负责人)、产品 TSE（测试 SE）和解决方案 TSE 等相关人员都会参加。与会人员会了解整体解决方案，各产品需要实现的功能、质量属性和接口设计等。下游人员根据自己负责的工作提出问题、讨论澄清。FeR 到 FuR 串讲后需要签字确认。

第二个串讲点由产品 SE 主导。他会向下游人员串讲内部实现设计，同时向上游（解决方案 SE）反串讲对 FeR 的对应实现。这样可以确保在功能设计阶段端到端的团队对需求及设计的一致理解。

第三个讲解点由 FO 主讲，重点是功能的模块分解。

第四个讲解点由产品 TSE 主讲，重点是功能测试方案设计，这个是面向技术的测试。

最后一个讲解点由解决方案 TSE 主讲，他讲的重点是面向业务场景的测试及验收标准。

串讲内容用 PPT 的形式，累积叠加，我们可以看到整个对应关系。除了对下游的串讲，也做必要的反串讲，以保证上游人员确定下游团队确实理解了实现或测试要求。串讲报告含前次遗留问题状态，确保所有所提问题的闭合。

通过使用需求管理工具，在开发过程中，团队可以做到 IR、FeR、FuR 和 AR 的双向可追溯。结合串讲反串讲机制，即使在有变更的情况下，需求也可以做到"分得下去，收得回来"！

在指导团队改进中，我将其识别为一个很有效的优秀实践，完全可以在整个公司范围内推广。度量数据也显示，虽然这个活动增加了一些成本，但项目的总成本及返工都有一定程度的缓解，是个性价比很高的实践。同时这个实践完全可以和敏捷结合，串讲及反串讲的形式可以更加灵活。

本章节的目的不是系统地探讨敏捷的需求开发如何做，那将是一个很大的题目。这里我重点介绍了业界的一些优秀实践，这些实践有一定的普遍意义，是敏捷团队都可以借鉴的经验。

6.3   敏捷中的设计和开发

我们在第 3 章中简单讨论了极限编程的工程实践，这里我们会深度讨论敏捷设计和开发的一些方法和原则。

设计就是建立一个能将系统中的逻辑组织在一起的结构。什么是好的设计？敏捷似乎和传统的理念不太一致。敏捷强调用最简单的设计实现当前的需求，而不要去预测后面的变化，预留扩展点。

在经典的《设计模式》一书中，作者强调复用最大化的关键在于预测新需求及可能的需求变更，让设计能够自然扩展。后来作者承认预测未来可能的需求使设计的代价太大，也许是不值得做的。

6.3.1 简明设计原则

软件工程的一个大的变化是算法设计不再是速度和空间的平衡了，它变成了计算机时间和程序员时间的平衡。好的软件设计在维持必要的计算机速度的前提下让软件的开发、修改、维护时间最小化！

极限编程的创始人 Kent Beck（1999）给出了简明设计的以下 4 条要求（重要性由前到后）。

（1）不论设计得多么漂亮，如果需要用它的人不理解，那就说明还不够简明。

（2）所有需要沟通的思路都在系统里面有所体现。就像词汇表的单词一样，系统里的元素是为未来读者沟通准备的。

（3）复制的逻辑或结构都会让代码难读难改。

（4）在满足前 3 条要求的前提下，系统尽可能用最少的元素。少意味着写得少、测得少、沟通少。

注意我们要强调的是，简明不是不动脑子，不是盲目减少类（class）和方法（method）的个数，不是不假思索地简单堆砌。简明意味着简洁优雅的设计，这是每个软件工程师都应该努力做到的。

1. 不重复自己（DRY）原则

DRY（Don't Repeat Yourself Principle）原则本身很简单，可以理解为不要写重复代码。它的核心思路就是把共同的事物抽象出来，把代码抽取到一个地方去，这样就可以避免写重复的代码。DRY 原则虽然简单，但却能非常有效地帮你写出简洁优美的程序。

从深层次讲，**DRY 就是让每一个重要的概念在设计中都有一个唯一明确的体现**。举一个简单的例子，考虑一下如何在设计中处理人民币：一个选择是把它当成基础数据处理，另一个选择是为它专门定义一个类。如果选择前者，你没有为人民币这个概念建立一个唯一、明确的展示，所以只要程序中需要处理人民币，你就需要重复写一些人民币的基本处理代码（如格式处理等）。如果你选择后者的话，你只需要将这些代码写一次就行了，在构造和需要用到的地方调用它。

DRY 原则给代码维护带来很大的好处。如果你没有为人民币设置类，假设我们要改变货币的显示形式，你就需要在所有显示人民币处做修改。修改之处也可能出现不一致，这就大大增加了维护成本；而如果建立了人民币的类，那么程序员只要集中修改类中的方法就行了。

2. 只发布必须发布的接口

相对于未发布接口——如 Java 中的公共接口（public interface）——来讲，发布的接口（published interface）让变更变得更复杂。因为它会被其他团队开发的代码调用，对其变更可能影响到他们的工作。

不要养成这样一种习惯：将公共接口当作发布接口处理。修改完善一个未发布的接口会容易很多，因为接口和调用的代码都在你的控制中。例如，你需要重新命名，这些事情可以很容易地用现在用的重构工具完成。对于已发布的接口，这种变更就麻烦多了，因为它牵涉到修改别人的代码。

在做设计时，一定要小心处理需要发布的接口。确定外部确实需要调用你的代码。尽量减少数量，同时不要急于发布。可以撑到最后一刻发布，这就给你更多的机会完善你的设计。一旦发布，就是一个对外的承诺，变更就不那么容易了。

3. 高内聚，低耦合

尽量做到设计高内聚、低耦合不是什么新概念，但它依然对敏捷开发有指导意义。在面向对象开发中，将数据和相关的操作放在同一个类中，就是设计内聚。也就是尽量让一个软件模块由相关性很强的代码组成，只负责一项任务，也就是常说的单一责任原则。如将日期和判断其是否是工作日放在一起。内聚度量了一个模块内各元素彼此结合的紧密程度，高内聚就是尽可能地让一个模块内各个元素彼此结合的紧密程度高。当然高内聚设计原则的应用远远超出类的范围。内聚让读者更容易理解设计，更容易控制变更、控制复制。

耦合则度量了一个软件结构内不同模块之间的互连程度。模块之间关系越紧密，其耦合性就越强，模块的独立性则越差。模块间耦合的高低取决于模块间接口的复杂性，调用的方式以及所需传递的信息。低耦合追求让一个完整系统的模块与模块间有高的独立性。也就是说，让每个模块尽可能地独立完成某个特定的子功能。在设计时，让模块与模块之间的接口少而简单。如果某两个模块间的关系比较复杂的话，那就可能需要解耦，需要考虑进一步的模块划分。这样做的目的也是利于代码的修改。

优秀软件架构设计都会遵循高内聚、低耦合的原则，在保持软件内在联系的前提下，分解软件系统，降低软件系统开发的复杂性。分解软件系统的基本方法无外乎分层和分割。但是在保持软件内在联系的前提下，如何分层分割系统、分层分割到什么样的粒度，并不是一件容易确定的事，这方面有各种各样的分解方法，如关注点分离、面向方面、面向对象、面向接口、面向服务、依赖注入以及各种各样的设计原则等。

应该注意的是高内聚和低耦合是相互矛盾的，分解粒度越粗的系统耦合性越低，分解粒度越细的系统内聚性越高；过度低耦合的软件系统，软件模块内部不可能高内聚，而过度高内聚的软件模块之间必然是高度依赖的。因此如何在二者之间做平衡，是体现软件架构师设计能力之处。

高内聚、低耦合的系统具有更好的复用性、维护性、扩展性，可以更高效地完成系统的维护开发，持续地支持业务的发展，而不会成为业务发展的障碍。这和敏捷有异曲同工之妙。

解耦是降低模块间的依赖、提高复用的一个好办法。在程序设计过程中，最头痛的不是逻辑的编写过程，也不是算法的设计，而是如何设计出一个容易维护、扩展性好的东西。假设开发的软件系统需要界面，而其中比较典型的界面是菜单界面，菜单里有按钮。其中一个设计考虑是：菜单类和按钮类究竟是分开还是合在一起？如果把它们合在一起就会带来许多问题，因为菜单和按钮的对应关系是一对多，没有一种固定的关系。有可能是 1 对 2、1 对 3、1 对 10 等，所以把它们写在一起是很僵化的。如果将其分开，通过组合的方式，把按钮的抽象层面注入菜单中就可以动态地生成完整的菜单，所谓的组合方式，也就是在菜单里面有一个存放按钮引用的集合。

6.3.2 设计决策的时机

不同设计的确定时机会对敏捷团队的效率有重要的影响，不恰当（过早或过晚）的时机都可能会给团队带来不必要的返工。哪些设计需要在迭代前完成作为"Ready"的一部分，也就是所谓前期设计（up front design）？哪些设计可以在迭代中完成，也就是增量实现？

在这里我举个盖楼时楼层设计的例子，图 6-8（Collier，2012）中列出了建筑设计需要做的决策。

建筑中楼层的设计决策
地点：决定大楼建在哪里。
结构：决定地基和楼的框架。
外表：楼层外表设计。
服务：水、电、下水道等系统。
内部空间：内部空间布局设置。
材料选择：灯光、颜色、地板等的选择。

图6-8 设计决策时机例子

注意这些设计决策的次序至关重要，从下到上变更难度和成本都在成倍增加。一线城市可用地越来越少，价格越来越贵。如果在建筑过程开始后还需要更换地点，那么代价是承受不了的。如果你已经盖了 10 层楼，需要改地基，那么你就必须把这 10 层楼全部毁了，代价巨大。而相比之下，换个地毯则是个很简单的事。

通过这个例子我们可以看到有些设计决策需要前期冻结，因为其变更成本会让我们不能承受，如地点、地基。而有些设计可以到需要时再定，如用什么样的地毯或墙上涂什么样的颜色；过早地确定这些决策反而会造成不必要的返工，如果建筑商在墙上用的颜色不是房主想要的，他很可能会重新刷上自己喜欢的颜色。

在软件开发中，其硬件环境、开发语言、开发平台及其他支持体系就像是建筑的地点，系统架构就像是结构，子系统的架构设计就像是外表或服务，而具体模块中的功能实现设计有可能就是材料选择。

　　哪些设计需要迭代前完成，哪些可以在迭代中完成，这是团队的一个重要决策，也应该是 Ready 检查单中的一项。

　　多少架构设计的投入是比较合适的呢？ Barry Boehm 和 Richard Turner（2003）在 *Balancing Agility and Discipline* 一书中，根据来自 161 个不同类型项目的数据，对此做了定量分析。他们根据项目的架构及风险因子，给出了敏捷度和约束度的最佳结合点——架构在项目中的投入比例。他们的基本结论是随着项目规模及 criticality 的增加，这个最佳点会向约束方向倾斜，反之亦然。

　　他们的研究显示，如果前期架构投入不足，会导致开发后期因为架构缺陷的返工。返工量会和项目规模成正比。表 6-2 显示架构方面的投入和项目规模对返工及项目延期的影响。

表6-2　架构方面的投入和项目规模对返工及项目延期的影响

架构投入百分比（%）	规模	1万行代码	10万行代码	1000万行代码
5	架构不足引起的返工%	18	38	91
	架构相关项目延时%	23	43	96
10	架构不足引起的返工%	14	30	68
	架构相关项目延时%	24	40	78
17	架构不足引起的返工%	10	21	48
	架构相关项目延时%	27	38	65
25	架构不足引起的返工%	7	14	30
	架构相关项目延时%	32	39	55
33	架构不足引起的返工%	3	7	14
	架构相关项目延时%	36	40	47
50	架构不足引起的返工%	0	0	0
	架构相关项目延时%	50	50	50

　　从表 6-2 中我们可以很容易看出，项目延时等于架构投入加上返工。如果将上表用图画出来的话，你会发现对于 1 万行代码的项目来讲，5% 是架构前期投入的最佳比例；10 万行代码的项目则应在 20%；而对 1000 万行代码的项目来讲，架构前期投入的最佳比例是 37%。

　　太多和太少约束都不行，度的把握是敏捷成功的重要秘诀之一。

6.3.3　再议程序开发中的代码重构

　　在微软刚起步的年代，程序编写主要关注算法的优劣，即用最少的时间或用最少的内存。在那个环境下，对程序员的要求更高些。今天，随着超大规模计算机、云计算、大数据技术等的出现，计算速度和内存已经不是问题，编程已经从关注算法转向关注程序的可读性及可维护性。也就是说代码编写要变得更容易，程序变得更简明清晰，使读写都不会迷失其中。由于代码变得尽可能的简洁，程序员对自己写的程序能在机器上正确地运行也更有信心。

由于各种原因，中国软件开发的现状并不理想，开发走"捷径"及不良的编程习惯比比皆是。敏捷的引入并没有改善这些问题，其增量开发模式随着代码的不断膨胀危害更加严重。如前所述，技术债务的失控成了敏捷的杀手。

代码重构是经过验证的、解决代码质量的有效手段。虽然这是极限编程的一个实践，它对瀑布开发模式一样有效。这里我简单解释一下什么是代码重构，更多的信息请参考（Fowler，1999）。

代码重构是软件系统的优化过程，这个过程可以优化程序的内部结构，同时不会改变代码的任何行为。重构是优秀程序员的习惯、常态化的活动，更应该是开发团队制度化的活动。通过清理代码，可以达到减少植入缺陷的机会，同时让代码变得容易理解，使修改、维护成本下降。

重构是代码完成后对其设计的优化，其实它的大部分步骤并不复杂，例如：

- 将一个字段（field）从一个类（class）移到另一个类；
- 把一些代码从一个方法（method）里面提出来形成自己独立的方法；
- 将一些代码移到层次（hierarchy）的上面或下面；
- ……

关键是要让重构变成开发过程中持续的活动，这些小的变化会极大地优化设计，这样设计不仅是前期的活动，也是开发中的另一项重要工作。所有软件工程师可以在开发中学习、优化，让设计永不退化。重构给程序员带上了两顶帽子：新功能的开发者，在开发新功能时，不应该修改已有的程序；旧代码的优化者。软件开发应是二者的混合，这是控制带病迭代的有效手段。

重构不是对软件系统性能的优化，这往往会让程序更难懂。具体来讲，代码重构有下列目的。

- **不断改进软件设计**。没有重构，设计会随着代码的扩大变化逐步衰退。有时仅考虑局部小目标做变动时，会忘掉整体代码设计结构，这些变更的累积后果是非常严重的。如重复的代码到处都是，会增加代码变更的代价。清除重复代码不会让系统跑得更快，但会让代码的修改变得更加容易。在编码中遵循DRY原则是非常必要的。
- **让软件更加容易理解**。程序是和计算机的对话。如果将来不需要对它进行修改，这点就不重要，否则让人读懂你的程序比让机器读懂更加重要。机器顶多多花几个来回进行编译，但一个程序员则可能要花一个星期时间修改你的代码，如果他了解的话，或许本来只需要一小时，这就变得十分重要了。写代码要想到将来的修改者，哪怕那个修改者是你自己。

- **帮助发现程序中的缺陷**。重构时，你同时也在深入解读代码要做的事，等于再做一个深入的代码走查，经验证明这个过程可以让你发现以前忽略的缺陷。
- **加快开发速度**。从长远来讲，重构不会以牺牲速度来改进质量。重构会使代码的编写、修改、维护变得简单，这就加快了开发速度，好的设计会缩短编码周期。

软件的可塑性是嵌入式开发模式的一大优势，它给系统开发团队提供了一个机会，在硬件构建完成后，你还可以通过软件来实现遗漏的需求，这就让系统需求的冻结点大大延后了。软件的可塑性的前提是你有一个好的软件设计。如果程序是由一堆杂乱无章的乱码组成的，在进度压力面前，软件可塑性的优势会大打折扣。

当人们赞扬 Kent Beck 是一个编程大师时，他的回答是："我并不是一个才能卓越的程序员，我只是一个有着良好习惯的不错的程序员。"让你的开发团队都变成有着良好习惯的软件工程师吧！

6.3.4　敏捷中的评审

技术评审是 CMMI 中的一个重要内容，它是 CMMI 三级组织的一项制度化的质量控制活动。这个最初来自 IBM 的实践，随着 CMM/CMMI 的普及，逐步被软件业所接受。Ron Radice 关于评审的书名就叫"高质量低成本"，因为数据显示和测试相比，技术评审是一个高性价比的质量控制活动。

敏捷的实践中没有明确提出技术评审这一实践，尽管结对编程可以看作是技术评审的一个变种。代码之外的技术评审如何做？在测试提前及持续集成的环境下，技术评审是否还有价值？

我认为在敏捷开发模式下，技术评审还是有其价值的。下面是经典技术评审的主要要求。

- **有明确的入口标准**。如果被评审的工作产品是作者尽了力的结果，那么评审发现的问题有可能是作者自己发现不了的，这就增加了评审的价值。
- **给所有评委足够的时间**。根据评审内容的多少，需要给每个评委足够时间在评审前做好准备，保证评委对所评的产出物有必要的了解，甚至已经识别出一些问题点。没有准备的评审很难发现有价值的问题。
- **赋予评委不同的角色**。除了作者以外，评审有5类重要角色：评审组长、上游映射者、下游使用者、阅读者和记录员。所有评委需要有足够的技术或业务背景知识，但不一定要是"全能"专家。评审组长保证整个评审过程的有效执行。映射者则重点关注被评审产出物和其依据的上游文档的具体映射，发现遗漏、多余和不一致的问题，如设计的依据（上游文档）可能是需求。使用者则从使用角度发现被评审产出物的问题，如测试人员要判断所评需求文档能否支持测试用例的编写。阅读者则用有效的方式，保证所评产出物的内容都被覆盖到了。记录员则在评审结束时记录效率相关数据。注意实际执行中，一个评委常常会担当多个角色。

- **制订评审计划**。对于敏捷团队来讲，在做迭代计划时需要将工作产品的评审作为重要的任务来考虑。也许你不把这个叫评审，而把它称为澄清，但都需要将其列在任务表中。在制订计划时，需要根据评审规模，依据评审速率（如设计页数/小时、代码行数/小时等）安排评审的投入时间，保证必要的评审有效性（发现足够缺陷）。为了保证这些数据能反映当前的评审能力，每次评审结束时需要收集一些简单的效率数据。这项工作不会超过2分钟时间。

- **使用检查单**。我认为没有检查单的评审就像是没有用例的测试，有效的评审需要有针对性强的检查单。这个应该根据作者的能力（特别是较弱之处）、产品的特点等来制定。仅为每个评审产品类型建立一个通用检查单的做法对提高评审效率不会有大的帮助。

- **发现缺陷是第一目标**。和测试一样，评审的首要目的是尽可能多地发现缺陷。评审比测试性价比好，能够减少质量成本，这也是我们使用的原因。另外，我们应该确保发现的问题都被修复关闭。

- **遵循定义的规范**。适合团队的有效做法应该规范起来、文档化，只有这样我们才能对其改进。

- **收集评审效率数据并给出结论**。评审中收集缺陷、投入时间等效率数据能够帮助我们更好地制订评审计划，也能指出评审短板。这对后续的改进会很有指导性帮助。评审应尽可能给出结论，判断是否需要复评。

- **明确出口准则**。评审组应定义好明确的出口准则，包括对缺陷的修复确认。

敏捷环境下的评审需要考虑些约束条件，可以采用更灵活的评审方式。迭代前，必要的需求、架构评审还是必需的。在迭代中，关键代码、新人的工作产出物都可以是评审的对象。在 Scrum of Scrum 的环境下，接口相关部分、不同团队的依赖关系都有必要做技术评审。

敏捷应该拥抱所有对保证质量、提升效率的工程实践，技术评审当然也不例外。

6.4　敏捷中的测试

瀑布环境下也鼓励使用自动测试工具。敏捷环境下的测试和瀑布环境下的测试主要差异是什么呢？我认为最大的差异有 3 点。

- 测试介入时机大大提前，测试和开发基本同步进行。
- 敏捷期望测试是个持续不间断的过程，不要人为地中断。
- 敏捷更加痴迷地追求测试自动化。

敏捷通过频繁测试缩短缺陷的植入点和发现点的时间距离，这样一方面减少了后期缺陷植入数量（程序员不会在后续开发中犯类似错误），另一方面也减少了缺陷修复的工作量。

6.4.1　测试驱动开发的价值及方法

测试驱动开发（Test-Driven Development，TDD）是一种不同于传统软件开发流程的新型的开发方法。测试驱动开发是一个重要的极限编程的实践，和瀑布开发做法相反，它要求开发人员先写自动执行的测试用例，然后再写能够通过用例测试的代码。这种做法逼着开发人员写代码前先吃透需求，同时鼓励他们只写出需要的代码，并保证在测试前先经历一轮质量检测。

测试驱动开发大体需要执行下列步骤。

（1）根据开发语言选择测试架构，如 Java 语言用 JUnit。

（2）选择最简单的需求（可能对于某个方法）写出测试用例，一开始肯定不会通过测试，因为你还没写代码。

（3）这可能是测试驱动开发最难的一部分工作，因为这不是程序员习惯的思维方式。根据某个需求功能要求，你要想象代码应该做的事，然后选其中很小一部分（也许不多于 5 行代码），再想象一个测试，如果正确的代码不在，测试就会失败。

（4）写出最少量能通过测试的代码。

（5）如果通过测试，就继续写这个方法里或新的方法的另一个用例；如果没有通过测试，修改代码直到通过为止。

（6）对通过测试的代码做必要的重构优化。

测试驱动开发不是一个非常容易掌握的方法，其学习曲线可能需要三四个月。它的成功秘诀是将任务分解得尽可能的小。

6.4.2　持续集成：提高开发效率的重要保证

集成软件的过程不是敏捷特有的，当年美国软件工程研究院制定 CMMI 的产品集成（product integration）过程域时，他们并没有考虑敏捷开发模式，软件集成是所有软件开发团队都会碰到的问题。对于小项目（一人就可以搞定的）来讲，如果它对外部系统的依赖很小，那么软件集成不是问题。随着软件项目规模、复杂度、开发人数的增加，如何确保源源不断开发出的软件组件能够在一起正确工作，就变成了一个非常有挑战的问题。常理告诉我们，如果有可能，早集成、常集成是帮助团队尽早发现项目风险和质量问题的自然做法，因为后期集成必然范围大、集成周期长，这些问题及解决问题代价会很大，很有可能导致项目延期或者项目失败。

持续集成是敏捷的一个极其重要的实践，在开发过程中，它保证第一时间将新开发的实现新功能的代码和已经完成的部分做集成。每次集成都通过自动化的构建（包括编译、发布、自动化测试）来验证，从而第一时间发现集成中的错误，给出实时反馈。这样在任何一个产品发布点，只需将最近数小时开发的代码完成集成测试，通过后即可发布，这是持续集成的最终目的。

一般情况下，程序员每天会多次提交新开发的代码，一旦识别出代码库有变化，集成服务器会自动完成构建。持续集成让变更变得不那么可怕了，我们可以大大减少一些机械的重复过程工作，如代码编译、数据库集成、测试、审查、部署及反馈。持续集成将其中许多重复动作都变成自动化，无须太多人工干预，让软件工程师更多把时间用在需要动脑筋的、价值更高的事情上去。

持续集成为团队提供了构建状态及质量指标的及时信息，这对项目管理决策有极大的帮助：我们可以清楚了解功能完成情况及缺陷趋势情况，就不需要再去做猜测了。持续集成也能建立开发团队对所开发产品的信心，因为他们清楚地知道每一次构建的结果，知道对软件做的每次改动的影响。

一般来说，持续集成系统应该具备下列能力。

- **提供统一的代码库**。这也就是将所有的源代码保存在单一的地点（源码控制系统），让所有人都能从这里获取最新的源代码（以及以前的版本）。
- **自动构建并能做到快速构建的能力**。这也就是支持自动化创建脚本，使创建过程完全自动化，让任何人都可以只输入一条命令就完成系统的创建。
- **自动测试的能力**。这也就是测试完全自动化，开发人员提供自测试的代码，任何人都可以只输入一条命令就运行一套完整的系统测试。在持续集成里面创建不再只是传统的编译和连接那么简单，创建还应该包括自测试，自测试的代码是开发人员提交源码的时候同时提交的，是针对源码的单元测试，将所有的这些自测试代码整合到一起形成测试集，在所有的最新的源码通过编译和连接之后还必须通过这个测试集的测试才算是成功的创建。测试应该尽量详尽，因为详尽的测试才能发现更多的问题，而由此得到的反馈结果也更有参考意义；测试应该全部执行完毕，这样得到的反馈结果才是完整的，而不是遇到错误就放弃测试过程。如果有可能，测试集也包括支持能够模拟生产环境的自动测试。
- **每个开发人员可以随时向代码库主干提交代码**。这也就是提供主创建，让任何人都可以只输入一条命令就可以开始主创建。团队成员都可以很容易地获取最新可执行的应用程序，也清楚最新集成状况。
- **每次代码提交后都会在持续集成服务器上触发一次构建**。这也就是提倡开发人员频繁地签入（check in）修改过的代码，持续集成的关键是完全的自动化：读取源代码、编译、连接、测试，整个创建过程都应该自动完成。对于一次成功的创建，要求在这个自动化过程中的每一步都不能出错，而最重要的一步是测试，只有最后通过测试的创建才是成功的创建。如需要，集成测试应具备自动化的部署能力。

持续集成应该同时遵循下列原则。

（1）所有的开发人员需要在本地机器上做本地构建，然后再提交的版本控制库中，从而确保他们的变更不会导致持续集成失败。

（2）开发人员每天至少向版本控制库中提交一次代码。

（3）开发人员每天至少需要从版本控制库中更新一次代码到本地机器。

（4）需要有专门的集成服务器来执行集成构建，每天要执行多次构建。

（5）每次构建都要 100% 通过。

（6）每次构建都可以生成可发布的产品。

（7）修复失败的构建是优先级最高的事情。

（8）测试是未来，未来是测试。

团队在每天下班前必须完成集成，如果不通过，那就把代码撤下来，明天重新来，以确保已有的代码的正确性。这样做可以大大缩小定位错误的范围，而迅速定位缺陷是快速开发的关键。

国内一家做嵌入式开发的企业希望能在系统级引入持续集成的实践，他们碰到的问题是硬件和软件的组件总不能同时完成。软件组总在抱怨硬件组、操作系统组拖了进度的后腿，因为他们总不能及时提供必要集成环境。虽然通过使用一些硬件原型可以解决一些问题，但它们毕竟和实际场景有较大的差异。后期软硬件的集中集成造成了很多问题，返工成本巨大，团队效率降低，影响了进度目标的实现。

他们决定尽可能地增加集成频率，尽量提前展开集成测试。只要最基本必须有的硬件到位，集成就可以持续进行。软件和操作系统的开发进度主要由集成点来决定，这样硬件、操作系统、软件开发可以同步进行。只要条件允许，就持续进行集成测试。虽然集成频率远远赶不上纯软件产品开发，但还是大大增加了系统的灵活性。系统功能的冻结也可以延迟，如果后期发现硬件中的缺陷或客户提出必须有的新需求，这些功能可以通过软件来实现。

和以往将开发分成的初样和正样两个阶段的方式比较，敏捷模式不断地集成测试，使得系统团队可以在整个开发过程中不断根据反馈完善需求功能。系统架构师也会参与到整个集成过程中来，指导集成完善实现设计。虽然他们做不到每日多次集成，但有限集成频率的增加也提升了产品的质量及开发效率。

目前市场上持续集成工具很多，有 Cruise Control、Hudson、Jenkins，还有开源的 Apache 的 Continuum 等。Humble（Humble et al.，2011）详细描述了持续集成的方法及实施。

6.4.3　敏捷测试策略及方法

敏捷测试是遵守敏捷开发原则之下的软件测试实践，需要跨职能敏捷团队全员参与，并且由测试人员贡献其专业特长，以保证持续、快速业务价值交付。

表 6-3 列出了敏捷测试和传统测试的主要差异点。

表6-3 敏捷测试和传统测试的主要差异点

传统测试	敏捷测试
强调测试计划性	强调测试的速度和适应性
强调具有阶段性	强调持续集成、持续的质量反馈，介入更早
强调记录缺陷，区分开发和测试的不同责任	强调面对面沟通缺陷，强调团队责任
关注缺陷	关注产品本身、关注可交付的产品价值
鼓励自动化测试	自动化测试是成功的基础
强调测试的独立性	测试人员参加全部活动

在敏捷环境下，开发和测试活动被密切地结合在一起。敏捷的 3 个阶段，即迭代前（准备）、迭代中（功能开发）和迭代后（产品发布），都会有相应的测试活动。

表 6-4 列出了对应敏捷开发的测试活动。

表6-4 敏捷开发的测试活动

敏捷开发的主要活动	对应的测试活动
用户故事设计	寻找隐藏的假设
发布计划	设计概要的验收测试用例
迭代计划	估算验收测试时间
编码和单元测试	估算测试框架的搭建
重构	详细设计验收测试用例
集成	编写验收测试用例
执行验收测试	重构验收测试
迭代结束	执行验收测试
下一个迭代开始	执行回归测试
发布	发布

在每个迭代结束前，测试团队将提交针对该迭代或者上个迭代中已完成的功能的验收测试。开发团队可以据此来验证所开发的功能目前是否符合预期。当然，这个预期也是在迭代中不断变化和完善的。

当产品的所有功能得以实现、测试工作基本结束后，就进入了迭代后的发布周期。此时，测试团队的任务相对较多。

虽然测试不会提高产品的质量，因为质量是建立在开发过程中，但成熟的敏捷团队会不顾一切地追求测试框架的完善以及测试的自动化。

敏捷环境下如何执行单元测试、集成测试、验收测试和系统测试？在什么情况下，团队需要做手工测试呢？

单元测试的构架是敏捷测试的关键环节，针对不同编程语言的 xUnit 构架都是很好的选择。单元测试占了敏捷测试的很大比例，因为 80% 的测试都是小而快的单元测试。在开发过程中，它们随时都在执行。很多很好的工具让你在第一时间获取反馈，如支持 Python 语言的 Sniffer，支持 Java 的 Infinitest 等。这些测试每日在构建服务器上会运行一到两次，也使用一些如前介绍的集成工具，如 Hudson、Jenkins 或 Anthill 等。

验收测试是系统行为驱动测试，在 Scrum 中由产品经理主导完成，XP 则要求客户主导实施。但一般敏捷团队都会配合，甚至提供用例。在一些工具中，如 Gherkin、Jbehave 等，测试程序是用近似业务语言编写的，这样非程序员也可以看得懂，它们也可以用来作为产品维护文档。

由于系统测试需要测试整个系统的功能而不仅仅是其中一部分，它可能牵扯到很多方面。如测试平台可能需要考虑数据库、网络、接口，甚至第三方的交付物等因素。即使有工具的支持，系统测试也是相当脆弱，需要相当的投入。

敏捷团队也需要做一些手工测试，但这些测试不应该是机械的重重操作。这种测试都应该通过测试自动化解决。剩下的需要创意的、有破坏性的、测试中需要人来判断的则属于手工测试范围。自动测试是无法测试用户体验的，自动测试也很难考虑到一些异常场景。敏捷要做的是，凡是可以自动测的都自动测，手工测试仅覆盖需要人观察介入的测试。

一个没有经过充分测试的代码库一定会有隐患存在。什么是充分测试需要有的明确的度量？例如，我们可以度量测试覆盖率。可以度量测试的次数，度量每次迭代新的测试的次数，度量每次迭代发现的问题，通过这些数据判断覆盖的充分性。

测试报告是反映一个测试团队工作的最好成果。为适应敏捷开发的节奏，测试报告可以以网页的形式发布在内部的 Web 服务器上，或者贴在状态墙上，在一些问题区域上标注鲜明的色彩，用来警示团队中的每个人。

6.4.4　让发现的缺陷的价值最大化

如何处理评审和各类测试发现的缺陷是软件组织成熟度的一个重要指标，成熟的组织会把每一个缺陷都当成改进的机会。

重构没有覆盖缺陷预防，不出现同样的缺陷，虽然敏捷没有强调缺陷分析、预防，但我相信它不应该排斥它。减少缺陷植入，对质量、效率都有帮助。

对缺陷进行分类，横向展开，做必要的根因分析，达到预防及避免评审、测试失效的目的，可以是迭代回顾会的一个重要议题。

对于客户验收或用户使用中发现的缺陷，建议分析必须能回答下面 4 个问题。

（1）为什么内部评审、测试未能发现这个缺陷？应该是哪个环节发现？分析结果应该告诉我们哪里的网口太大，导致缺陷漏了过去，我们需要补上这些漏洞。

（2）提交程序的哪些模块可能有类似的缺陷？你应该主动告诉客户这些埋有同样"地雷"的模块，在其引爆之前将其清除。

（3）如何修复这个缺陷？相信你已经做了。

（4）如何保证类似缺陷不再出现？这个是最难做的，主要需要从人、方法过程角度来思考，这是团队效益最明显的改进点！

6.5　健康迭代比速度更重要

敏捷不是片面追求开发速度，不能从一个极端走到另一个极端。敏捷圈子里很受尊敬的 Bob 大叔（Bob Martin）讲过这样一个故事。在一次极限编程会议上，他和一位自称其组织在实施极限编程的人有下列对话。

> Bob 大叔问："对结对编程怎么看？"
>
> 答："我们不做这个。"
>
> 问："重构执行的效果如何？"
>
> 答："我们也不做这个。"
>
> 问："计划游戏有效吗？"
>
> 答："我们更不做这个！"
>
> 问："那你们到底都做些什么呢？"
>
> 答："我们不再写任何文档了。"

敏捷成功的关键，技术债务不失控的关键是把握好 4 个"度"，某种意义上也就是敏捷度和自制力的平衡。这 4 个度是质量力度、管理力度、标准力度和改进力度，注意这 4 个方面是相辅相成的。

如何把握这些力度需要具体问题具体分析。Barry Boehm 和 Richard Turner（2003）指出了敏捷方法和计划驱动方法的适用区域，一般项目需要二者的某种结合，应该向哪个方向倾斜（敏捷还是自制）依赖具体项目的特点。

Barry Boehm 认为只有自制而没有敏捷，结果很可能是机械官僚；只有敏捷而没有必要自制则是创业公司初期有些盲目的热情。他认为二者的结合往往是减少风险的较好选择。是敏捷多些还是自制力强些，这个结合点需要考虑项目特点、管理特点、技术特点和人员及文化。

- □ **把握质量力度**。质量力度体现在进入迭代准备的把控、每次迭代入口的把控、每次迭代出口的把控、版本发布的把控，以及评审、测试的力度、覆盖、方法的选择。
- □ **把握管理力度**。管理力度体现在客户关系的维护，计划的力度及规范度，监控的力度及规范度，度量项的收集及展示的规范度，沟通的管理力度及规范度，问题、风险的管理力度和规范度。
- □ **把握标准力度**。敏捷还要组织级的标准吗？组织标准和团队标准的制定、执行、符合稽核应该如何做？CMMI 定义的过程保证人员还需要吗？这些都是标准力度需要把握的内容。
- □ **把握改进力度**。在组织层面如何管理敏捷团队间的经验共享？如何确保回顾会的有效性和改进的落地？如何让团队掌握过程思维？CMMI 实施选择？这些都是敏捷组织需要回答的把握改进力度的问题。

表 6-5 给出了 3 个不同类型项目的例子（Boehm et al.，2003）。

表6-5 应用特点分析的3个例子

应用	事件计划（A）	供应链管理（B）	国家危机管理（C）
团队规模	5	50	500
团队类型	同一部门	分布于各地	高度分布，多个组织
失败风险	增加手工工作量	重大业务损失	大量人的损失
客户	单一客户	多个关键利益相关人	许多关键利益相关人
需求	大目标清晰，细节逐步明确	部分需求明确，部分不稳定，逐步明确	部分需求明确，部分不稳定，逐步明确
架构	单一COTS	小数量COTS	多系统的大系统；多个COTS
重构	低成本（有经验的团队）	成本相对较高（各类技能人员的组合）	只有可能在一些子系统中实施
主要目标	实现快速价值	增加快速价值，可靠，易调整	快速反馈，安全性，保密性，可扩张性，可调整性

从 A 到 C，计划成分会增加，也就是自制力要加强。反之，从 C 到 A，敏捷成分会增加。一方面的增加意味着另一方面的减少，成熟的敏捷组织会根据不同类型的项目找到一个好的平衡点。

把握好敏捷的度，才能获得敏捷成功转型。有度制衡，衡而适度，挥洒自如，那就达到了敏捷的真正高度。

两个团队的故事

故事 1：Ready Ready 的故事

　　L 公司是一家开发金融软件的外企，他们决定在几个产品线试点 Scrum 开发模式。项目需求一般由在欧洲的系统分析员（System Analyst）收集整理形成业务需求书（Business Specification，BS），发给项目中的需求分析员（被选为产品经理）。需求分析员再做细化分析形成功能需求书（Functional Specification，FS），FS 是开发测试团队的依据。

　　在一次培训中，他们提出了 Scrum 试点中碰到的很多问题。其中两个突出问题是：

- 很难确定一个小于一个月的固定的迭代周期；
- 迭代验收中，存在很多源于需求理解不一致造成的返工。

　　我请产品经理告诉我迭代开始前他和团队会做哪些工作。他解释说，他会首先梳理系统分析员发过来的《业务需求书》，在此基础上会写一个完整的《功能需求书》。为了保证一致，系统分析员会对功能需求逐条确认，最后签收。然后，产品经理会组织一个需求评审会，请团队对整个《功能需求书》进行评审，评审通过后，《功能需求书》就作为项目的产品需求列表。在这个过程中，团队成员不会看到《业务需求书》。

　　团队会做两次估算，一次估出每个功能的规模（故事点），然后再分解出每个功能的任务，对每条任务估出工作量。在此基础上，制订版本计划。

　　作为一个培训练习题目，我请团队和产品经理一起审查了这种做法的问题。我们一起发现了以下几个问题。

　　在迭代开始前，对整个功能需求做了细化，这还是瀑布思维，也是个低效的做法。因为不少需求在项目开发中会发生变化，前期的分析就等于白做了，这不符合"远粗近细"的原则，也没有遵循需求增量分析的原则。这种做法也拖延了开发时间，本来梳理了小部分功能需求后，迭代就可以开始了。

　　另一个大问题是 Scrum 中的需求细化会议在实际操作中被砍掉了，实际是产品经理一人完成了需求细化工作。需求评审不能替代业务人员和开发人员一起对需求的细化分析。在迭代中，没有专门的需求细化会议了，他们被迭代前一次需求评审会替代了。对团队来讲，评审是被动的活动，性格内向的成员更是很少提出问题或异议。对于需求来讲，差不多就行是不能接受的。

　　我们一起随机看了一些《功能需求书》中的功能需求，其中有很多颗粒度过粗，不少需求描述不明确，需要开发人员去猜。细化需求是每次迭代入口必须把关的地方，这也是为什么团队很难维护一个固定的、小于一个月的迭代周期。一些颗粒度过大的功能，一个月无法完成。团队成员回顾了迭代中的不少返工也是由于需求不明确造成的——开发猜错了，测试没有测到位。

作为练习的最后一部分内容，我们一起对后续改进达成了一些共识，大家一致同意尽快在项目中进行试点。

需求改成增量开发，迭代前产品经理和团队一起，依据业务需求，形成能够支持两个迭代的需求。每个需求的颗粒度应该保证它可以在一周内完成开发、测试。对于 4 周的迭代来讲，也就是周期的四分之一。在迭代最后一周的星期三下午，产品经理和团队一起对《业务需求书》进行需求细化，每次细化会议应完成能支持两个迭代的需求。

由于需求颗粒度足够小，大家同意只在细化会议中对功能做估算。在迭代计划时，就不对任务做工作量估算了。

在迭代中，必要的需求澄清每天都可能发生，产品经理随时回答需求问题。

对于不明确的业务需求，产品经理会主动和系统分析员沟通，梳理好业务需求。

我还没有机会看这些举措是否有效，但团队开始理解敏捷的实践价值，相信会对他们后续的敏捷之旅有帮助的。

故事 2: Done Done 的故事

Y 公司是一家电信应用软件开发商，它的业务来源主要依赖于中国电信。随着市场竞争及创新压力的增加，中国电信在其协作软件服务商中推行"去电信化"运动，目的是让这些电信商能够减少对中国电信的依赖，在市场上更加主动。这就要求服务商能够快速响应用户需求、市场要求，更加主动把握好产品方向。

作为响应"去电信化"努力的一部分，Y 公司决定在几个系统维护团队实施敏捷，缩短对客户需求的响应速度。其中一个团队是支持某省 163 综合业务管理及认证计费系统的维护，这个系统主要功能包括：IP 网接入认证与计费、账号管理、服务管理以及查询、统计分析等。163 系统已经服务超过 3000 万用户，新的用户也在不断增加。作为一个为电信网络监控维护中心及其支撑的终端用户服务的重要系统，新的需求会随时产生，电信有专门业务人员收集整理这些需求特性。

以往的做法是，每年年初，省电信的业务人员会和 Y 公司的系统分析员一起整理出本年度需要增加的主要功能特性，在此基础上对一年的开发工作做个规划：所需人员及其他资源，初步版本发布计划等。每季度电信业务人员会根据用户的新要求提出一些需求变更，团队采用瀑布迭代开发模式，每季度会发布一次。

　　团队经过讨论决定大大缩短发布周期，将敏捷迭代周期定为 2 周，以支持用户的需求。电信对此自然十分满意，其业务人员决定每周转给 Y 公司的系统分析员最近收集整理的需求，两人会每周周五花一个下午时间一起梳理澄清需求。系统分析员会和团队成员一起写出用户故事，支持两周的迭代开发。

　　半年前，Y 公司老总请我领导他们计划中的五级评估，我们同意敏捷方法导入将作为一个重要改进专题参与评估。在一次现场检查中，我和内部改进管理小组一起检查了敏捷实施情况。这时团队已经经历了 10 个迭代，也有了不少经验教训。

　　前 5 次迭代，一切都出奇的顺利。由于团队之前已经一起工作多年，相互比较了解，敏捷实施后，团队减掉了不少管理、工程文档，所以团队速率得到了很快的提升。但最近几次迭代的团队速率却大大下降，一个重要原因是提交的功能在上线后，客户发现了不少缺陷。由于团队也需要负责缺陷修复的工作，这些缺陷都是需要立即处理的，这就耗掉了团队大量时间，能投入到开发新功能的时间自然越来越少，团队速率直线下滑。

　　我们一起分析了问题的原因，我发现他们前紧后松。每次迭代前的准备很好，特别是对需求做了很好的澄清及必要的细化。但是团队过度追求市场响应的速度，放弃了许多有效实践，如除了多需求做评审澄清外，完全放弃了对设计及代码的评审。对测试覆盖也没有给出明确的要求，特别是和其他系统的接口部分，没有做足够的全量测试。我感觉团队的心态有问题，他们把完成迭代计划承诺的事作为最高的目标，走了不少"捷径"，导致质量成了牺牲品。管理层过度强调响应市场也影响了团队的心态。

　　我建议他们做一个一天的回顾会议，做个典型缺陷分析。我很快意识到，首先需要明确什么是缺陷。一些团队成员问是否考虑迭代开发中发现的缺陷，我讲了我的观点：开发过程中发现的问题不应该算缺陷，修复这些问题本来就是要做的事，这应该是完成（Done）的要求。团队应该重点分析客户所报的缺陷。

　　之前组织定义了缺陷分类，团队据此对缺陷做了归类。然后做了简单的 Pareto 分析，发现许多缺陷属于接口问题和逻辑问题，这两类问题加起来占了所有问题的 45%。团队希望能在会议上讨论解决所有缺陷类型，我建议这次只解决这两类缺陷。

　　针对接口问题。我在黑板上写了下面两个问题。

❑ 为什么你的评审发现不了这些接口问题？为什么所有测试都没有发现这些接口问题？

❑ 现在做的哪个评审应该发现这些问题？执行的哪个测试应该发现这些问题？

由于团队放弃了评审，我们选择了几个有代表性的缺陷，集中做了测试失效分析。结果发现系统和验收测试和使用环境有一定的差距，外部接口覆盖不全。用例也没有覆盖所有异常情况，导致测试失效。

然后我在黑板上写了下面两个问题。

- 是否需要重新建立一些技术评审识别出这类接口问题？
- 如何完善测试过程以确保能够有效识别出这类接口问题？

团队展开了认真讨论，初步确定了后续要做的几件事情。

- 追加下列评审：接口相关的设计、关键设计、新人所写代码和关键测试用例。后续会针对每一类文档建立并维护对应的检查单。
- 加速和省电信的沟通，尽快建立应用测试环境，尽可能保障验收环境接近使用环境。
- 完善各类测试覆盖准则，确保用例覆盖接口及异常情况。
- 逐步在项目中实施这些新措施，迭代回顾会上及时总结。

我建议团队可以每月看一下实施效果，如果客户所报接口问题在逐步减少，那么说明这些措施开始生效；否则，就需要调整措施，提高评审及测试的有效性。

接着我又在黑板上写了下一个问题。

- 如何避免重犯这些错误，不再植入类似的接口缺陷？

经过一番讨论后，团队达成了下列共识。

- 请系统架构师对后加入的团队成员做一个全面、深入的架构讲解。
- 完善接口设计要求指南，以及编码规范中接口部分。
- 尽可能由两位团队成员一起开发关键模块、接口较为复杂的模块。

接着我们又对逻辑错误做了类似的分析，同样将重点放在改进措施上。

在咨询结束时，我建议团队将形成的改进任务纳入产品需求列表中，由系统分析员给出优先级。同时在迭代出口标准中，明确包含相关任务完成的要求，在迭代中管理好技术债务。

我也和 Y 公司的老总沟通了团队的共识及我的建议，他也表示不会给团队施加无形压力，给团队必要的支持，在保障高质量的前提下提高团队效率。

8 个月后，我们按计划对 L 公司做了评估，评估组观察到用户报的缺陷逐月减少，接口问题和逻辑问题加起来不到总问题的 5%，同时团队的迭代速率也趋于稳定。

第三部分

CMMI 框架下的敏捷实施

第 7 章 盲人摸象——关于敏捷和 CMMI 的错误偏见

第 8 章 建立敏捷的保护网——CMMI 架构下的敏捷实施

盲人摸象——关于敏捷和 CMMI 的错误偏见

在我开始写作本书时，中国已经成了 CMMI 评估第一大国，2012 年中国有超过 500 家的企业进行了 CMMI 二级到五级的评估，成为当年评估最多的国家。到了 2016 年，这个数字超过了 1000 家，占了全球的 50%。中国也是世界上唯一的政府为软件企业提供 CMMI 评估资助的国家。然而 CMMI 对中国软件发展到底有多大的贡献，结论还需时间验证。很多企业除了看到 CMMI 带来的文档，还没有看到预期的效率和质量的提升。在对 CMMI 的一片质疑声中，敏捷来到了中国，也加剧了国内两个阵营的争论。

7.1 来自两个阵营的偏见

软件界关于敏捷和 CMMI 的论战是近十年来的一个热门话题，很多人把二者看成是水与火的关系。CMMI 的军工系统的背景，敏捷先驱者多来自相对小规模软件开发的背景，两个阵营的差异导致在相当长一段时间忽略了对方方法中好的部分，更没有意识到对方的长处正是自己的不足。中国软件业对当前这两个最流行的词有很多偏见，而这些偏见制造很多人为的混乱和冲突，对中国软件工程的发展产生了不健康的影响。

找出产生这些偏见的原因，是纠正它们的第一步。虽然实施 CMMI 及敏捷的企业很多，但相当一部分没有真正理解其中的内涵、核心价值，没有做到和本企业实践情况和要解决的问题密切联系起来，在实施过程中过于僵化、过于评估驱动（CMMI），这样的做法效果一定不会太好。无效的实施被很多人看成是模型的问题或敏捷方法的问题，其实模型和敏捷方法很无辜，在替人受过。

极端和偏见往往是一对孪生兄弟。如果过往的 CMMI 不愉快经验使你成了敏捷的粉丝，再重新认识一下 CMMI 所代表的最佳开发实践，对你会有帮助的。因为

CMMI 中的很多实践、理念能够大大提升你的敏捷过程能力，在一定程度上可能会弥补敏捷的不足。

在指导企业导入敏捷或 CMMI 时，我经常看到或听到下面的偏见。

- 认为 CMMI 就是过程、就是开发标准而不是模型，因而 CMMI 缺乏灵活性，关注文档超过关注最终产品。
- 将以瀑布开发为代表的传统开发模式和 CMMI 画等号，认为 CMMI 就是瀑布模式，所以不适用于需求及技术不稳定的产品开发。他们没有意识到 CMMI 并不和任何一种开发模式绑在一起，如你也可以通过敏捷实现 CMMI 定义的目标。
- 要满足 CMMI 的评估要求，一定要建立一套大而全的重量级开发体系。CMMI 就是文档、文档、文档。CMMI 完全排斥轻量敏捷的方法。
- 认为敏捷宣言左边的内容可以忽略不要。没有意识到其中的价值，所以完全忽略宣言左边的内容。
- 由于 Scrum 没有包含工程实践，有些 Scrum 团队认为可以随意开发，随意走"捷径"。
- 认为敏捷不需要计划，不需要过程，更不需要开发纪律。他们没有意识到：没有计划元素，缺乏"自律"，没有过程支持的敏捷是达不到期望的境界的。

让我们首先看看两大阵营（CMMI 和敏捷）的产生环境。早期的 CMMI 和敏捷的实践者来自两个完全不同的软件开发环境。早期的 CMM 使用者主要是一些美国军工企业——有严格的管理组织，质量及安全性要求极高，项目规模大，开发周期长，可以忽略成本。而早期的敏捷用户主要来自美国一些小的软件企业——多是纯软件项目，只有一个团队，需求不稳定。这样巨大的背景差异，衍生出不同的关注实践、形成不同的阵营也不足为奇了。

SEI（Software Engineering Institute，美国卡内基梅隆大学软件工程研究所，当年 CMMI 模型的制定、维护、管理者）分析下列原因造成 CMMI 和敏捷的对立（Glazer et al.，2008）。

（1）CMMI 模型的错误使用——由于对模型实践理解的错误，在开发体系中加入了不少没有价值的活动及产出物。

（2）缺乏准确的信息——敏捷阵营，包括一些敏捷宣言的签名者，没有真正理解 CMMI 的真谛，而 CMMI 阵营也没有了解到敏捷的核心原则。2008 年以前的相当长一段时间，两个阵营基本上没有任何沟通。

（3）各自有各自的语言——CMMI 和敏捷形成了各自的语言，这就造成了不必要的沟通障碍及理解错误。

（4）自上而下和自下而上的方式——CMMI 的导入往往是自上而下，敏捷则是相反。不同的做法会把管理者及工程人员放在对立的位置。往往是只关注一个声音，而忽略了另一个重要的声音。其实二者都不可或缺。

那么，CMMI 和敏捷漂洋过海到了中国以后呢？如前所述，国内每年都有几百家企业通过 CMMI 的各级评估。我们也看到很多企业怀着解决实际问题的迫切心情，心怀虔诚地引进敏捷。但是请容许我的坦率，国内大多数 CMMI 三级甚至一些CMMI 四级、CMMI 五级企业，也没有真正理解 CMMI 的价值及使用模型的方法。很多通过了 CMMI 评估的企业，不一定能清楚地看到引入 CMMI 带来的质量和开发效率的提升，一纸证书变成了最重要的回报。

我经常讲 CMMI 是一部"好经"，总结了国际上非常成功企业产品开发的优秀实践，具有很好的指导意义。如何将这个充满了美国文化及美国军工开发文化的模型在中国本地化，是每个引入 CMMI 企业面临的挑战。我们也很痛心地看到"好经"经常被念歪了，这使得在中国软件界很多人对 CMMI 有了偏见与质疑，也造成很多企业由于错误的原因引入敏捷，于是一个大众化误解就此产生——敏捷的引入是为了解决 CMMI 的问题。

盲目追求通过 CMMI 评估，是造成很多国内企业错误使用 CMMI 的原因。在此我们就不深入探讨这么多企业一哄而上要过级的原因了。这些错误的使用导致了许多敏捷的实践者对 CMMI 的负面印象（这也成为没有公正评价 CMMI 的间接杀手）。当然值得肯定的是，CMMI 的引入对中国软件业起了相当正面的作用，现在越来越多的企业逐步理解了 CMMI 的核心理念、价值，在继续本地化的努力，使之真正能够用来支持企业商业目标的实现。

受局部问题的影响，不去真正理解敏捷和 CMMI，就像盲人摸象，不会有真正的提高，更难进入一个新的境界。当中国企业在追逐敏捷的时候，需要吸取导入 CMMI 的教训，避免从一个极端走向另一个极端。结合 CMMI 和敏捷的优秀实践，是一条实际验证过的成功之路。

7.2 CMMI的核心和价值

什么是 CMMI 的主题？不言而喻是过程管理。它要求团队忠实地遵循制定的过程，完成开发工作，同时在实践中不断学习，来完善这个过程。过程强调并保证开发相关活动中的沟通，以达到必要的透明度。这个沟通可以是在一个项目内的，也可能是项目之间的。通过建立有效的度量体系，支持过程改进、项目管理以及决策的要求。这些也是敏捷认同的理念。

和任何改进的目的一样，引入 CMMI 的最终受益者也必须是客户。单纯追逐通过成熟度的级别，往往会让你忘掉客户真正的期望、产品及项目的价值和公司的商业目标。所以 CMMI 的改进必须是为实现公司商业目标服务的。通过评估要求只应该是个水到渠成的副产品。在改进的整个过程中，我们时刻不要忘了这个目标。

　　每家企业都有两个过程，一个是书面的文档化的过程，另一个是组织及项目里面实际执行的过程。但是我们很不幸地看到，许多通过了 CMMI 三级甚至更高级别的企业，这两个过程是不一致的。如果不能保证制定的过程在组织日常工作中落地，CMMI 的价值是不会实现的。我在指导企业做过程改进时最常讲的一句话就是"说到做到，做不到则不说"。这句话看似简单，做起来却并不容易。

　　真正做到言行一致需要在下面几个方面下大功夫。

- **建立可用的，符合项目特点，并具有一定灵活性的标准过程**。组织标准过程的来源主要有两个：一个是组织内部的有效最佳实践。将这些实践纳入标准十分重要，它们代表企业自身的工程管理精华。另一个是可用的业界最佳实践及标准，本地化后纳入到标准过程中。如果要确保过程能在组织内部达到制度化、日常化的执行力度，在建立过程时，一定要考虑的企业当前的现状及约束条件。完全可以采用 Scrum 的方式逐步完善扩展组织标准覆盖的范围，不要追求一步到位。

- **建立机制，定期完善修改过程**。过程执行者不能用过程中的缺陷作为不执行的借口，但他们都负有改进的责任，因为只有他们通过使用过程，真正知道过程的不足在哪里。让组织过程在执行过程中不断完善就需要让过程改进制度化、日常化。仅仅有以评估为驱动的改进是远远不够的。我在国内做评估时，在一些企业看到过这样一种情况：所有的过程修改都是为评估触发。有些企业通过了三级，在做四级评估的时候，我看不到任何二、三级相关过程的完善修改记录。这就是说，在 3 年的时间里，这些过程没有变过，可是仔细评估过后，发现有很多改进机会。根据我的经验，没有改进（改动）过的过程，很有可能是没有在项目中真正被使用的。

- **用过程执行者熟悉的语言及方式描述过程**。很多企业喜欢用 CMMI 中的语言描述过程，造成很大的培训成本及沟通的障碍。如果一个过程看起来在任何一家企业都可以用，那么它往往是一个很难执行的过程。

- **建立机制，约束违反过程的情况发生**。很多企业都建立了过程 QA 机制，在项目及组织中进行过程符合的稽核。如何建立企业内部有效的 QA 机制，至今仍然是个值得研究的课题。在很多企业中，不执行明确定义的过程是没有什么后果的。

- **结果导向，要让过程执行者看到过程的效果及过程改进的价值**。CMMI 存在的基础是过程公理——产品的质量是和用来开发这个产品的过程质量有极大关系的。让过程执行者忠实执行组织定义的过程，需要让他们看到过程及过程改进的价值：看到质量的提升，看到效率的提升，看到客户的认可。只有让管理者及工程人员信服组织制定的过程是项目成功的重要保障，那么这些标准过程才会真正让大家接受。

□ **过程管理中，要注意组织、项目、个人的平衡。**如果这个天平太倾向于组织，会使得项目及个人缺少必要的灵活性而丧失动力；如果走到另一个极端，只考虑个体性、灵活性，则会给组织带来风险，失去学习的机会，从长远来讲也不能保证质量及生产效率的持续提升。

在导入 CMMI 时，国内企业犯的最常见的错误是将它当成一个过程、一个标准，而不是一个模型。看一看 CMMI 中的原话："CMMI 既不包括过程（process），也不包括程序流程（procedure）。"虽然模型在描述实践活动时也会列一些常见的过程产出物，但这些并非标准的产出物，只是过程输出的一些例子而已。考虑到组织项目的巨大差异性，人们是无法制定一个涵盖所有企业、项目的标准过程的，CMMI 当然也不是这样一个标准过程。CMMI 只是描述了有效过程的特征，给出了必须实现的目标以及实现这些目标建议做的事。这些目标和建议是依据业界经过验证的优秀实践提出的。

1.3 版本的 CMMI 开发模型包含了 22 个过程域，每个过程域由目标及相关实践活动组成。例如，过程域 Verification（验证）中 SG 2（特定目标 2）和 SP 2.3（特定实践 2.3）的定义如下。

> SG 2　对选定工作产品的同级评审得到执行。
>
> SP 2.3　分析与同级评审的准备、实施与结果相关的数据。

通过这个例子，可以看出 CMMI 中的过程域不是过程。这里只是讲同行评审必须执行，建议在进行同行评审活动时，对评审活动及结果的数据进行分析。

为了实现这个目标，企业需要根据自己的实际情况、项目的质量要求及缺陷分析要求，从而制定对不同工作产品（如软件需求规格说明书、设计文档、代码、操作手册等）的评审方法及数据收集分析手段。而对哪些产品进行评审、用什么样的评审方法、什么角色参加评审、收集哪些数据，以及从哪些角度进行分析，模型中没有标准要求，而是需要企业根据自己的场景，根据投入回报分析建立自己的同行评审过程，实现同行评审的目标。

目标是模型中唯一需要实现的要求，而与之相关的实践活动则是建议执行的，不是必须执行的。我在国内做评估时发现很多人都不了解这一点：如果某个模型定义的实践活动无法执行时，CMMI 允许被评估企业制定自己的替代实践（alternative practice）来实现目标要求。实现每一个 CMMI 的实践都有成本，但并不是每一个实践在一个特定环境中都有价值。企业只需要实现能帮助它达到目标、带来真正价值的实践活动。

CMMI 是业界几十年软件工程、系统工程、硬件工程理论研究及应用实践的一个集合，它包含了通常改进组织过程的活动。CMMI 模型不可能用来替代实际世界中的任何具体的活动定义。所谓模型就是我们可以学习并用来指导实际问题的一个重要工具。将 CMMI 作为标准来用的后果是大量人力物力的浪费，在评估的名义下，做了很多没有价值的工作。CMMI 的作者指出：模型不是被直接应用（applied）的，而是应该被贯彻实现的（implemented）。真正理解了这个概念能够帮助你理解 CMMI 的核心。过程改进者在使用 CMMI 时，应该像工程人员及架构师使用工程模型一样，将它当成一个学习的工具，一个沟通的工具，一个汇集想法、思路的手段。

CMMI 终极目标（也是持续过程改进的目标）就是让企业减少浪费，提高效率，在项目开发中更好地实现客户价值。和敏捷一样，在一个建立了相互信任的开发环境中，CMMI 也鼓励企业在过程中清除所有没有价值的活动，从而提升生产效率。敏捷的改进集中在项目团队层面，而 CMMI 更关注组织层面的改进。

7.3　CMMI+敏捷：解决软件开发问题之匙

经过十几年的实践，业界将成功敏捷实施的特征归结为以下几点：

- 使用十人左右的小敏捷团队；
- 需要有一个在开发过程中积极参与的客户；
- 波浪式管理或持续计划；
- 一支同地操作的跨职能团队；
- 在每个团队成员还没有完全具备敏捷相关能力之前，组织不会轻易打散这个敏捷团队。

而敏捷推广失败的原因往往归结为以下 3 个"没有"：

- 没有足够的过程支持；
- 没有必要的自律；
- 没有必要的计划。

近几年我观察到国内一些企业在导入敏捷的过程中有从一个极端走向另一个极端的倾向。其后果是大大弱化了建立起来的质量文化，组织层面的过程改进变成无人问津之地。质量部、QA（质量保证）及 EPG（Engineering Process Group，组织过程改进委员会）失去了自己的定位。其结果是敏捷的导入不仅没有解决存在的问题，而且又引发了一系列的新问题。将 CMMI 和敏捷完全对立起来，已经证明不是有效的做法。

CMMI 和敏捷具有高度互补性。CMMI 关注的是"做什么"，而敏捷关注的是"如何做"。将这两个模式有效地结合起来有可能是解决软件开发问题之匙（Cong，2016）。

你也许会问，大项目可以敏捷吗？注意！没有大的 Scrum 团队，但是可以有大的 Scrum 项目。

Scrum 用于大而复杂的项目还有很多挑战。在整个项目开发周期内，在遵循 Scrum 原则的前提下，如何协调多个 Scrum 团队的工作以保证项目的成功，这是每个复杂大项目面临的问题。解决这个问题，需要一个机制（如 Scrum of Scrum）来有效协调管理下列几个环节：

- 如何保证整个系统能力的实现，特别是一些非功能需求的实现；
- 如何平衡工作范围、质量、进度、成本及风险等相关重要因素；
- 迭代过程中如何管理产品架构的完善。

从系统工程角度来看，下列活动做得好坏决定复杂的、大规模的项目成功与否：

- 建立产品、项目愿景目标；
- 管理需求分配到各个团队；
- 定义并维护产品及团队的接口和约束条件；
- 建立维护有效的产品整体的集成及质量控制策略；
- 协调整个的风险管理活动。

CMMI 在其工程相关的过程域、风险管理过程域及集成项目管理过程域中，比较清楚地描述了必要的在复杂的大规模项目中统一协调上述活动的系统工程实践，可以弥补敏捷的不足，降低项目出问题的风险概率。

从产品开发角度来讲，Scrum 是一个很好的起点。作为一个框架，而非一种成熟的方法论，Scrum 有意识设计得不那么完整。它把一些诸如最佳技术实践的事情留给团队自己来做决策。它允许团队根据自身的项目特点或环境选择合适的技术实践。如果天平过于倾斜到个体团队而完全忽略组织，有可能让一些 Scum 团队满足于先期取得的一些生产率提升而不思进取，他们有可能不愿做一些必要的、经过验证的、见效周期较长的实践。在题为"The land that Scrum forgot"（被 Scrum 遗忘的角落）的文章里（Martin，2010），Robert C. Martin（马丁大叔，雪鸟城会议的倡议者，2010）总结了一些敏捷实践的失败经验，深入探讨了敏捷在工程及质量控制方面的不足，以及如何弥补这些不足。这是近年来关于 Scrum 的一篇重要文献，Scrum 联盟将其推荐给了所有联盟成员。马丁先生结合自己观察到的敏捷实施的问题，检查了许多敏捷项目中常见的团队效率（通过 Velocity 来表示）高开低走的原因。问题的发生不是因为团队失去了积极性，而是经过一系列的迭代之后，该团队越来越难在已开发出来的软件基础上继续高效地实现新的功能。带病迭代终是 Scrum 的杀手！

Scrum 可能让你走得很快，第一次迭代就实现了一些产品功能，在短时间内就能做到这一点，你的老板和客户都会很兴奋，团队也因为成就感而士气高涨。同样的情形也会发生在后面几次迭代。产品的功能一个一个被实现，团队的效率越来越高，Scrum 进展得如火如荼，大家对其期望也越来越高。

不幸的是这些都有可能是一个假象，早期迭代成功的一个重要原因是开发出来的代码还很小，小的代码库易于管理，变更起来也很容易，新的功能特性也很容易加进来。但是随着迭代次数的增加，当代码规模变得足够大以后，管理它变得十分困难。编码人员受到"坏代码"的影响，效率会显著降低。团队会因为低质量系统变得重心失稳而寸步难行。如果不及时采取措施，这个高效团队就会被这种已经拖垮无数软件项目的疾病所伤，事情变得一团糟。你可能会认为这种情况不太会发生，因为一个 Scrum 团队应该是被充分授权的，这个团队会采取一切必要措施来确保质量，一个被完全授权的团队是不会让项目失控的。这确实是 Scrum 希望到达的目标。可问题在于被授权的团队也是由人组成的，人都会趋利避害。高质量的代码会得到多少认可呢？而快速开发出产品功能又会得到多少奖励？度量考核决定行为！虽然 Scrum 团队被授权自我管理，但如果企业管理者的实际激励仅体现在速度上，质量仅放在嘴边，那么这个 Scrum 团队会选择各种"捷径"快速开发，很多技术隐患同时会被植入到代码中。带病迭代最终会使项目病入膏肓，到那个时候，效率会大大下降，士气低落，老板的愤怒和客户的抱怨会让 Scrum 的生活变得很凄惨。快速开发可以通过代码的迅速增长体现出来，所以这个显而易见的东西很容易变成团队追逐的目标。但是如果不能客观地度量高质量的代码，清楚地度量植入的隐患，那就很难激励团队开发出高质量的代码。

高效是 Scrum 的一个目标，但不应该是唯一的目标。"快"必须是在"好"的前提下实现。只有这样 Scrum 团队才能维持高效开发。我们如何才能激励团队同时达到这两个目标呢？答案很简单，我们同时度量这两项指标。如果团队开发得很快但是制造了很多垃圾，则不应给予任何激励；只有团队在高效开发的同时没有植入隐患时才能得到奖励。

每个团队都应该找出自己的隐患，才能对症下药。清楚隐患是什么是解决问题的第一步。下面我罗列了一些比较常见的隐患。

- 一个没有经过充分测试的代码库一定会有隐患存在。什么是充分测试需要有明确的度量？例如，我们可以度量测试覆盖率。可以通过度量测试的次数，度量每次迭代新的测试的次数，度量每次迭代发现的问题，判断覆盖的充分性。
- 没有对复杂、有依赖关系的技术文档、代码进行互查或评审。在一个迭代周期内，如果评审、互查从来没有出现在敏捷白板的任务列表里的话，也会增加本次迭代隐患植入的可能性。
- 缺少必要的系统文档支持，使得代码和其他技术文档产生不一致，也为以后的开发、维护、升级埋下了隐患。
- 用户故事没有得到足够的分解。分解是解决复杂问题、减少隐患的有效方法。要保证用户故事被分解到足够小的单位，使每个代码函数及类的规模也都足够小。
- 从来没有把不增加技术债务作为"完成"条件之一，在需求列表中从来看不到"还债"的任务。

CMMI 中的相关系统工程、质量控制、度量等实践活动弥补了 Scrum 遗忘的角落。在 Scrum 架构下，通过引入极限编程等手段，实现下列 CMMI 的过程域的要求：需求开发（requirement development）、技术解决方案（technical solution）、验证（verification）、确认（validation）、产品集成（production integration）和度量分析（measurement analysis）。在一定意义上，CMMI 可以成为 Scrum 的安全网。

敏捷在项目层面，通过迭代回顾会议会清除低效率的行为，改进团队的 Scrum 活动及实践。但 Scrum 缺乏在整个公司层面实施 Scrum 的指导支持方法及不同 Scrum 团队的经验共享的机制。当在组织层面导入 Scrum 时，对文档编写及实施指导的要求远远大于在项目中导入 Scrum 的要求。没有组织层面建立机制支持 Scrum 实施的过程定义、度量体系的建立维护、实施反馈的收集管理、培训以及 Scrum 过程的改进，很难保证敏捷过程的落地及持续改进。CMMI 提供了建立这种机制的实践活动，加上 Scrum 在项目层面的实践，二者的结合能够保证 Scrum 过程在企业内得到制度化执行及不断改进。从传统瀑布开发模式向敏捷转换是一场重要的变革，CMMI 高成熟度的实践提供了管理这场变革的方法。

在第 8 章，我会详细探讨 CMMI 架构下的敏捷实施。

7.4　来自敏捷宣言起草者及 CMMI 作者的最新声音

CMMI 模型错误的使用使很多 CMMI 企业内部参加评估项目的工程人员有一些痛苦的经验，造成业界对 CMMI 的价值产生怀疑。前面章节讨论了 CMMI 和敏捷的互补性，近年来国内外许多企业的实践也证明 CMMI 和敏捷确实可以有效地结合起来。自从 2001 年敏捷宣言发表以来，许多敏捷的领袖看到了敏捷方法的局限和实施中的问题，重新意识到 CMMI 对敏捷的帮助，对二者的关系有了新的看法。

Ken Schwaber（Scrum 的主要创建者之一）对 CMMI 看法的转变就很有代表性。相当长一段时间，Ken 对 CMM/CMMI 的印象很不好，在他看来，CMMI 在不确定的开发环境下，为产品开发设置了不必要的官僚障碍。CMMI 企业都建立了一套"死板，按方抓药，按步骤操作"的过程体系，像所有定义的方法一样，这样体系的致命伤是它只能是对可提前正确预测的场景有效。而在软件开发中，很少会碰到一切都可预测的项目。随着 Scrum 的广泛应用，越来越多的人向他请教 CMMI 和 Scrum 的关系，他意识到有必要深入了解 CMMI 的核心理念，而最好的方法是和 CMM 的作者直接沟通。和 Mark Paulk（CMM 作者）沟通后，Ken 回顾道："我十分吃惊，对 CMM 肃然起敬。"他第一次意识到，CMM/CMMI 是一个成熟的描述组织软件开发的框架。用什么样的方法满足这个框架的要求，组织可以根据具体情况来决定。评估小组就是要判断这个实现方式是否能满足框架的要求。敏捷可以是一个具体满足 CMM 的实现方法。更令 Ken 吃惊的是，Scrum 可以满足 CMM 三级大部分项目相关的过程域的要求，而 CMM 几个组织级的过程域也弥补了 Scrum 的不足。2003 年以后，Scrum 联盟的 Scrum 认证项目以及推出的一些 Scrum 方法工具，也可以帮助满足这些过程域的要求。

David Anderson（软件看板方法的创始人）正确地观察到："很多敏捷专家把 CMMI 和传统方法画等号，2002 年以前，我就是这样认为的。现在我意识到传统方法实际是瀑布模式或 V 模型的模式。在我看来，CMMI 是在敏捷和传统方法之上。

可惜直到今天，很多人还不认为这样。"

Jeff Dalton（CMMI 的主任评估师、敏捷领袖人物之一）写道："我看到一些敏捷组织，在敏捷的名义下，不再执行过程，同时也放弃了有价值的文档。他们的依据是敏捷宣言中有关开发出有效的代码优先于项目文档的条目。宣言中的这一条是希望能将关注天平从文档为中心的传统开发模式移开，很多人却将其理解成不需要过程、不需要文档。在开发大而复杂的系统时，这样的理解会导致项目的失败。如果 CMMI 能和敏捷成功结合，它能够提供必要的基础建设，在保证敏捷迭代开发的前提下，有效支持将敏捷的应用向管理开发复杂系统扩展。令人诧异的另一件事是，所谓"敏捷组织"很少用敏捷方法设计推广它们的过程。"

Jeff Sutherland（另一位 Scrum 的创建人）近年来在 CMMI 和敏捷结合的实践中做了很多工作。他为全球首个用 Scrum 方法实现 CMMI 五级要求的企业提供了咨询服务。在 CMMI 五级架构中，通过引入 Scrum，这家企业在下列方面都降低了 50%：缺陷数、返工量、整体必要工作和过程相关的投入。他认为 CMMI 和 Scrum 的结合是软件开发的一剂"灵丹妙药"。由于 CMMI 高成熟的组织有较强的能力管理变革并将变革成果制度化，所以这些企业从瀑布模式到敏捷模式的转换会做得更快、更好。对已经实施敏捷的企业，Jeff 认为 CMMI 中的通用实践可以帮助敏捷实践制度化的落地改进，精益软件开发（lean software development）可以用来作为识别改进机会的一个操作工具。他对 CMMI 社区的建议是敏捷完全可以使用于 CMMI 框架，正确的结合可以为企业带来令人兴奋的改进效果。CMMI 高成熟企业能使组织引入敏捷的变革速度更快、效果更好。

Barry Boehm（Boehm et al.，2003）建议应根据具体项目的特点（如失败的可能性对照进入市场的巨大压力），结合平衡计划驱动和敏捷的方式，已吸取两种方法的强项。Alistair Cockburn（另一敏捷方法 Crystal 的创始人）指出："没有敏捷性的强执行力往往意味着官僚和僵化。没有执行力的敏捷则像是初期创业公司在盈利前没有控制热情。"

在实际操作中，相对于开发工作，到底需要多少计划和架构工作才能最大限度地降低项目的风险？对这个问题，没有一目了然的答案，只能具体问题具体分析。同时引入 CMMI 和敏捷时，一定要考虑到团队内外的相互信任度、客户及终端用户的参与度、项目的范围及规模、预期的产品寿命、延期提交的代价、早期部分功能提交的价值及质量成本等因素。这两种范式的结合点在哪里？如何有效地将其结合？如何判断这种结合的有效性？如何形成一个适用于中国软件业的方法？这些是我们需要通过实践回答的问题。

SEI 近年来在敏捷和 CMMI 结合方面做了大量的工作，从 2008 年以后，每年会举行敏捷和 CMMI 的国际会议。在最近发布的 1.3 版本中，增加了很多与敏捷相关的内容。敏捷作为一个（最）重要的实施 CMMI 的方法在 CMMI1.3 的模型解释

（informative）部分中给了详细的描述。1.3 版本在第 58 页增加了"用敏捷方式解释 CMMI"（Interpreting CMMI When Using Agile Approaches）的章节，并在下列 10 个过程域的描述中增加了敏捷实施的指导内容：配置管理（CM）、产品集成（PI）、项目监控（PMC）、项目计划（PP）、过程与产品质量保证（PPQA）、需求开发（RD）、需求管理（REQM）、风险管理（RSKM）、技术解决方案（TS）和验证（VER）。在下一章，我会深入探讨 CMMI 框架下的敏捷实施。

CMMI 的作者对 CMMI 的支持者、敏捷的支持者乃至整个软件业提出了 3 点希望：

- 认识对方的价值；
- 抵制错误的偏见；
- 不断学习实践，向业界报告有效的做法及相关场景。

中国软件业完全能通过自己的实践，找出一条让敏捷在中国有效落地之路。CMMI 和敏捷的结合也许会把中国软件业发展带入一个新的境界。

敏捷和 CMMI 的故事

详细案例剖析

H 公司是国内一家知名通信龙头企业，十几年来一直非常重视过程改进。经过多年努力，H 公司建立了一套 IPD（集成产品开发）的产品开发流程。多年来，H 公司在各个产品线引入了 CMM 和 CMMI 来完善研发流程。公司在 6 年前开始试点敏捷方法，并于 2009 年将敏捷纳入其 IPD 流程中。W 产品是公司的主力产品，其开发涉及系统设计、软件开发、资料开发、系统集成与验证、维护等领域。硬件开发由其他平台产品负责，但相互之间有很强的耦合和依赖关系。

H 公司分析了 W 产品的现状，希望我和我的团队能够帮助他们通过重新引入 CMMI，来解决他们提出来的以下问题。

现状一：经过 4 年的敏捷实施，开发人员也已经理解和接受敏捷的理念，产品几乎所有的软件项目都使用了敏捷开发过程。但一方面，CMMI 的核心价值没有被大多数业务人员认可，他们甚至对 CMMI 有着错误的认识，认为 CMMI 与敏捷是对立的，就是写文档，就是瀑布模式；另一方面，敏捷实施重在沟通和快速反馈，CMMI 所要求的一些如配置管理、度量等内容在敏捷中定义较不清晰。很多其他原来好的软件工程标准，也在敏捷的冲击下，被团队弃用。敏捷过程的持续改进过程变成了一个巨大挑战。

问题：如何融合敏捷与 CMMI 在理念上的冲突？如何在产品中实施基于 CMMI 模型的持续改进？应该采取怎么样的策略？

现状二：项目新需求较复杂，需求变更多，新员工占到了 65%。实际进度与估计偏差约为 +20%，且需要与硬件平台强耦合。发现项目管理方面存在以下问题。

- 软件开发仅使用了迭代开发生命周期模型。与硬件平台强耦合的项目和全新架构的项目中，很难做到小颗粒度的迭代。
- 只有基于头脑风暴的估计，加班情况严重，难以指导实际项目估计，很难确定交付日期。
- 版本和项目层面只使用一套项目计划和管理，没有子项目层面的项目计划和监控。
- 各项目使用不同的管理方式，如计划、模板、跟踪表，在版本层面难以拉通和共享。
- 大部分子项目经理不熟悉风险管理方法，他们主要通过每日站立会及一对一交流应对风险。

问题：从上面几点可以看出，迭代模式下项目计划和管理方式存在一些问题，与传统项目管理方式也不太一致。CMMI 中强调通过加强过程管控来确保交付的稳定，而敏捷强调团队自主管理和面对面交流，如何调和它们之间在项目管理上存在的不一致，在与 CMMI 的结合中，应该采用什么样的解决方案和有效实践？

现状三：无线产品线在引入敏捷前，软件开发使用的主要是瀑布开发模式，组织级会收集项目度量数据，并持续维护度量基线。2008 年开始引入敏捷，敏捷提倡快速反馈，没有明确的度量要求，使得度量活动弱化，W 产品近几年也没有积累度量数据，并且组织级也没有制定迭代模式的基线数据，在对项目实际过程分析中发现如下问题。

- 敏捷模式下没有清晰地定义出度量指标和分析要求，无法指导度量工作的开展，包括度量项识别、目标设定、数据收集方法、指标应用等方面。
- 各软件项目使用度量项不统一，且基线数据多依靠经验或历史版本数据。
- 对度量结果的应用简单，多作为状态报告，缺少系统的分析，难以通过对度量结果的分析评估产品状态、支撑产品的改进。
- 项目过程资产和度量数据分散在不同人的计算机上，没有形成组织级的统一分析、管理和共享。

问题：对于 CMMI 与敏捷关于度量要求理解和操作的不一致，应当如何应对？如何设计和建立度量系统，以满足 W 产品的管理及质量控制的需求，并为后续敏捷下的量化管理做准备？

现状四：W 产品在引入敏捷之前采用统计过程控制（statistical process control）的方式进行过程和产品的质量控制，在进行敏捷转型后这种质量保证方式减弱了不少。例如 CMMI 建议的同行评审是一种重要的质量保证活动，强调在开发阶段通过正式的技术评审活动来保证产品质量，如计划评审活动，收集相关评审活动及结果的数据，并加以分析以评估产品质量。而敏捷中评审要求则较弱，极限编程强调通过结对、持续集成等快速反馈的方式确保代码质量。这使得在实际项目过程中的评审活动难以有效开展，效果也难以评估。具体来说，发现有以下问题。

- ☐ 组织缺少对评审活动必要的管理要求，目前评审有结对编程、在线审查、离线审查、专家评审等方式，但没有针对各自适用场景的指导。
- ☐ 不同项目中评审活动开展方式和力度不同，有的会对代码做评审，有的只做结对编程。有的没有收集数据，有数据的也分散在不同的地方，如部门服务器、审查平台、会议纪要中，数据难以收集，无法进行分析。
- ☐ 没有针对工作产品的评审计划、历史经验数据，加之项目时间有限，导致虽然开展了评审活动，但难以判断活动执行的有效性和工作产品的质量。

问题：如何结合 CMMI 同行评审的要求，在敏捷模型下建立和改进项目质量保证过程，以支撑对项目过程和产品质量的有效评估？

现状五：W 产品领域系统极为复杂，如何构建架构和系统设计能力以支撑分工较细、新员工较多的局面是一个非常严峻的问题，目前了解到的状况如下。

- ☐ 产品系统比较复杂，增量开发也较多，难以构建全量设计文档。
- ☐ 不同特性间、模块间接口复杂，接口关系维护困难，变更情况下难以完整地进行变更影响分析。
- ☐ 新员工较多，实现层面分工过细，沟通交流成本高，决策效率低。

问题：这种情况下，如何保证提升设计能力的同时，做好项目经验的传承和复制？

结合 H 公司提出的这些问题，我和 W 产品部一起结合 CMMI 三级要求制定了下列主要改进目标。

- ☐ 通过此次 CMMI 改进评估活动，完善 W 产品的内部改进机制，着手对以下几个方向改进提高：
  - ◆ 让管理层、过程执行者及过程推动管理者对过程改进的价值职责更加明确；
  - ◆ 纠正相关人员对敏捷及 CMMI 的错误理解；
  - ◆ 内部改进机制逐步完善，改进来源主要来自开发中的问题、缺陷及好的实践；
  - ◆ 采用适用模式形成内部定期的评估机制；
  - ◆ 提高内部改进管理团队的能力。

- 有效地完善敏捷流程，通过引入 CMMI 弥补敏捷在系统性、大项目及复杂项目、支持完善体系、工程标准的结合等方面的不足，真正将敏捷和 CMMI 有效结合起来；同时帮助 W 产品开发团队真正做到从瀑布模式到敏捷模式的转型。
- 识别出当前敏捷下的真实生产效率基线及质量基线，识别出影响效率的几个主要瓶颈，识别出当前的按六西格玛定义的真实质量成本，帮助生产线开展在保证质量前提下提高效率的改进专题。
- 确定敏捷环境下产品线的质量和过程性能目标（QPPO），完善度量体系，使之能有效支持 PPBs、PPM 和 SPC 方法的有效实施，为 CMMI 四级打好基础。
- 将此次的经验及产出物复制到 H 公司的其他产品线。
- 通过严格遵循 SCAMPI A，对无线网所选产品线的开发管理能力有清晰的评价判断，找出和业界最佳的差距，并在系统、硬件、软件方面达到 CMMI 三级的要求。

同时，我也和 W 产品管理层达成下列重要的共识。

- 将本次改进当成项目，用敏捷的方式来管理；以改进为主，评估为辅。
- 引入 CMMI 实践不是要放弃任何敏捷原则，要优化敏捷而不是替代敏捷。
- 结合 W 产品正在实施的改进项目（如度量改进项、减少带病迭代等）推动改进。
- 在整个过程中，不做、不引入任何对 W 产品开发没有价值的事、产出物及实践活动。

针对 H 公司提出的 5 个问题，我和我的团队与 W 产品的过程改进人员、质量管理人员、工程人员一起，对现状进行了进一步诊断，根据优先级，制订了短期和中长期结合的改进评估计划。我们将问题重新归纳到 CMMI 定义的 4 个方面并提出解决方案。

- **组织改进层面的问题**：由于组织流程定义层级多样化，持续改进活动没有有效闭环。一个团队工作的流程依据来自多个口，包括公司级、产品级和版本级，导致不同业务单元的执行会有较大差异，无法横向比较和统一管理，组织资产也无法有效地进行分类和归档，度量数据的积累也受到很大的限制。我们建议参考 CMMI 过程管理的过程域采用分层构建（见图 7-1），以各司其职的结构化流程管理模式来保证公司级、产品线级、项目级等流程的统一管理和使用。也可以使得项目到产品部、产品部到公司的改进活动闭环并得到快速响应和反馈，组织资产也可以快速地积累和分享，提高团队整体生产率。

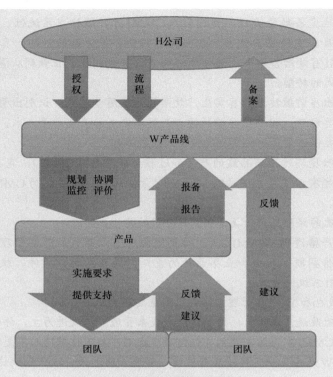

图7-1　过程分层管理关系图

- **项目管理层面的问题**：规模、工作量、进度等估算活动过分依赖个体经验，评审活动无法衡量其有效性，都知道代码评审可以使缺陷发现前移，降低缺陷修复难度和成本。项目组也都在进行代码评审工作。但是，投入多少高级别资源进行代码审查比较合适？代码检查采用何种方式的投入产出比最高？不同的场景和对象采用何种代码审查方法和策略？这些问题都没有很好的应对方法。针对代码评审，我们确定结合CMMI中同行评审的要求及项目组内部一些好的做法，做了下面3方面的改进工作。

  - 规范了3类评审方法：正式评审，集中非正式评审，一对一评审。不同的评审方法，效率和成本不一样。项目组可以根据代码质量要求平衡进度要求，规划迭代中的评审。

  - 建立完善各类方法的效率基线：收集3类评审的投入及产出数据，建立各种方法的投入产出基线，并明确各基线的使用场景。

  - 在质量目标指导下，明确评审方法选择指南：这个指南能清楚指导敏捷团队制定质量目标、产品评审计划和迭代评审计划；并用九宫图法，在过程中判断产品质量状况，及时做出调整，以保证质量目标的实现。

- **工程活动层面的主要问题**：由于迭代和版本项目间的管理反馈接口的问题，迭代中没有最大化的对产品需求及实现技术需求进行及时反馈，使客户真正的需求和市场价值紧密关联起来，同时无法准确评价测试活动对质量守护能力的有效性。项目实施周期中，投入较多的资源来进行评审、测试、内部验收、过程稽核等质量保证活动，起到了一定的效果。但是，各活动对最终质量的贡献如何？各活动应该投入多少资源是合适的？各活动做到什么程度可以达到结束标准？如何从各活动的结果来保证最终产品质量？这些问题目前还没有有效的解决方法。结合 CMMI 质量控制相关实践的要求，我们决定通过对各质量保证活动的分解和分析，结合度量数据的积累，找到其间的依赖和影响关系，将最终的质量目标分解为项目各阶段的质量活动目标，通过依赖关系、各质量活动的投入质量比等数据，提供各质量保证活动的效果评判标准，保证最终质量目标的达成。

- **支持活动层面的问题**：W 产品团队在引入敏捷后，度量数据积累较少，不能提供较准确的能力基准，导致问题分析时未借助度量数据深入分析来开展，无法准确定位和比较。当前团队在选择解决问题的最优方案、项目计划与跟踪、产品质量过程中评价等活动中基本依靠个人的能力和经验来判断，现有的质量指标无法有效指导质量评价工作，现有的度量数据也无法有效真实地反映现状，基本还是采用事后处理的方式来进行被动式管理。我们对度量环节的解决，关键在于解决度量数据在下列场景的有效使用：考核、评价（目前做得较好）、项目计划、问题识别分析和指导过程改进。改进的重点是明确描述敏捷度量项在上述场景的使用，在此基础上完善收集机制。

在帮助 H 公司结合 CMMI 完善其敏捷流程的过程中，我总结了 4 点有效做法，即取、收、细和借，如图 7-2 所示。

图7-2　敏捷流程改进来源

- 取——取回原有 CMMI 体系中有价值的、被放弃的做法，加以完善，与敏捷流程进行整合。

- 收——收集当前各敏捷项目中的优秀实践，对其整合、优化、提升。
- 细——细化当前执行较粗糙的管理和工程实践，提高管理及工程能力。
- 借——借鉴业界已经证明的行之有效的流程、方法、技术，弥补自己流程中的不足。

经过一年左右的努力，结合 CMMI 中的最佳实践，W 产品线完善了改进机制，确保改进问题的闭环及可度量的提高，让每一次严重错误真正成为过程改进的机会，为实现健康、高效的敏捷开发走出了扎实的一步。H 公司的实践完全可以被国内企业借鉴，结合 CMMI，在敏捷环境下把握好质量力度、管理力度、标准力度及改进力度。

第 8 章

建立敏捷的保护网——CMMI 架构下的敏捷实施

如果你上网查一下，能看到很多 Scrum 和 CMMI 映射关系的研究结果。这些结果主要是讲 Scrum 可以满足模型中哪些具体实践（specific practice）、哪些通用实践（generic practice）、哪些目标和哪些过程域。在本章里，我会更关注在 Scrum 或极限编程不能满足 CMMI 要求时，我们如何完善敏捷框架及实践（Scrum 或极限编程）实现 CMMI 目标的要求，如何将二者结合，实现更大的价值。

8.1　从使用角度看CMMI

我在第 7 章中阐述了 CMMI 产品开发模型的核心价值，以及它和敏捷方法的互补性。越来越多的实践证明 Scrum 和 CMMI 的合理结合是有效的软件开发之匙。本章我们将讨论重点从"为什么"转到"如何做"。敏捷和 CMMI 的结合是一个新的趋势，在本节里，我将根据自己近几年的实践，探讨如何在 CMMI 架构下实现并完善敏捷实践，同时也会探讨如何通过敏捷方法满足 CMMI 的要求。

无论你是否有 CMMI 模型实施经验或敏捷开发经验，本节都会对你有所帮助。我们首先从使用者角度看一下 CMMI 到底是什么。

8.1.1　一个产品开发最佳实践的集合

如果非要我用一句话概括 CMMI 是什么的话，我会说它是业界（系统工程、软件工程、硬件工程的实践者）有效产品开发最佳实践的集合。如果想了解 CMMI 里面具体的内容，以及评估方法及要求，你可以在 CMMI Institute 网站上找到需要的所有信息。这里我换一种方式介绍一下 CMMI 模型——不站在评估角度，而是完全站在使用者角度来描述其中的内容。请思考这样一个问题：就算你不选择做 CMMI 评估，是不是也应该在不同程度上实施本章节所描述的 CMMI 活动要求？

8.1.2　CMMI的4条主线

有效产品开发覆盖了 4 个大方面的活动：*产品开发的工程活动、项目管理活动、支持活动和过程改进管理活动*。CMMI 开发模型也由这 4 个方面的过程域组成。过程域指的是其中某一方面的实践活动。如项目计划过程域（Project Planning Process Area）指的是项目管理条线下，项目计划应关注的实践活动，如估算、计划建立维护、计划确认等。在本节里，我将讨论范围局限于 CMMI 二级和三级的过程域。在后续章节里，我会介绍 CMMI 高级别（四级和五级）的过程域，以及敏捷环境下的实施。

1. 工程线

产品开发的工程实践，是每个开发团队必须进行的活动。CMMI 开发工程线包括下列 5 个过程域：

- 需求开发（requirement development，RD）；
- 技术解决方案（technical solution，TS）；
- 产品集成（product integration，PI）；
- 验证（verification，VER）；
- 确认（validation，VAL）。

无论采用传统瀑布模式还是敏捷模式，产品开发团队都会经过这 5 个过程活动，尽管瀑布模式会是线性接力模式，敏捷模式则会按同步并行、交叉实施模式。

RD 是什么？ 首先团队要知道开发什么，客户的需求是什么，对应的开发需求（产品需求）是什么，在特点约束条件下实现需求范围的可行性如何，并了解最终产品在运行环境中的应用场景等。如果你的团队根据实际情况定义了明确的过程方法来完成这些活动，那么你已经在做需求开发过程域（RD）建议的实践活动了。

TS 是什么？ 要开发出满足客户需求的产品又该做哪些技术实践呢？很可能你已经在做其中大部分的工作了。如果要开发一个全新的产品，你需要设计好产品架构，并在此基础上进行概要设计及详细设计工作。实现设计也是很花时间的工作，在软件中就是编程工作。产品使用的一些相关文档资料的开发也是不应忽略的工作。在设计实现方法时，开发团队常常需要做些技术决策，如是创新还是复用，是完全自己开发还是考虑采购第三方现成的构件，这些决策对项目的成功都是非常重要的。

PI 是什么？ 复杂的产品或系统往往是由子系统、子模块、组件集成而成的，如何将这些产品组件集成为更大的产品组件或者完整的产品是 PI 关注的内容。产品集成不是将组件一次性地装配起来，它往往是一个重复过程，是增量完成的。在这个过程中，管理好产品与产品组件的内部与外部接口，以确保接口间的兼容性十分重要。瀑布环境下的产品集成和敏捷环境的集成差异很大，瀑布环境下的软件集成往往是在项目后期开始，而敏捷环境下产品集成是频繁的活动，在迭代过程中每天进行。

VER 是什么? 如何在整个开发过程中保证团队在做正确的产品是验证过程关注的事情。在软件开发过程中，验证的主要手段是通过技术评审及测试来实现。VER的主要目的是验证产品功能特性的正确实现，需求评审、设计评审、代码评审走查、单元测试、配置项测试、集成测试、系统测试是常见的验证手段。将缺陷植入点和识别点的距离降到最低，是验证过程的努力目标。

VAL 是什么? 根据客户对产品的质量要求，每个软件团队都会在开发过程中及在将产品提交给客户前做必要的验证工作。验证和确认的主要差异是产品功能使用环境的考虑。验证保证产品在用户实际使用场景能正确工作，常见的确认手段包括验收测试、试运行、模拟、用户评审等；确认是一个经常被忽略的活动，CMMI 明确了它在开发过程中的必要性及充分性。

2. 项目管理线

CMMI 定义的项目管理线包含了下列 6 个二级和三级的过程域:

- 需求管理（requirement management, REQM）;
- 项目计划（project planning, PP）;
- 项目监控（project monitoring and control, PMC）;
- 供应商协议管理（supplier agreement management, SAM）;
- 集成项目管理（integrated project management, IPM）;
- 风险管理（risk management, RSKM）。

这 6 个过程域定义了 CMMI 项目管理的基本要求。需求管理的核心要求是保证开发过程中计划和产出物与原始需求的一致；项目计划要求识别所有项目的活动，在此基础上建立利益相关人认可的计划，作为项目监控的基础；项目监控则要求在计划的基础上，及时识别问题、风险，尽早采取措施力争实现项目目标；供应商协议管理覆盖了供应商的选择及其提交产品质量的把控要求；集成项目管理提出了具体项目量体裁衣的活动要求，以及利益相关人的沟通协调要求；风险管理则提出了风险的识别、分析、处理要求。在后面的章节中你会看到，在不同程度上，以 Scrum 为代表的敏捷框架覆盖了除供应商协议管理以外的 5 个过程域的活动。

3. 项目及组织活动支持线

CMMI 定义的支持线包含了下列 4 个过程域（二级、三级）:

- 配置管理（configuration management, CM）;
- 过程与产品质量保证（product and process quality assurance, PPQA）;
- 度量与分析（measurement and analysis, MA）;

　　□　决策分析与解决（decision analysis and resolution，DAR）。

　　这 4 个过程域提出了对项目及组织活动的必要支持要求。配置管理明确了对核心开发产出物的管理要求；过程与产品质量保证提出了开发过程中对过程及产品的符合度稽核要求；度量与分析对满足管理信息需求的度量体系的建立及使用提出了要求；决策分析与解决则要求对重要问题的决策必须严格地从备选方案中选取。以 Scrum 和极限编程为代表的敏捷实践在一定程度上覆盖 4 个过程域定义的活动。

4．过程管理及改进线

　　工程过程、项目管理过程和支持过程不会自己完善提升，这些过程的改进提升需要在组织层面建立常态化的机制。CMMI 定义的过程管理及改进线就是要实现这个目标，它定义了下列 3 个过程域（三级）：

　　□　组织级过程关注（organizational process focus，OPF）；

　　□　组织级过程定义（organizational process definition，OPD）；

　　□　组织级培训（organizational training，OT）。

　　OPF 明确了 CMMI 的 PDCA 过程（CMMI 有类似的 IDEAL，感兴趣的读者可以在网上搜索其定义），即过程改进的循环过程；OPD 定义了组织级标准过程应包含的内容；OT 关注组织级的培训要求。敏捷中的过程改进融入了团队的活动中（如 Scrum 中的回顾会），但缺乏组织级的改进实践及团队间的经验共享。CMMI 管理组织活动的过程域很好地弥补了敏捷的不足。

8.1.3　正确解读 CMMI 评估

　　我在写本节时，正在参加 CMMI 研究所的年度 SEPG 会议（2014 年）。2013 年的评估数据显示中国已经成为 CMMI 评估第一大国，超过了印度，甚至超过了美国，全球 40% 以上的评估发生在中国。在一定程度上，这显示了中国 IT 业的迅猛发展。但评估在中国有时也是一个双刃剑，不少企业单纯追逐级别而不是追逐价值，导致了一些评估变成了游戏，变成了 CMMI 模型的考试，个别情况下还有作假的情况出现。所谓评估项目很可能是花瓶项目，它们只是为评估准备的，等评估结束后，后续的项目都不会按照其过程实施。

　　从长远来讲，这种做法对企业来讲是得不偿失的。试想：你是一家企业老总，你的企业通过作假的手段获取了 CMMI 三级的证书。想象一下，你的员工会尊重你吗？想象一下这种做法对企业文化的伤害：你希望弄虚作假在你的公司是一个可以接受的做法吗？不久的将来（如果公司还在）竞争环境会逼着你改进提升开发过程，如果你的企业到了一定规模，仅凭管理者的魅力和行政手段是无法有效管理团队、管理质量的，你会发现你需要扎扎实实地进行过程改进。那时你如何让员工认可过程改进这件事呢？

如果一场评估结束后，评估参与者更加不认可 CMMI 带来的改进，他们没有在这个过程中学习到任何有价值的东西，即使企业通过了评估，这也不是一个成功的评估。

另外一个被忽略的问题是：评估的价值是什么？仅仅是一纸 CMMI 的证书吗？我们来看一个三级评估的投入：企业花了 18 个月左右的时间、数万人时的准备。评估组（通常由 7 人组成）会做几天的就绪检查，最后现场评估通常需要 7 天的时间。一般他们会审阅 2000 多份文档（也许敏捷环境下会少 30% ~ 50%），做 10 场左右的访谈，如果最后你只记住了通过的级别，没有得到其他任何有价值的东西，是不是评估的代价过高了些？

我常常把评估比作一次严格的体检：被评估的企业是体检者，而评估小组则是体检医生。请问一下你自己：你每次体检的目的是什么？答案应该都一样：及早发现健康隐患，及早处理，争取健康地多活几十年。再考虑一下：你对体检医生的要求是什么？不外乎两条：（1）准确地给出健康状况的诊断；（2）根据诊断结果，明确告诉你后面应该如何调整（如调整生活习惯、药物治疗或手术）。想象一下：你体检的唯一目的是让医生给你开个健康证明，那么作假、不告诉医生你的实际情况也就不足为奇了。其实对医生来讲，仅开张健康证明是最省事、省心的了，它不需要医生动脑筋，对医生的医术也没有任何要求。

同样的道理，不要求识别企业内部的优秀实践，不要求识别过程中可能影响组织业务目标实现的隐患，不要求提供可操作、真正有价值的改进建议的评估，对评估组而言也是最省心的。评估组是企业的过程医生，企业要求一份有价值（证书可以是重要的一部分，但不应该是全部）体检报告。

成功的评估，也应该提升过程改进在企业员工内部的认可度，为后续改进做一个好的铺垫。正确认识评估，在追求级别的同时，花更大的精力追求价值，是有智慧企业做的事。

8.1.4　CMMI对工作产品（文档）的要求

在帮助一些国内企业做 CMMI 为参考的过程改进和评估时，我见到过这样的现象：几乎针对每一个模型中的实践都会有一个对应的文档。CMMI 有数百条实践，难怪有人说 CMMI 评估就是要做像山一样高的文档。

CMMI 对文档的要求是什么？从大的方面来看要能满足下列要求。

- **达到在开发过程中有效沟通的目的**。文档的目的是为了沟通，有和人的沟通，也有和机器的沟通。
- **达到有效支持产品运行、培训和维护升级的目的**。CMMI 不仅仅是站在项目角度对开发过程提出要求，它更是站在产品角度对产品开发过程提出要求。产品的生命周期远远大于项目的开发周期，开发产生的文档应该能够有效地支持产品的功能和性能的不断升级。

- □ **达到积累、复用、知识共享的目的**。CMMI 要求组织必须有一个有效的机制，识别改进机会，在组织层面做到工程、管理、支持和改进的经验分享。为了达到这个目的以及支持工程中的复用，不可避免地需要一些文档的支持。

至于需要什么量级的文档，不同类型的项目会有不同的要求。例如，一个 5 人 3 个月的项目对文档的要求和一个 3 年 100 人的项目的要求不可能一样。针对不同的行业、公司、项目，文档需求的差异是很大的。我推崇下列几个原则。

- □ 单一源头，同样的内容尽可能只在一个文档描述。
- □ 尽量避免同样的内容出现在不同的文档，以免造成额外的建立及维护工作量，同时在需要修改时有可能才产生不一致的情况。
- □ 文档的描述刚刚好即可，但不能不够。

我们从来不是为写文档而写文档，文档的目的是为了实现沟通理解。你的文档要让别人能看懂不是一件容易的事，因为最常见的问题是你在写文档时，一般只关注内容而常常忽略所描述内容的背景。看体检报告对我来讲总是一件很难的事，而对我的医生来讲却非常容易，道理很简单：我缺乏必要的医学背景知识。文档的详细程度很大程度上取决于它的读者的背景知识，刚刚好即可。

不要期望文档可以完全替代面对面的互动沟通。

当你描述的内容有一定的复杂度的时候，仅仅靠文档是不可能达到沟通理解的目的的。为了让对方真正理解文档内容的背景以及要求，对话是必不可少的手段。而开发和客户的对话，也往往会产生一些文档，如用户故事卡、需求笔记、流程图等。

为日企做外包的软件公司都会使用 QA 票（问题澄清单），因为不论客户把外包任务要求写得多细，外包开发团队也会有疑问。因此，QA 票成了和客户沟通的重要手段，它也是非常有用的任务书的补充文档。

在最近的一次五级评估的报告中包括了对体系做整合、简化的一些建议，被评估企业的老总很吃惊，因为他一直以为 CMMI 就是通过繁重的文档对项目进行管理。成熟度级别越高，文档量也越大，当企业决定引入 CMMI 时，就意味着接受文档带来的额外工作量，不论这些文档是否有价值。

文档到底要写多细才好？还是那句老话：视情况而定。

8.2　完善 Scrum 实现 CMMI 项目管理的要求

项目管理的难点主要来自两个方面的原因：一方面是因为不同的人对项目管理有不同的理解；另一方面是因为在实施项目管理活动时，不可避免地牵扯到组织的其他部门和个人，如工程部、管理层、人力资源部、财务部、市场销售部等，特别是客户。如何让大家改变习惯性的思维及工作方式，达成一致的理解，这是很大的挑战。

敏捷的增量实施的方式会是让其落地的有效办法。

如图 8-1 所示，Scrum 自身基本可以实现需求管理、项目计划和项目监控 3 个 CMMI 项目管理过程域的期望及要求，但还不能实现其他项目管理的过程域。Scrum 的欠缺主要来源于如何在大项目中保证各团队的协调，同时保持它对小团队的关注。

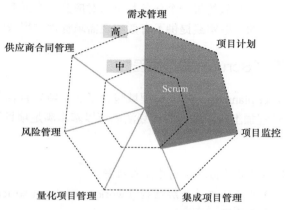

图8-1　Scrum 和 CMMI 管理过程域关联图

8.2.1 需求管理和"Scrum+极限编程"

需求管理（requirement management，REQM）只有一个特点目标，CMMI 建议通过 5 个实践来实现这个目标。

> SG 1　需求得到管理，与项目计划和工作产品间的不一致得到识别。
> SP 1.1　与需求提供方一起达成对需求含义的理解。
> SP 1.2　获得项目参与者对需求的承诺。
> SP 1.3　随着项目进行中需求的演变，对需求变更进行管理。
> SP 1.4　维护需求与工作产品之间的双向可追溯性。
> SP 1.5　确保项目计划和工作产品与需求之间保持协调一致。

很明显，Scrum 可以完全满足需求管理过程域的要求。需求细化会议、迭代评审会议等活动可以对应到 SP 1.1 和 SP 1.2。而迭代计划会议，产品需求列表的管理，迭代需求列表的管理，白板中用户故事（需求）和任务的对应表，用户故事中的验收标准（Done），迭代评审会议等活动及工作产品都可以用来实现 SP 1.3、SP 1.4 和 SP 1.5。

在实际操作中，出于归档和后期维护的目的，很多团队还会用类似于软件需求规格说明书的文档作为本次发布的正式软件需求。在这种情况下，规格说明书的输入应该是产品需求列表，它定义了本次发布的需求范围，同时也是对产品需求列表的用户故事（很多是 Epic）的细化。而迭代需求列表的需求故事应该来自于规格说明书，前二者的对应关系可以在规格说明书中标示出来。

如果团队使用 TDD，那么实现及质量验证过程也可以清晰地对应到需求上来。敏捷是需求特性驱动的开发模式，那么所有的活动都可以对应到需求上来，看一下你的敏捷白板就清楚了：团队做的每一个任务都可以对应到一个或多个用户故事上。

Scrum 及极限编程的一些实践提供了有效实现需求管理过程域的过程。

8.2.2 项目计划和"Scrum+极限编程"

项目规划（project planning，PP）过程域包含了 3 个特定目标和 14 个特定实践。一个完整的 Scrum 过程加上极限编程的计划活动可以基本满足项目计划过程域的 3 个特定目标的要求。

> SG 1 项目计划参数的估算得到建立与维护。
>> SP 1.1 建立顶层的工作分解结构（work breakdown structure，WBS）以估算项目范围。
>> SP 1.2 建立并维护工作产品与任务属性的估算。
>> SP 1.3 定义项目的生命周期阶段，以界定计划工作的范围。
>> SP 1.4 基于估算依据，估算工作产品与任务所需的项目工作量与成本。

进入迭代前的大版本计划、小版本计划和迭代计划初步确定了项目范围及发布节点、核心资源要求等。在迭代过程中对产品需求列表的细化，扑克牌估算（Cohn，2010）出用户故事的故事点数，迭代计划时的调整及用户故事任务的识别等活动，可以实现 4 个特定实践的活动。在某种程度上，敏捷架构下计划参数的调整维护更加频繁，用户故事是计划的核心，所有活动都围绕着这些用户故事（需求）的实现来进行。敏捷中的故事点及团队的速率是用于估算、计划的核心依据。

> SG 2 项目计划得到建立与维护，以此作为管理项目的基础。
>> SP 2.1 建立并维护项目的预算与进度。
>> SP 2.2 识别并分析项目风险。
>> SP 2.3 为项目数据的管理制订计划。
>> SP 2.4 为执行项目所需的资源制订计划。
>> SP 2.5 为执行项目所需的知识与技能制订计划。
>> SP 2.6 计划所识别的利益相关人的参与。
>> SP 2.7 建立并维护整体项目计划。

　　Scrum 在很大程度上可以满足项目计划过程域的第二个特定目标。遵循远粗近细的原则，敏捷团队在迭代前及迭代进行中会依据产品需求列表中的本次发布需求实现的用户故事，估算出所需工作量（这也是软件项目中的主要成本）。项目所需其他预算会在做版本规划时识别出来，并在迭代中根据实际情况做出调整。项目潜在风险会在迭代过程中不断识别，一些每日例会中识别出来的障碍就是会影响到迭代目标实现的风险，重要的风险会记录在敏捷岛中以便处理跟踪。在建立敏捷支持环境时，必须明确技术、管理及其他项目使用或产出的数据的存储及使用方式。每个迭代的完成标准（Done）应该包含需要归档的文档（数据）。项目所需的资源（人、设备、开发测试环境等）在版本规划时识别，在迭代中，资源缺乏问题会被作为障碍提出解决。在建立跨职能的敏捷团队时，为了能成功完成需求列表定义的用户故事的开发，所需技能要求会被明确定义，如需求相关的技能（应用领域知识、相关系统产品知识和需求管理工具的使用经验等）、设计能力、足够的开发经验和测试能力等。如果团队成员在技能上不能达到要求，那么团队成员的学习任务（可能是培训）应该纳入产品需求列表中。敏捷社区会定义项目所有重要的利益相关人以及和团队的关系，这个社区会在迭代中不断维护。版本计划，迭代计划，加上白板的任务认领及跟踪构成了敏捷的项目计划。每次迭代后，版本计划会适当做些调整。我们可以清楚看到本目标下的 7 个特定实践可以帮助完善提醒敏捷中计划应该考虑的内容。

　　SG 3　对项目计划的承诺得到建立与维护。
　　SP 3.1　评审影响项目的所有计划，以理解项目的承诺。
　　SP 3.2　调整项目计划以协调可用的资源与估算的资源。
　　SP 3.3　从负责执行与支持计划实施的相关利益相关人处获得承诺。

　　Scrum 框架及活动基本满足了项目计划过程域的第三个目标要求。做什么是产品经理的责任，而如何做则是团队的责任。版本计划、迭代计划是敏捷团队的共识，是管理者认可的，也是和客户平衡的结果。团队速率是决定进度要求的重要约束条件，敏捷的自我管理模式以及其开发节奏也是开发人员的承诺依据。在考虑实现本目标时，用产品需求列表和客户及管理层达成共识、承诺至关重要。

　　这 14 条实践可以视为敏捷计划过程中的一些重要关注点，它们能让团队考虑得更全面，从而减少开发中的风险。

8.2.3　项目监督与控制和"Scrum+极限编程"

　　项目监督与控制（project monitoring and control，PMC）过程域强调的是以计划为依据提供对项目进展的了解，以便在项目实际情况显著偏离计划时采取适当的纠正措施。虽然变更计划可以是纠正措施的活动之一，但我觉得也许用"调整"这个词更加合适。在多数情况下，实际和计划有较大偏差的原因是因为计划不准确，它来源于计划时的各种不确定性。如果把实际和计划的差异当作错误来纠正，那就是在说计划是正确的，任何偏离都是不对的。我想这绝不是 CMMI 模型的本意。

> SG 1　对照项目计划，项目的实际进展与绩效得到监督。
> SP 1.1　对照项目计划，监督项目计划参数的实际值。
> SP 1.2　对照项目计划，监督所识别的承诺。
> SP 1.3　对照项目计划，监督所识别的风险。
> SP 1.4　对照项目计划，监督项目数据的管理。
> SP 1.5　对照项目计划，监督利益相关人的参与。
> SP 1.6　定期评审项目的进展、绩效与问题。
> SP 1.7　在选定的项目里程碑处，评审项目的已完成情况与结果。

项目监督与控制的第一个特定目标和项目计划的第二个特定目标有密切的关系：这里监控的内容就是计划的内容。Scrum 在很大程度上可以满足本目标的要求，它要求的 3 个监控点（迭代评审会、迭代回顾会和每日站立会）加上 Scrum 的 3 个文档（产品需求列表、迭代需求列表和燃尽图）在很大程度上可以实现 7 个特定实践。我们同时需要设计好敏捷岛，将一些关键的利益相关人、风险等展示出来，在迭代中时时提醒团队。如果团队使用敏捷管理工具或使用敏捷日志的话，那么 7 条实践的内容应该根据需要作为关注点。

> SG 2　当项目绩效或结果显著偏离计划时，纠正措施得到管理，直至关闭。
> SP 2.1　收集并分析问题，确定处理问题所需的纠正措施。
> SP 2.2　对已识别的问题采取纠正措施。
> SP 2.3　管理纠正措施直至关闭。

Scrum 通过高频率的审查和调整实现这个目标。每日站立会让团队及时识别问题，站立会后的问题解决会议则帮助团队及时解决关闭问题。白板、敏捷岛的关键问题、敏捷日志、回顾会等都可能是实现本目标的载体。

在敏捷环境下，团队的监控频率大大高于传统开发模式，能将反馈的价值最大化。项目监督与控制过程域为敏捷团队指出了一些重要的监控点。

8.2.4　供方协议管理和“Scrum+极限编程”

供方协议管理（supplier agreement management，SAM）过程域主要是管理从供方采购产品与服务的活动，它定义了两个特定目标和 6 个特定实践。

SG 1　与供方的协议得到建立与维护。

　　SP 1.1　为要采购的每一个产品或产品组件确定采购类型。

　　SP 1.2　评价供方满足规定需求与已建立准则的能力，并以此为基础选择供方。

　　SP 1.3　建立并维护供方协议。

SG 2　与供方的协议得到项目与供方双方的履行。

　　SP 2.1　与供方共同执行供方协议中规定的活动。

　　SP 2.2　在接受所采购的产品前，确保供方协议得到履行。

　　SP 2.3　确保采购自供方的产品的移交。

　　Scrum 和极限编程都未明确覆盖本过程域定义的活动，但采购活动往往由公司的采购部来管理。一般来讲，软件公司的采购流程都会覆盖到 6 个特定实践。敏捷团队要做的事，就是在考虑解决方案时识别采购需求，参与供应商的招标过程，并将所选供应商作为重要的利益相关人管理起来。如需要，按计划在做系统集成测试时覆盖供应商提供的产品或其开发出的通过验证的代码。

　　供方协议管理过程域提醒敏捷团队在选用第三方产品或服务时应关注的活动，对控制供方产品服务质量很有帮助。

8.2.5　集成项目管理和"Scrum+极限编程"

　　集成项目管理（integrated project management，IPM）过程域要求项目依据组织的标准过程裁剪适合本项目的定义过程，并以此为依据建立并管理项目以及利益相关人的参与。对于规模大、复杂、产品含强耦合关系的项目来讲，本过程域为敏捷提供了很好的帮助。从 CMMI 模型角度来看，它是项目计划和项目监督与控制两个过程域的升华。这个过程域对使用敏捷的团队提出了一个重要的要求：必须结合本地情况，建立自己、可操作的敏捷过程和敏捷活动。

　　Scrum 和极限编程在一定程度上部分实现了本过程域的要求。

SG 1　项目的进行能够使用从组织标准过程集裁剪得到的已定义的过程。

　　SP 1.1　从项目启动开始并贯穿项目生命期的始终，建立并维护项目已定义的过程。

　　SP 1.2　使用组织级过程资产与度量库来估算并计划项目活动。

　　SP 1.3　基于组织的工作环境标准，建立并维护项目的工作环境。

　　SP 1.4　集成项目计划与影响项目的其他计划，以描述项目已定义的过程。

　　SP 1.5　使用项目计划、影响项目的其他计划以及项目已定义的过程来管理项目。

　　SP 1.6　建立并维护团队。

　　SP 1.7　将过程相关经验贡献给组织级过程资产。

哪怕敏捷项目只是组织内的一类项目，团队在建立自己的敏捷过程时也需要一些裁剪、本地化的工作。一些裁剪的例子包括：迭代的周期（2 周、4 周）、各类活动的时间盒的时长（如迭代计划会、评审会、回顾会、需求细化会等）、评审会的开法、回顾会的做法以及团队要遵循的工程实践等。这些决策应该在迭代前确定，如需要，团队可以在回顾会时根据需要进行必要调整。Scrum 和极限编程对组织层面的经验、数据积累及其分享没有提出要求，这正是 CMMI 可以完善敏捷的地方。团队速率是敏捷计划时需要的重要数据，故事点数、功能点数等都可以度量软件规模。这些数据会用在版本及迭代计划中，这里要强调的是团队有责任在每次迭代后提交本次迭代的相关数据，这样才能提升度量库的精准度以提升估算能力。产品线、部门或整个公司定义的开发、测试环境和对敏捷岛的要求是团队工作环境的基准。Scrum 中的管理实践直接可以对应到 SP 1.4、SP 1.5 和 SP 1.6。SP 1.7 要求回顾会的经验及知识分享必须由渠道扩大到其他团队，这个渠道应该是组织层面（可以是公司、部门、产品线）的过程财富库。

> SG 2   项目与项目利益相关人之间的协调与协作得到开展。
>
> SP 2.1   管理利益相关人在项目中的参与。
>
> SP 2.2   与利益相关人共同识别、协商并跟踪关键依赖。
>
> SP 2.3   与利益相关人共同解决问题。

对敏捷项目社区的管理、对每日站立会议所识别障碍的处理、团队内的自我管理模式以及 Scrum of Scrum 可以有效支持本目标的 3 个实践的实施落地。

8.2.6   风险管理和"Scrum+极限编程"

风险管理（risk management，RSKM）的目的在于在项目潜在的问题发生前对其进行识别，以便在整个产品或项目生命期中做出计划，并在需要时启动风险的处理行动，从而降低这些潜在问题对达成目标产生的不利影响。敏捷的增量开发快速反馈的模式本身就是缓解需求和技术不稳定带来的风险的策略。

Scrum 和极限编程没有明确定义风险识别、分析和缓解的要求，但其对影响迭代目标实现障碍识别和及时处理的要求包含了风险管理的内容。遵循本过程域的要求，适当轻量地定义风险来源、类别和处理策略，对敏捷团队来讲是一件有价值的事。

国内很多 CMMI 企业都没有让风险管理这个过程域起到作用，很多只是在形式上进行风险管理，没有真正有效地关注并及时处理可能导致项目失败的潜在问题。在敏捷环境下，我们更应该注重效果而非形式。

> SG 1   风险管理的准备工作得以进行。
>
> SP 1.1   确定风险来源与类别。

> SP 1.2　定义用于对风险进行分析、分类以及用于控制风险管理工作的参数。
>
> SP 1.3　建立并维护用于风险管理的策略。

在适当层面建立一个简单的风险库，并对其进行必要的维护不会占用团队太多的时间。将常见的技术、人员、供应商、资源等风险进行分类，并整理出一些有效的管理缓解措施，对团队是有益处的。至于用于控制风险管理的参数，则可以大大简化，不必要硬性要求一定要算出可能性、严重程度、重要程度等。一般来说，一个团队最多能关注缓解 3 ～ 5 个风险。真正有效缓解一个风险，比识别 10 个不明不白的风险要强得多。风险库的形式可以很灵活：可以在过程网站上体现，可以是一个共享的 Excel 表，也可以是贴在敏捷信息墙上的一张纸；回顾会也是完善风险库的好机会。

> SG 2　风险得到识别与分析，以决定其相对重要性。
>
> SP 2.1　识别风险并将其文档化。
>
> SP 2.2　用已定义的风险类别与参数，对识别出的每个风险进行评价与分类，并确定其相对优先级。

这个目标的实现可以通过类似 Top 3（或 Top 5）风险识别管理的方式完成。每个迭代团队可以跟踪 3 个值得关注的风险，在做新一轮迭代计划时，对其做必要的更新。关闭的风险或价值低的风险可以被新的风险所替代。这些风险可以记录在敏捷管理工具中，也可以写在敏捷信息墙上。

> SG 3　风险得到适当的处理与缓解，以降低其对目标达成产生的不利影响。
>
> SP 3.1　依照风险管理策略，制订风险缓解计划。
>
> SP 3.2　定期监督每个风险的状态，并适当地实施风险缓解计划。

团队可以通过例会特别是回顾会监控风险缓解的效果。风险缓解的具体任务可以写在迭代的任务白板上，站立会自然可以让整个团队了解对风险的处理状况。

敏捷团队完全可以通过轻量的方式将风险管理活动自然地融入其敏捷过程中。

8.3　用敏捷实践实现 CMMI 工程活动的要求

8.3.1　需求开发和"Scrum+极限编程"

需求开发（requirements development，RD）的目的在于挖掘、分析并建立客户需求、产品需求与产品组件需求。需求开发主要包括 4 个重要活动：需求获取、需求分析、需求描述、需求确认，它们也是需求开发过程域定义的核心活动。成功的需求开发不是 4 个活动走一轮就可以完成的，而是需要多次迭代逐步实现的。没有所谓"敏捷需求"，因为不论采用什么开发模式，开发团队都必须获取同样的需求信息才开发出客户需要的产品。在敏捷模式下，上述 4 个活动的做法和传统模式会有些差异。

本过程域描述 3 类需求：客户需求、产品需求与产品组件需求。综合起来，这些需求涉及利益相关人的需要，包括与不同的产品生命周期阶段（如验收测试准则）和产品属性（如响应性、安全性、可靠性、可维护性等）相关的需要。需求还涉及源于设计解决方案（如商用现货产品的集成、特定架构模式的使用等）的选择所带来的约束。

在敏捷环境中，客户需要与期望不是一次梳理完成的，而是以迭代的方式进行挖掘、细化说明、分析并确认的。需求的文档化是以诸如用户故事、场景、用例、产品需求列表以及迭代的结果（在软件中指可运行的代码）等形式进行的。在具体迭代中要先实现哪些需求是由风险评估驱动的，并由与产品需求列表中的遗留事项相关联的优先顺序驱动。迭代评审会议是进一步挖掘细化需求的好机会。

> SG 1   利益相关人的需要、期望、约束与接口得到收集并转化为客户需求。
>
>   SP 1.1   挖掘利益相关人对产品生命周期所有阶段的需要、期望、约束与接口。
>   SP 1.2   将利益相关人的需要、期望、约束与接口转换为划分了优先级的客户需求。
>
> SG 2   客户需求得到提炼与细化，以开发产品与产品组件需求
>   SP 2.1   依据客户需求，建立并维护产品与产品组件需求。
>   SP 2.2   为各产品组件分配需求。
>   SP 2.3   识别接口需求。
>
> SG 3   需求得到分析与确认
>   SP 3.1   建立并维护操作概念与相关场景。
>   SP 3.2   建立并维护必需的功能与质量属性的定义。
>   SP 3.3   分析需求以确保其必要性与充分性。
>   SP 3.4   分析需求以平衡利益相关人的需要与约束。
>   SP 3.5   确认需求，以确保所做出的产品在最终用户的环境中能如预期执行。

产品需求列表是收集整理客户需求的重要产出物，产品经理和利益相关人的沟通，极限编程实践中现场客户代表设置，都可以帮助实现本目标的要求。敏捷团队根据自己的能力计划每一次迭代，同时 Scrum 和极限编程强调需求的逐步进化，要求通过产品功能演示的方式不断细化确认需求。除了对客户、产品需求文档化以及质量属性定义可能会有些争议外，"Scrum+ 极限编程"可以有效实现需求开发过程

域的 3 个目标。

质量属性的分析应该在迭代前的阶段中识别，因为某些质量属性对架构设计会有重要的影响，而架构应该在迭代前建立、在迭代中完善。至于需求的哪些细节需要文档化则需要协调，并由丢失哪些已有知识的风险来驱动。为了支持维护的要求，敏捷团队仍可能需要建立客户文档（用户需求文档）与产品文档（软件规格说明），以便于对多种解决方案进行探索。随着解决方案的显现，对衍生需求的职责被分配给适当的团队。

本过程域对质量属性的关注以及对必要需求文档化的要求弥补了敏捷的不足。

8.3.2 技术解决方案和"Scrum+极限编程"

技术解决方案（technical solution，TS）的目的在于选择、设计并实现对需求的解决方案。在敏捷环境中，关注点是及早进行解决方案的探索。通过更明确地进行选择并进行决策的权衡，"技术解决方案"过程域有助于提高决策的质量，无论其是单独的还是长期的。解决方案可以用功能、特性集、发布或其他任何有助于产品开发的成分进行定义。当团队之外的人员未来从事产品方面的工作时，所安装的产品中通常包括了发布信息、维护日志与其他数据。为了支持产品未来的更新，要记录下（权衡、接口与所购买的部件的）依据，以便更好地理解为什么会有该产品。如果所选的解决方案风险很低，就会大大降低将决策进行正式记录的需要。至于这些文档的详细程度、编写时机，则需要团队根据未来读者的背景来决定。

> **SG 1** *产品或产品组件解决方案得以从备选解决方案中选出。*
> **SP 1.1** *开发备选解决方案与选择准则。*
> **SP 1.2** *基于选择准则，选择产品组件解决方案。*

系统级解决方案的确定往往在迭代前完成，对于重要的新系统或升级都需要在几个备选方案中选择。在迭代中，也许会需要模块级方案的选择。无论采用什么开发模式，架构或系统级解决方案的确定都需要深思熟虑。一些重要的技术难点（模块）的解决思路则可以在迭代前选择确定，快速的迭代可以让团队对解决方案及时做出调整。

> **SG 2** *产品或产品组件设计得到开发。*
> **SP 2.1** *开发产品或产品组件的设计。*
> **SP 2.2** *建立并维护技术数据包。*
> **SP 2.3** *使用所建立的准则设计产品组件的接口。*
> **SP 2.4** *依据所建立的准则，评价产品组件是应当自行开发还是购买或者复用。*

　　极限编程中的设计实践是实现本目标的基础。需要归档的技术数据包应该是迭代 "完成"（Done）的标准之一。在敏捷环境下，有可能同时开展设计、开发、测试的工作。代码有可能体现了设计，代码重构也是设计的优化。是复用、沿用还是自行开发也是不可避免的团队决策。

　　敏捷团队的软件设计实践有必要考虑本目标下的特定实践，以保证有效的设计得以执行。

> **SG 3　产品组件与相关支持文档按照设计得以实现。**
> **SP 3.1　实现产品组件的设计。**
> **SP 3.2　开发并维护最终使用文档。**

　　编码规范及代码重构是敏捷团队必须遵循的实践，重要的资料（特别是用户及维护人员使用的文档）也是必须重视的。我推崇这样一个原则：给客户看的东西，都必须认真准备、开发、评审。

　　在敏捷开发过程中，根据项目特点融入技术解决方案过程域的要求，是一件十分必要的事。

8.3.3　产品集成和"Scrum+极限编程"

　　产品集成（product integration，PI）的目的在于将产品组件装配成产品，确保产品作为一个整体正确地运行（即具有所要求的功能与质量属性）并交付产品。在敏捷环境中，软件产品集成是频繁的活动，常常每天进行多次。极限编程的"持续集成"实践，持续地向代码库添加可工作的代码。除了持续集成以外，产品集成策略还说明如何并入供方提供的组件，如何构建功能（分层或者"纵向切片"），以及何时进行"重构"。应该在项目初期建立该策略并及时修订，以反映逐步演进和出现的组件接口、外部输入、数据交换和应用程序接口。持续集成过程域对敏捷来讲是一个重要的过程域。

> **SG 1　产品集成的准备工作得以进行。**
> **SP 1.1　建立并维护产品集成策略。**
> **SP 1.2　建立并维护支持产品组件集成所需的环境。**
> **SP 1.3　建立并维护产品组件集成的规程与准则。**

　　本目标的 3 条实践应该在迭代前的准备阶段完成，由于持续集成是支持敏捷开发的核心基础，必要的在策略、环境、规程及标准方面的准备至关重要。随着迭代的进行，集成各个环节的不断完善也是必需的。

> **SG 2**　产品组件的内部与外部接口都是兼容的。
> 　　**SP 2.1**　评审接口描述的覆盖度与完整性。
> 　　**SP 2.2**　管理产品与产品组件的内部与外部接口的定义、设计与变更。

对需求分析及设计活动中确定的接口要求，团队也要管理起来，确保模块间、系统间的兼容。在发生变更的情况下，首先要分析对其他模块的影响，确保接口的一致。持续集成对任何变更的实时反馈可以帮助团队及时识别问题，特别是解耦问题，这些都会有助于本目标的实现。

> **SG 3**　经过验证的产品组件得到装配，经过集成、验证与确认的产品得到交付。
> 　　**SP 3.1**　在装配之前，确定装配产品所需的每一产品组件都得到了正确的识别，能按照其描述运行，并且产品组件的接口符合其接口描述。
> 　　**SP 3.2**　按照产品集成策略与规程装配产品组件。
> 　　**SP 3.3**　评价装配后的产品组件的接口兼容性。
> 　　**SP 3.4**　打包已装配的产品或产品组件并将其交付给客户。

测试的自动化及版本控制可以逐步支持团队做到全面的自动的持续集成，同时越来越多的软件产品在采用自动装配、安装，大大减少了人的介入。如果我们能够做到系统的自动部署，那么我们也就不难做到增量构建验证系统，支持增量交付。

自动集成的最大好处之一是能让团队在任何时间段都不怕修改代码，因为他们可以在第一时间验证新的变更是否破坏了原来的系统。

本目标下的 4 条实践都是每次装配、安装、交付应该做的事情。

8.3.4　验证和“Scrum+极限编程”

验证（verification，VER）的目的在于确保选定的工作产品满足其规定的需求。一般来说，验证活动主要包括各种技术文档的同行评审、单元测试、部件测试、配置项测试、集成测试、系统测试等质量控制活动。

在敏捷环境中，由于客户的介入和频繁的发布，验证与确认、集成是相互支持的。例如，一个缺陷可能导致对原型或早期发布的确认提早失败。相反，早期并持续的确认有助于确保对正确的产品实施验证。“验证”“确认”与“集成”过程域有助于确保采用系统化的方法来选择将要评审和测试的工作产品、将要采用的方法与环境以及将要管理的接口，这些都有助于确保尽早识别并处理缺陷。产品越复杂，就需要系统化程度越高的方法来确保需求与解决方案之间的相容性，以及与产品未来用途的一致性。在敏捷环境下，过程域之间你中有我、我中有你的情况更加突出。

> SG 1　验证的准备工作得以进行。
> 　　SP 1.1　选择待验证的工作产品以及将采用的验证方法。
> 　　SP 1.2　建立并维护支持验证所需的环境。
> 　　SP 1.3　建立并维护用于选定工作产品的验证规程与准则。

本目标的方法、环境、规程与准则是迭代前要确定，同时需要在迭代过程中不断完善的。尽可能地让各类测试自动化也成为敏捷追求的目标。

> SG 2　对选定工作产品的同级评审得到执行。
> 　　SP 2.1　为选定工作产品的同级评审做准备。
> 　　SP 2.2　对选定工作产品进行同级评审，并识别这些评审中发现的问题。
> 　　SP 2.3　分析与同级评审的准备、实施与结果相关的数据。

敏捷不支持传统意义的同行评审，没有明确要求对需求、设计、测试方案用例等进行技术评审。敏捷仅强调对代码的评审，极限编程结对编程甚至要求将其做到极限，将代码检视融入编码过程中。Scrum 中的需求细化澄清会议在某种意义上来讲就是不做记录、非正式形式的需求评审。我认为在某些场景下传统的同行评审还是需要的，如新产品的架构、耦合性强的设计、难度大的模块设计等。对变更成本高的技术文档（如架构）进行严格、有效的同行评审能够更好地支持敏捷的迭代开发。

同行评审是国内软件企业做得不好的一个 CMMI 实践，大多数达到 CMMI 三级或三级以上的组织，同行评审的效果都非常有限，也就是说它们发现的真正缺陷不多。在有效的资源下，同行评审一定要抓重点、抓效果。我们不需要做到评审所有文档、走读所有代码，我们只需要关注关键的、问题可能会较多的（如新人的工作）技术文档。使用的评审方法也极为重要，大家可以参考 Ron Radice（2002）的书中建议的评审过程、方法。从我的经验来看，敏捷团队对 SP 2.1 和 SP 2.2 的活动争议不大，但不愿意做 SP 2.3 建议的评审数据收集及分析，认为这些活动价值不大。造成这种想法的原因主要是他们没有完全理解分析评审数据的目的，不清楚这些数据用在哪里。SP 2.3 主要要求度量评审效率，其目的是更有效地制订评审计划，了解评审能力的提升。特别是当团队在使用不同的评审方法时，了解各个方法发现缺陷的能力就格外重要了。团队可以根据进度约束、质量要求等选择合适量级的评审方法。

> SG 3　对照其规定的需求，选定的工作产品得到验证。
> 　　SP 3.1　对选定的工作产品执行验证。
> 　　SP 3.2　分析所有验证活动的结果。

本目标建议的活动是自然要做的工作，在适当的时间点通过测试结果分析对产品质量做个判断也是很重要的。

8.3.5　确认和"Scrum+极限编程"

确认（validation，VAL）的目的在于证明产品或产品组件被置于预期环境中时满足其预期用途。在敏捷环境下，确认活动与验证、集成活动经常是交互进行、相互支持的。将确认活动提前可以提早获得用户反馈，这样就有助在开发过程中完善产品，推迟产品功能的冻结点。由于有验证及集成的支持，后期变更成本不会比前期大很多，团队将不再有对变更的恐惧。

在某种意义上，由用户或其代表参加的 Scrum 的评审会议可以理解为本过程域定义的确认活动，但这还远远不够。在每次产品发布时，团队还是需要和客户配合，进行诸如试运行、模拟、验收测试之类的确认活动，确认过程域可以很好地指导这些活动。

> **SG 1**　确认的准备工作得以进行。
> **SP 1.1**　选择待确认的产品与产品组件以及将采用的确认方法。
> **SP 1.2**　建立并维护支持确认所需的环境。
> **SP 1.3**　建立并维护确认规程与准则。

确认的准备十分必要，除了环境、规程与准则之外，团队需要确认验证进度及内容。特别是开发出的软件需要特定硬件、操作环境的支持的情况下（如嵌入式软件），如何利用软件的灵活性弥补硬件高成本的变更，推迟系统功能的冻结点就显得更加重要。在开发后期，硬件的问题可以通过软件来纠正。一些非功能（如外部质量属性或内部质量属性）的确认也需要好好规划。

在确定用户故事优先级时，确认的硬件及操作环境的约束条件也应该是一个重要的考虑点。

> **SG 2**　产品或产品组件得到确认，以确保它们适用于预期的运行环境。
> **SP 2.1**　对选定的产品与产品组件执行确认。
> **SP 2.2**　分析确认活动的结果。

像验证的第三个特定目标一样，本目标也是自然要执行的。在敏捷环境下，分析活动不应该仅仅局限于缺陷分析，而且也要对实现技术及后期产品规划做些评价和建议。

我想再用 Jeff Sutherland 提出的敏捷出口入口控制模型（见图 6-4）来总结一下 CMMI 的工程过程域。

这个模型的核心理念是 Ready 和 Done，也就是迭代的头尾，对最大化的创造价值至为关键：Ready Ready 和 Done Done（这里第一个 Ready 和第一个 Done 可以看作动词）。其强调进入迭代前的准备及出口的把关是提高 Scrum 团队效率的关键。所谓 Ready，我认为就是要求迭代前团队完成下列工作：

- 团队对所开发产品愿景有了充分的了解；
- 业务（产品经理）和团队对产品需求列表中部分高优先级的用户故事完成了细化（至少可以支持 2 个迭代的开发）；
- 团队至少初步完成了对产品架构的设计、开发分工；
- 团队确定了开发策略，即是复用、沿用或是新开发的决策；
- 团队建立了必要的开发环境、集成环境、验证环境、确认环境、遵循的敏捷过程和工程实践等；
- 团队完成了识别出的必要准备工作。

所谓 Done，就是要求对每次迭代进行严格把关：

- 对用户故事建立了明确的、可测试的标准，并严格执行；
- 有一套明确的技术债务的管理控制机制，在迭代中及时还债；
- 建立了制度化的测试、集成的环境支持，在迭代中严格执行；
- 建立了制度化的编码规范及静态检验过程，在迭代中严格执行；
- 每次发布的版本经过必要的确认；
- 按要求提交支持及归档文档；
- 产品经理和团队只接受 100% 完成的用户故事，不会接受部分完成的需求。

当你再回顾一下 CMMI 的工程过程域时，不难得出结论：它们是 Ready Ready 和 Done Done 的重要保障。在敏捷开发过程中，实现 CMMI 工程过程域的目标要求是十分必要的，这些工程实践在一定程度上在重要点方面给了敏捷团队很好的提示。

8.4   用敏捷手段实现 CMMI 支持活动的要求

在敏捷框架下也包括 CMMI 支持过程域定义的一些活动，只是这些活动系统性和专业不强。如 Scrum 中的过程经理就做了很多 PPQA 的工作；团队速率是一个核心的度量项，而它的使用场景也是十分清晰的；而频繁的构建及代码共享使敏捷团队形成了自己独特的配置管理活动。大部分 CMMI 的支持过程域可以完善敏捷的支持活动，使之更加专业化，保障产品质量及团队的效率。

8.4.1   敏捷环境下的过程与产品质量保证

过程与产品质量保证（process and product quality assurance，PPQA）的目的在于

向员工与管理层提供对过程及其相关工作产品的客观洞察，既然产品的质量依赖过程质量，那么过程的执行及改进就变得格外重要。人们常说 QA 是管理者的眼睛，那就一定不要让他们得"白内障"。中国企业在引入 QA 机制时有一个通病，那就是过于形式化，做不到真正有价值的过程、产品稽核。

我认为 QA 可以在 3 个层次上进行稽核：有没有；对不对；合理不合理。不同的层次对 QA 人员的要求不一样，是管理者决定自己企业 QA 的定位层次。在敏捷环境中，团队倾向于关注迭代的直接需要，而不是更长期与更广泛的组织级需要。为实现客观评价的价值与效率，敏捷组织需要确定以下几点。

- ☐ 谁来做 QA 的工作。
- ☐ 过程、产品的评价如何进行。
- ☐ 评价的重点是什么，将评价哪些过程与工作产品。
- ☐ 评价活动及结果将如何做到和团队的节奏合拍（例如，作为每日会议的一部分、检查单、同级评审、工具、持续集成和回顾）。

SG 1　所执行的过程及其相关的工作产品，对适用的过程描述、标准与规程的遵守程度，得到客观评价。

　　SP 1.1　对照适用的过程描述、标准与规程，客观评价所选择的已执行过程。

　　SP 1.2　对照适用的过程描述、标准与规程，客观评价所选择的工作产品。

上面 4 个问题的答案可以对应到本目标的实践。是使用专职 QA 人员还是将 QA 活动分散给不同的敏捷角色，这需要组织和团队来决定。如何进行 QA 活动？应该是活动中（每日例会）和节点（如迭代结束时的回顾会议）的结合。进入迭代前团队需要一起确定稽核的对象、方式，并对 QA 的价值达成共识。QA 活动必须自然融入迭代的活动中，实现对所执行的敏捷过程及产品的客观评价，降低质量及效率风险。

SG 2　不符合问题得到客观的跟踪与沟通，并确保得到解决。

　　SP 2.1　与员工和管理人员沟通质量问题，并确保不符合问题的解决。

　　SP 2.2　建立并维护质量保证活动的记录。

对不同的不符合问题可能有不同的处理方式：有些需要实时处理，如在每日例会中提出、例会后解决；有些问题有可能需要在回顾会议上讨论，在后续迭代中调整完善。团队应该养成好的习惯，可以在迭代日志或关注问题版面上记录重要的问题。在敏捷环境下实施 CMMI 的实践，需要一些跳出框架的思维、做法，特别是需要有计划、数据、记录的地方。记住一点：务必不要为做 QA 而做 QA，要实现有价值的 PPQA。

表 8-1 给出的是敏捷过程评价的检查单，可以用来指导敏捷开发过程中对过程的 6 个方面进行客观评价，

表 8-1 敏捷过程评价的检查单

序号	敏捷团队评估	分数	备注
	产品所有权总分		
1	确定产品的功能		
2	根据市场价值确定功能优先级		
3	标准任务数预测		
4	在每个 Sprint 开始前调整功能和调整功能优先级		
5	产品经理和利益相关人参与迭代和发布计划		
6	产品经理和利益相关人参与迭代和发布审查		
7	产品经理持续和团队协作		
8	在 Sprint plan 会议之前细化了需求		
9	产品功能用户故事来描述		
	发布计划和跟踪总分		
1	建立发布主题并充分沟通		
2	参加发布计划例会，会议很有效		
3	团队经常进行小版本发布		
4	团队在发布日完成任务，产品经理接收发布		
5	参加发布审查例会，会议很有效		
6	团队兑现他们的发布承诺		
7	是否进行风险管理		
	迭代计划和跟踪总分		
1	建立迭代主题并充分沟通		
2	参加迭代计划例会，会议很有效		
3	测量团队开发速度并用于计划		
4	定义了迭代记录		
5	迭代记录进行优先级排序		
6	团队开发并管理迭代记录		
7	团队定义、评估选择自己的工作（故事和任务）		
8	团队在迭代计划中讨论接收准则		
9	根据要完成的任务（剩余工时表）和接收卡（进度）跟踪迭代进度		
10	在迭代过程中，产品经理不会增加任务		

序号	敏捷团队评估	分数	备注
11	团队完成任务，产品经理接收迭代		
12	迭代周期固定		
13	迭代周期不超过2周		
14	参加迭代审查审查会议，会议很有效		
15	团队评审和改写（持续提升）迭代计划		
16	基线已经争取建立		
17	基线审计已经完成，不符合问题得到解决		
18	变更管理已经关闭		
19	配置状态报告通知相关人员		
20	风险描述、风险分析符合过程要求		
21	风险计划及其措施执行情况得到跟踪		
22	识别的决策内容是否按照要求进行决策		
23	按组织要求收集了项目过程中的度量数据		
	团队效率总分		
1	团队不超过10人		
2	团队在一个能够培养合作精神的物理环境中工作		
3	团队成员兑现承诺		
4	每日站立例会能够准时召开、充分参加和高效沟通		
5	团队引导沟通，沟通不是被管理的		
6	团队敏捷实践和惯例进行自律和强化		
7	团队评审和改写（持续提升）整体过程		
	测试实践总分		
1	在开发之前编写Sprint测试脚本及用例		
2	每个迭代周期内所有测试都完成了，没有落后的		
3	每个迭代周期内的缺陷都在本次迭代中修复了		
	开发实践总分		
1	高效应用合适的源代码控制系统		
2	100%成功的持续构建		
3	开发者每天至少一次集成代码		
4	团队有自己工作平台的管理员访问权限		

续表

序号	敏捷团队评估	分数	备注
5	团队对自己的开发环境有管理员控制权限		
6	恰当而高效的代码审查实践		
7	集成构建时故事被接收并可以演示		
8	识别的需要评审的工作产品是否都按照要求实施，评审记录是否清晰，评审结果是否分析		
	其他反馈		
1			
2			
3			

在此基础上通过雷达图识别问题点，指导后续改进调整，如图 8-2 所示。敏捷团队可以根据自己的需要调整检查项和关注点，也就是第一个目标下讲的选择评价执行的过程活动及工作产品。

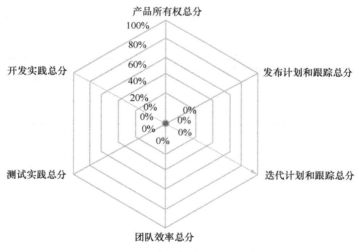

图8-2　过程度量评价雷达图

8.4.2　敏捷环境下的配置管理

配置管理（configuration management，CM）的目的在于使用配置识别、配置控制、配置状态记录与报告以及配置审计，来建立并维护工作产品的完整性。在敏捷环境中，配置管理是非常重要的，因为需要支持频繁变更、频繁构建（通常为每天）、多条基线与多个配置管理支持的工作区（如为个人、团队，甚至结对编程）。敏捷团队可能陷入困境，如果这个组织一没有将配置管理自动化（如构建脚本、状态记录与报告，完整性检查），二没有将配置管理作为单独的一套标准服务加以实施，在敏捷团队启动时，就应该识别负责确保配置管理活动正确实施的人。在每个迭代开始时，重新确定配置管理支持的需要。配置管理被谨慎地集成到各团队的工作节奏中，把焦点集中，尽量减少对团队的干扰，以使工作完成。

> **SG 1　所识别的工作产品的基线得到建立。**
> **SP 1.1　识别将置于配置管理下的配置项、组件与相关的工作产品。**
> **SP 1.2　建立并维护用于控制工作产品的配置管理与变更管理系统。**
> **SP 1.3　创建或发布供内部使用以及交付给客户的基线。**

迭代增量开发环境下的基线和瀑布环境下是完全不一样的，前者将需求、设计、实现、测试活动融合在一起，不断开发出产品的新功能；而后者是用接力的方式分开（当然必定会有重叠）完成需求、设计、编码、测试的活动。敏捷环境下，基线的核心是工作的代码，文档要求会轻量许多。

在迭代前，作为 Ready 的一部分，团队应该明确本目标下面的 3 个实践活动。

> **SG 2　置于配置管理下的工作产品的变更得到跟踪与控制。**
> **SP 2.1　跟踪对配置项的变更请求。**
> **SP 2.2　控制配置项的变更。**

敏捷下的变更控制比瀑布模式下灵活了许多，这主要来源于变更成本大大降低，以及对变更影响的及时评估。也许 CCB（change control board）的作用可以小很多，正如敏捷第二原则所言："即使到了开发的后期，也欢迎需求变更。敏捷过程利用变更为客户创造竞争优势。"从严格控制变更到"鼓励"利用变更，这是敏捷模式和瀑布模式在实施配置管理中最重要的不同。

> **SG 3　基线的完整性得到建立与维护。**
> **SP 3.1　建立并维护描述配置项的记录。**
> **SP 3.2　执行配置审计，以维护配置基线的完整性。**

通过自动测试、持续集成实时对变更进行确认，确保代码的正确性是敏捷配置审计的重要手段。至于需求、设计等其他文档和代码一致性的维护，则可视维护的要求执行。在什么样的颗粒度的级别保证一致性，需要平衡维护成本和其应用价值。我还是不能接受只有代码不"撒谎"的现象，也就是只有代码和使用的软件产品一致。在这种情况下，虽然良好的编程习惯会有帮助，但还是很难想象程序员在修改老代码时的难度。现在我还记得十几年前一家深圳的软件公司老总给我打的一个电话，他说他的公司要实施 CMMI 三级，他只有一个要求，就是将公司的主要软件产品（近 300 万行代码）的设计梳理清楚。他的合作伙伴（产品的架构师）由于利益分歧刚刚离开了公司，产品除了代码基本上没有维护其他需求、设计、用例的支持文档，现在公司没有人了解产品的架构，所以新版本的发布计划出了大问题。我告诉他，CMMI 的引入不能解决他手头的问题，但可以避免以后类似问题的发生。他最好的做法是和他的合作伙伴达成妥协，解决当前的问题，同时逐步恢复产品架构文档，并在后续升级中对需求、设计、测试用例提出一定的要求。另外一定要建立一套适用的编码规范，保证一致的风格及基本编程要求。

敏捷的配置实践给 CMMI 带来了不少好的方法，使用传统开发模式的团队也可以参考这些做法。

8.4.3　敏捷环境下的度量与分析

度量与分析（measurement and analysis，MA）的目的在于开发并保持用于支持管理信息需要的度量能力。国内很多通过 CMMI 评估的组织实施敏捷时，基本放弃了度量与分析的要求。导致这种现象的原因有两个：度量体系本来没有发挥作用，管理者基本不是参考数据进行管理；敏捷对度量体系应用的忽略。

我认为就是在敏捷环境下，这也是个重要的基础过程域，绝不应该放弃。如果你的组织已经建立了一套传统开发环境下的度量体系，敏捷转型必须对其做必要的调整。因为传统开发模式下的度量体系主要是支持瀑布约束目标实现管理，它无法有效支持敏捷价值驱动管理。度量决定行为，行为的变化意味着度量体系的变化。

想象一下下列问题对哪个组织、团队不重要：

- 你的团队能做多少事？今年比去年有提升吗？
- 每万行代码，你给用户带来多少缺陷？
- 评审发现缺陷的能力如何？不同测试发现问题的能力如何？
- 开发过程工作量如何分布——需求分析，设计，开发，测试还是项目管理？
- 缺陷的阶段植入如何分布——需求、设计、开发还是缺陷修复？
- 团队在执行哪些过程时最困难？
- 影响组织实现业务目标的短板在哪里？

相信你还能列出来更多的问题。这些问题的正确答案依赖于度量体系的建立与维护。当然，每一个度量项都有成本，我们绝不能为度量而度量，一定要让每一个度量项都发挥出它的价值。轻量易用是建立维护敏捷度量体系的一个重要原则。

> SG 1　度量目标和活动与所识别的信息需要和目标协调一致。
> 　　SP 1.1　建立并维护从所识别的信息需要与目标中导出的度量目标。
> 　　SP 1.2　明确说明应对度量目标的度量项。
> 　　SP 1.3　明确说明如何获得并存储度量数据。
> 　　SP 1.4　明确说明如何分析并沟通度量数据。

敏捷环境下实施本目标活动时要解决下列问题。

- **每个度量项的应用场景是什么**：谁来用？什么时候用？怎么用？
- **每个度量项的度量单位是什么**：这个问题看似简单，但并不简单。如很多团队用代码行度量规模，但如果不考虑细节问题，就会出现不可比的问题。如注释行算不算，自动生成代码算不算，不同语言的差异如何处理等细节都必须定义清楚。
- **每个度量项的收集存储如何执行**：度量项的收集点是什么，原始数据从哪里来，谁来收集，谁来验证数据的正确性，如何存储。
- **每个度量项如何分析、沟通**：如何分析度量项，出现在哪些报告记录中，通过什么方式告知相关利益方。

度量项的价值在于帮助组织、团队了解过程、产品、项目的状况，识别改进点。如果各个层次的管理者（他们是数据的使用者）对分析出的数据没有信心，不用来支持决策，那么相应的度量项就没有价值。

这个特定目标往往需要在组织层面实施，虽然度量与分析这个过程域只是个二级过程域。敏捷组织及团队根据需要及开发压力考虑好如何实施本目标的实践。一定不要忘了轻量易用的原则。

> SG 2　应对所识别的信息需要与目标的度量结果得到提供。
> 　　SP 2.1　获得规定的度量数据。
> 　　SP 2.2　分析并解释度量数据。
> 　　SP 2.3　管理并存储度量数据、度量规格说明与分析结果。
> 　　SP 2.4　与所有利益相关人沟通度量与分析活动的结果。

这个目标就是说团队需要按第一个特定目标提出的要求，收集数据、分析数据、使用数据、报告数据，并在适当的层面存储数据。度量需要积累，用度量指导决策的习惯需要逐步养成，这也是一个成熟团队、一个成熟组织的标志之一。

在敏捷环境下，我们需要格外注意度量在团队和组织层面的使用，要注意可比性。如不要轻易把不同团队的速率拿来一起比，将其作为好坏的依据。你的速率不一定是我的速率，团队的能力、软件的难度、使用的开发测试平台、规模（如故事点数）的定义差异等因素都会影响度量项的可比性。速率自然可以在其团队中用来指导版本计划的指定，但如所有团队都用 10 个团队的均值来指导估算，那准确性就要大打折扣了。但是这个均值在组织层面完全可以用来度量整体开发效率，判断度量改进效果在效率方面的体现。

有时一致性比度量颗粒度更重要，尽可能拿苹果和苹果比、香蕉和香蕉比，有时也许可以接受水果和水果比；但水果和动物比在大部分情况下则意义不大。这也是为何度量的可操作定义（operational definition）格外重要。

8.4.4   敏捷环境下的决策分析与解决

决策分析与解决（decision analysis and resolution，DAR）要求对重要问题的解决方案使用正式的评价过程，按适当的准则，对识别出的多个备选方案进行评价，以分析确定最终方案。

如果你一定要我从 CMMI 的 22 个过程域中拿掉一个的话，我会选择决策分析与决策这个过程域。不是说它不重要，因为决策是团队每天都要做的。我认为这个过程域的价值相对来讲不大，因为 CMMI 在其他过程域中（如技术解决方案、供方协议管理等）已经给出了何时做决策的点，而团队往往不会对重要的决策选择（影响到项目目标实现）非常随意。

在以往的评估经历中，会看到一些明显不需要走 DAR 流程的决策，而为了满足评估要求，团队也会做一些明显不必要的备选方案、不必要的准则，走了一场不必要的选择过场，做了一些不必要的 DAR 报告。这些不光违反了敏捷原则，同时也违反了 CMMI 的初衷，也绝不是评估必须做的。

> SG 1   使用已建立的准则评价备选方案，并以此作为决策的基础。
>   SP 1.1   建立并维护用以确定哪些问题需要使用正式评价过程的指南。
>   SP 1.2   建立并维护评价备选方案的准则，以及这些准则的相对等级。
>   SP 1.3   识别用以解决问题的备选解决方案。
>   SP 1.4   选择评价方法。
>   SP 1.5   使用已建立的准则和方法，评价备选解决方案。
>   SP 1.6   基于评价准则，从备选方案中选择解决方案。

敏捷自然不会明确定义这样一个实践，但在开发过程中，敏捷团队一定会碰到一些决策点，如架构的选择、工具的选择、团队人员的选择、上线与否的选择等。在敏捷团队定义的实践中，可以定义必要的决策点和决策方式。当然这个实践要求应该是轻量灵活的，不要为做 DAR 而做 DAR，只做有价值的 DAR。

8.5　敏捷环境下实现 CMMI 过程管理的要求

如何在组织层面推动过程改进是被敏捷遗忘的一个角落。敏捷强调团队内的持续过程改进，至于团队间的经验共享则没有提及。CMMI 强调的自上而下的改进理念和敏捷的自下而上的思路是很好的互补，用敏捷的方式来推动改进，也是能让过程落地的好办法。

下面的 3 个过程域，即 OPF、OPD 和 OT，Scrum 在团队层面通过回顾会的形式都有一些覆盖，但在组织方面则基本是空白。通过有效的方式实现它们的目标，会进一步促进敏捷过程价值的实现。有这 3 个过程的支持，企业高层也会对部署推动敏捷实施更加放心。

如何让一个团队回顾会上总结的经验有效地传递到其他适用的团队是一件值得摸索的事情，这件事情是实施 OPF 和 OPD 应该解决的问题之一。

有人认为在敏捷环境下很难实施制度化的过程改进活动，我不能认同这种看法。精益和敏捷的精髓实际上就是不断学习，不断实践，不断完善改进，不断提升。反馈的价值不就是完善有缺陷的做法吗？让这种完善变成永久的组织财富，让尽可能多的人受益，是需要制度化的改进的。

8.5.1　敏捷环境下的组织级过程关注

组织级过程关注（organizational process focus，OPF）的目的在于，基于对组织过程与过程资产当前的强项与弱项的透彻理解，计划、实施并部署组织级过程改进。敏捷组织同样需要在组织层面对过程的关注，包括改进规划、改进实施、改进部署、改进推广；同样需要在组织层面建立过程改进的支持体系，不论敏捷与否，过程自己是不会完善的，是不能仅靠团队自发改进的，是需要在组织层面投入的，是需要制度化在组织层面管理的。

> **SG 1　组织过程的强项、弱项与改进机会定期地以及在必要时得到识别。**
> **SP 1.1　建立并维护组织过程需要与目标的描述。**
> **SP 1.2　定期以及在必要时对组织的过程进行评估，以维护对其强项与弱项的理解。**
> **SP 1.3　识别组织的过程与过程资产的改进。**

在推广、部署、改进产品开发过程时（包括敏捷过程），需要从整个组织角度来统筹考虑。不应该无目的地做改进。每个改进项都意味着成本，所以在决定实施前必须想清楚它帮助解决什么问题、带来的好处是什么。本目标帮助解决这个问题。

敏捷社区也形成了一些敏捷评估方法，如 Scrum 联盟推荐的 Nokia-Citrix 测试。

这是一个用来评价团队 Scrum 过程的方法。它从 10 个方面对 Scrum 过程打分，每个方面得分是在 0 ～ 10，所以满分是 100 分。Scrum 评估关注的这 10 个方面是：

（1）迭代周期；

（2）迭代内测试；

（3）迭代用户故事；

（4）产品经理；

（5）产品需求列表；

（6）估算；

（7）迭代燃尽图；

（8）迭代回顾；

（9）Scrum 过程经理；

（10）Scrum 团队。

敏捷组织有必要形成内部过程评价机制，每季度（或半年、一年）系统梳理问题及机会，形成新的改进项。如何平衡好日常工作和改进工作是每一个组织面临的挑战，敏捷组织也不能逃避。

> **SG 2**　过程行动得到计划与实施，以应对组织的过程与过程资产的改进。
>
> 　　**SP 2.1**　建立并维护过程行动计划，以应对组织的过程与过程资产的改进。
>
> 　　**SP 2.2**　实施过程行动计划。

在第 3 章里，我们探讨了用敏捷的方式规划推动改进活动，这种方式比传统的改进更加有效、针对性更好。我们在规划和实施改进时，也应该遵循敏捷的方式，增量改进，及时反馈调整，计划时做到远粗近细。

> **SG 3**　组织级过程资产在组织内得到全面部署，并且与过程相关的经验得以纳入组织级过程资产。
>
> 　　**SP 3.1**　在组织内全面部署组织级过程资产。
>
> 　　**SP 3.2**　在项目启动时向其部署组织的标准过程集，并且在每个项目的整个生命期中适当向其部署变更。
>
> 　　**SP 3.3**　监督所有项目中组织标准过程集的实施与过程资产的使用。
>
> 　　**SP 3.4**　将源于过程的计划与执行的、与过程相关的经验纳入组织级过程资产。

敏捷环境下的组织过程资产包括哪些呢？它的内容可以十分广泛，只要是对组织、团队执行过程，改进过程有益的东西都可以纳入资产库来管理，如不同类型的项目使用的生命周期、敏捷架构、工程实践、度量体系、指南、模板、工具、案例等。

每个改进项的成果应该导致财富库的具体元素的更新或追加，如追加了集成测试过程，或完善缺陷分析的方法。这些新的过程元素应该在适用范围内部署、推广、跟踪、改进。有益于组织或后面项目的经验应该汇总、分析、整理，使之变成有价值的过程资产。

如果一个组织达到了 CMMI 三级的要求，那意味着每个开发项目都有改进的责任。模型的多个地方强调了这一点，如 GP 3.2、OPF SP 3.4 和 IPM SP 1.7。

8.5.2　敏捷环境下的组织级过程定义

组织级过程定义（organizational process definition，OPD）的目的在于建立并维护一套可用的组织级过程资产、工作环境标准以及团队规则与指南。Jim Highsmith 在他的 *Agile Project Management*（Jim Highsmith, 2011）一书中提出了一个敏捷企业级过程框架，它由 4 个级别（Portfolio Governance Layer、Project Management Layer、Iteration Management Layer 和 Technical Practice Layer）组成。这个框架可以对敏捷组织建立其过程体系有些参考意义。有一定规模的软件组织一般会有多种项目类型，它们遵循的开发过程会有些差异：有全敏捷模式的，有瀑布模式的，也可能是二者结合的，OPD 应该覆盖所有项目类型。

> SG 1　一套组织级过程资产得到建立与维护。
> SP 1.1　建立并维护组织的标准过程集。
> SP 1.2　建立并维护得到批准在组织中使用的生命周期模型的描述。
> SP 1.3　建立并维护组织标准过程集的裁剪准则与指南。
> SP 1.4　建立并维护组织的度量库。
> SP 1.5　建立并维护组织的过程资产库。
> SP 1.6　建立并维护工作环境标准。
> SP 1.7　建立并维护团队的结构、组建与运作的组织级规则与指南。

在实施目标建议的 7 条实践时，要考虑建立一个清晰的过程架构，它应该清楚地展示各个过程资产之间的关系。从使用角度来讲，组织级过程资产应该可以支持敏捷团队形成适合自己特点的敏捷管理过程及工程实践。敏捷给团队更大的自由度选择自己的过程，那么我认为组织过程更加有必要明确各类项目必须遵守的活动及要求。

标准过程集应该覆盖 CMMI 模式的 4 个方面，即工程、管理、支持和组织改进。不同类型的项目会采用不同类型的生命周期，在编写这些过程活动时，切记不要写成教科书一样的东西（我见到过一些组织的过程活动，很多就是从软件工程教科书上抄来的）。如果写的过程看起来在哪里都可以用，那么往往哪里都不能用。必须和自己的特点结合起来，用自己的术语，结合自己的领域，用自己熟悉的方式。这些过程不是写给评估组看的，是写给组织内的过程执行者看的。准则、指南要有指导意义，对敏捷工作环境及团队章程组织也应该提出切合实际的要求；同时应该为组织过程资产库的内容设定维护责任田，明确不同过程的维护者。

我认为 OPF 和 OPD 弥补了敏捷忽略的一块重要领域，当一个企业自上而下推动敏捷时，当企业从敏捷项目团队演变成敏捷组织时，这两个过程域会变得格外重要。

8.5.3　Scrum 环境下的组织级培训

组织级培训（organizational training，OT）的目的在于发展人员的技能与知识，使其能够有效且高效地执行他们的角色。敏捷更多地关注团队层面的培训，而没有站在组织角度来看培训活动。培训对于一个敏捷组织来讲更加重要，因为自我管理的实践提升了对人的要求。

> SG 1　支持组织内各角色的培训能力得到建立与维护。
> SP 1.1　建立并维护组织的战略培训需要。
> SP 1.2　确定哪些培训需要属于组织的职责，哪些可以留给个别项目或支持组来完成。
> SP 1.3　建立并维护组织级培训的战术计划。
> SP 1.4　建立并维护培训能力，以解决组织级培训需要。

对于一个技术、业务领域变更频繁的软件企业来讲，OT 的两个目标下面的活动大都会去做。本目标下面值得注意的是 SP 1.2 确定哪些培训需要属于组织的职责，哪些可以留给个别项目或支持组来完成。在培训方针中，需要明确什么样的培训一般应由项目组自己解决，什么样的需求应该在部门或产品线一级解决，什么样的需求应该由组织提供，避免培训遗漏。

> SG 2　使个人能够有效执行其角色的培训得到提供。
> SP 2.1　按照组织级培训的战术计划交付培训。
> SP 2.2　建立并维护组织级培训的记录。
> SP 2.3　评估组织培训项目的有效性。

越来越多的企业（包括敏捷组织）建立了培训管理平台管理培训记录，培训课程体系也和员工职业发展通道规划结合了起来。但是大多数的培训的有效性评估还是停留在培训结束时学员的打分，这种单一做法很难真正评判培训带来的效果，培训的有效性评价必须和实际工作结合。定期（如半年）对产品经理、Scrum 过程经理做些简单有效的培训效果调研，可能是一个值得考虑的做法。

一个自我管理的敏捷团队也同样需要组织的支持，团队忙于产品开发，不可能时时关注新技术、新方法、新过程、新工具。让团队及时掌握新的东西，也是一个敏捷组织应尽的责任，实施 OT 可以让它尽到这个责任。

8.6 敏捷环境下实现CMMI高成熟度的要求

瀑布模式下 CMMI 高成熟度的实施（Cong，2009，2010，2017）方式很难应用在敏捷模式下。虽然所有敏捷方法都没有覆盖 CMMI 高成熟度（CMMI 四、五级）的实践，但是越来越多的企业已经通过敏捷的方式达到了 CMMI 四级甚至五级的要求，同时许多在瀑布模式下通过 CMMI 高成熟度的企业也开始了它们的敏捷之旅。我的经验是敏捷模式比瀑布模式和 CMMI 高成熟度的要求更合拍，用敏捷方式实现高成熟度的要求更自然。另外，已经具备高成熟能力的组织从瀑布模式到敏捷模式的转变会更顺利、周期更短。在这里我主要介绍一些敏捷环境下实施 CMMI 高成熟度的实施思路，需要读者对一些 CMMI 高成熟度的概念，如质量和过程性能目标（Quality and Process Performance Objective，QPPO）、过程性能基线（Process Performance Baseline，PPB）和过程性能模型（Process Performance Model，PPM）等有一定的了解。同时我也假设读者也掌握一些基本的统计知识。

8.6.1 敏捷下的量化管理：QPPO、基线及模型（OPP和QPM）

组织级过程性能（organizational process performance，OPP）的目的在于建立并维护对组织标准过程集中所选定过程性能的量化理解，以支持达成质量与过程性能目标，并提供过程性能数据、基线与模型，以量化管理组织的项目。OPP 只有一个特定目标。

> SG 1　描述组织标准过程集所期望的过程性能特征的基线与模型得到建立与维护。
>
> 　　SP 1.1　建立并维护组织的质量与过程性能量化目标，这些目标可追溯到业务目标。
>
> 　　SP 1.2　在组织标准过程集中选择将要纳入组织过程性能分析的过程或子过程，并维护与业务目标的可追溯性。
>
> 　　SP 1.3　建立并维护纳入组织过程性能分析中的度量项定义。
>
> 　　SP 1.4　分析所选定过程的性能，以及建立并维护过程性能基线。
>
> 　　SP 1.5　为组织的标准过程集建立并维护过程性能模型。

OPP 要求在组织层面建立并维护量化的 QPPO，并在此基础上识别出影响这些目标实现的关键过程、中间目标以及 PPB 和 PPM，同时明确对哪些过程需要做统计过程控制、通过什么样的度量项来度量过程性能。控制图是用于基线建立的最常见统计方法，建立过程性能模型有许多方法，如线性回归、质量增量模型、复杂度模型等。如何将统计过程控制有效地应用在软件开发过程中一直是个极大的挑战，有过用六西格玛指导软件改进经验的朋友一定会体会到其中的困难。至今我们很少能够看到令人耳目一新的软件高成熟度的实施或六西格玛的软件改进项。问题主要来源于软件和制造业的差距，软件无法像制造业一样固化一个步骤明确的流程，只要完全按这个流程走，我们就可以准确预测出生产出来的产品的质量；任何两个软件项目走的过程、遇到的问题都不会完全一样，无论是用何种软件开发模式实施 CMMI 四级或 CMMI 五级，都需要考虑其特殊性。

从某种程度上来讲，在敏捷环境下实施量化管理比瀑布模式更加便捷：一个 18 个月的瀑布项目，可能只能提供一套数据；而同样是 18 个月的敏捷项目，至少会重复迭代过程 18 次，这样就可以有 18 套数据，所以基线及模型的建立周期会更短，同时可以更快地看到调整效果。敏捷模式下较为常见的 QPPO 一般包括两条线：团队效率以及质量。团队的速率是常见的效率度量，而遗留缺陷密度则可以用来度量产品质量，这些相关的度量项是 CMMI 高成熟团队必须收集分析的。

敏捷模式下，基线和模型可以在一个团队基础上建立、维护，这样它们的适用性会比瀑布环境下建立的基线模型更好。来自同一团队、同一环境的数据的噪声要比来自不同团队、不同环境数据的噪声小很多。敏捷环境下，团队更加需要关注基线和模型的更新：当运行图（run chart）显示出趋势的变化时，我们需要考虑是否需要调整基线；团队也需要定期关注模型预测的准确性，必要时就要调整模型。

量化的项目管理（quantitative project management，QPM）的目的在于量化地管理项目，以达成项目已建立的质量与过程性能目标。OPP 可以用来有效地支持 QPM，它们之间的关系就像 OPD 和 IPM 一样：一个从组织层面提供标准，一个根据项目特点对标准进行裁剪。QPM 的第一个特定目标指导量化管理的准备，第二个目标则明确了量化管理的执行要求。

> **SG 1　量化管理的准备工作得以进行。**
> 　　**SP 1.1**　建立并维护项目的质量与过程性能目标。
> 　　**SP 1.2**　使用统计与其他量化技术，组成使项目能够达成其质量与过程性能目标的已定义过程。
> 　　**SP 1.3**　选择对评价性能起关键作用，并有助于达成项目质量与过程性能目标的子过程与属性。
> 　　**SP 1.4**　选择将用于量化管理的度量项与分析技术。

一般情况下，这个目标下的 4 条实践是在 OPP 基础上完成的。敏捷团队 QPPO

的建立应该参考本团队的基线（可行性的考虑）及客户的要求，在迭代开发过程中做必要的调整。至于使用的统计与其他量化技术、量化管理的过程、度量项则在 OPP 都会有定义。模型和基线可以用来帮助判断项目的 QPPO 实现的机会及风险。迭代计划会和迭代回顾会都是审视项目量化目标、关键过程活动及所用量化技术的时机。

> SG 2　项目得到量化管理。
> 　SP 2.1　使用统计与其他量化技术来监督所选定子过程的性能。
> 　SP 2.2　使用统计与其他量化技术管理项目，以确定项目的质量与过程性能目标是否会得到满足。
> 　SP 2.3　对所选定的问题执行根本原因分析，以解决在达成项目质量与过程性能目标上的不足。

如图 8-3 所示，迭代开发的量化管理可以考虑使用"串"的概念来实现。由于每个迭代的周期较短（1～4 周），在迭代中进行统计过程控制的代价太高，往往很不现实。我们把迭代串在一起看，用统计方法控制关键过程就变得合理了。量化分析和异常分析可以在每个迭代结束后进行，那么调整就是为后面的迭代而做的。量化目标是团队的目标，在迭代间调整控制。

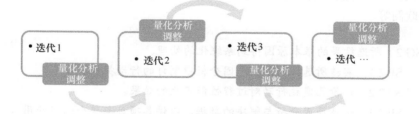

图8-3　用迭代"串"的方式实现量化管理

有了"串"的概念，这个特定目标下的 3 个实践就相对容易实现了。每次迭代后的回顾会是很好的目标分析与异常分析的平台。

8.6.2　敏捷环境下过程优化管理：CAR 和 OPM

CMMI 五级的两个过程域要求改进必须是问题、痛点驱动，改进必须关注投入产出比，改进成果必须有效地在组织层面推广。敏捷基本没有覆盖这两个过程域的实践。

原因分析与解决（causal analysis and resolution，CAR）的目的在于识别所选结果的原因并采取行动，以改进过程性能。CAR 将"每一个缺陷或者问题都是改进的机会"

从口号变成了常态化的实践。通过预防缺陷或者问题的引入以及识别并适当纳入优秀过程性能的原因，改进质量与生产率。不论我们使用什么样的开发模式，这都是应当提倡的实践。

如果你认真阅读一下 CAR 的全部内容，同时对六西格玛有一定了解的话，你会发现很多同样的内容。CAR 对度量有一定的要求，在有些情况下可能需要新度量定义、重定义或澄清定义。在敏捷环境下，尽可能用现有已定义的度量项分析过程变更的影响。

> SG 1　所选结果的根本原因得到系统化的确定。
> 　　SP 1.1　选择需要加以分析的结果。
> 　　SP 1.2　对所选结果执行原因分析，并提出对其进行处理的行动。

对什么样的结果（如缺陷、问题、带来惊喜的结果）实施 CAR 流程是一个非常重要的决策。现实往往不会允许我们对所有的缺陷进行根因分析以预防同样缺陷的发生，所以我们必须考虑花费的成本与带来的价值。敏捷团队应该只对重复出现的缺陷和问题、真正包含有价值或创新的新实践的结果实施 CAR。CMMI 给出用于选择结果的方法实例是我们在六西格玛中常见的帕累托分析、直方图、属性的箱线图和失效模式与影响分析（failure mode and effects analysis，FMEA）。至于需要使用的根本原因分析方法，团队也可以参考六西格玛推荐的一些方法，如鱼骨图、系统图、关联图等。

> SG 2　所选结果的根本原因得到系统化的处理。
> 　　SP 2.1　实施所选择的、在原因分析中制订的行动提议。
> 　　SP 2.2　评价已实施行动对过程性能产生的效果。
> 　　SP 2.3　记录原因分析与解决的数据，以供各项目与整个组织使用。

本特定目标下的 3 条实践可以和下个过程域 OPM 结合起来，CAR 为 OPM 提供了一些改进来源。至于效果的度量评价，建议尽量和敏捷团队建立的 QPPO 结合起来，将改进聚焦于质量和效率的提升，这样也会减少度量方面的工作量。对一个敏捷组织来讲，CAR 指出了一套有效的实践帮助其不断持续改进其关键过程及实践。

组织级绩效管理（organizational performance management，OPM）的目的在于主动地管理组织的绩效以满足其业务目标。如果我们拿 OPM 和 OPP 做个比较的话，后者追求的是稳定可预测的过程，而前者追求的是有能力的过程。稳定的过程不一定是有能力的，但有能力的过程一定是稳定的。那么什么是有能力的过程呢？不同的组织会有不同的标准，总的来讲，能够满足客户要求的就是有能力的过程。可以说，在 OPP 基础上实施 OPM 就是通过改进，将一个稳定的过程提升至一个有能力的过程。

OPM 使组织能够通过分析来自项目的过程数据，参照业务目标识别绩效差距，并选择、部署改进以填补差距的方式管理组织级绩效。新一版 CMMI（1.3 版）中 OPM 提出的"改进"不仅包括创新型的过程与技术改进，也包含了增量型的改进，这一点更适用于敏捷环境。

> SG 1　使用统计与其他量化技术，组织的业务绩效得到管理，以理解过程性能的不足并识别过程改进领域。
>
> SP 1.1　基于对业务战略与实际绩效结果的理解，维护业务目标。
>
> SP 1.2　分析过程性能数据，以确定组织满足所识别业务目标的能力。
>
> SP 1.3　识别可能有助于满足业务目标的潜在改进领域。

OPM 的第一个目标主要解决改进动力的问题，CMMI 五级的改进必须是问题驱动的"改进"，就是指针对性的改变组织的过程、技术与绩效，通过解决过程的短板提升其能力，更好地满足组织的业务目标以及相关质量与过程性能目标。这里的关键是量化技术的使用，通过能力基线分析，维护业务目标，识别关键过程及相应的改进领域，并制定过程性能的量化提升的能力目标。根据以往的经验，客户的要求是最好的改进动力。

组织的管理者应该主导本目标的执行，而度量小组则应该提供并分析组织过程性能的相关数据，以支持组织的改进决策。

> SG 2　改进得到主动的识别以及使用统计与其他量化技术的评价，并且基于其对满足质量与过程性能目标的贡献，得到选择以进行部署。
>
> SP 2.1　挖掘并分类所建议的改进。
>
> SP 2.2　分析所建议的改进对达成组织质量与过程性能目标可能产生的影响。
>
> SP 2.3　确认所选改进。
>
> SP 2.4　基于对成本、收益与其他因素的评价，选择并实施将要在整个组织部署的改进。

如果你熟悉六西格玛，那么对第二个目标的 4 个实践就不会陌生了。这个目标解决的是具体改进来源的问题。下列是一些常见的改进来源：

- 团队通过根因分析形成的改进建议；
- 团队内部的优秀实践；
- 业界的优秀实践（包括CMMI）；
- 软件工程的新技术、新工具、新方法。

在对改进项进行投入产出回报分析时，应该重点关注其对组织质量与过程性能提升带来的好处。模型建议用一些量化的模拟及分析选择需要实施重点改进专题。敏捷更多强调团队的改进，而可能忽略组织层面的改进。OPM 可以建立其敏捷环境下团队间的经验分享机制，以及组织层面的战略改进管理。

> SG 3　对组织过程与技术的可度量改进得到部署，并得到了使用统计与其他量化技术的评价。
>
> 　SP 3.1　建立并维护部署所选改进的计划。
>
> 　SP 3.2　管理所选改进的部署。
>
> 　SP 3.3　评价已部署的改进对质量与过程性能产生的效果。

OPM 的第三个目标关注的是改进成果的部署推广，敏捷 1 ～ 4 周的迭代开发模式有利于改进专题成果落地，而且可以在短期内获取效果的新基线。

8.7　敏捷环境下的 CMMI 评估应关注的两个问题

敏捷组织在准备 CMMI 评估时，普遍有个担心：我们覆盖了模型所有的要求吗？更头疼的问题是如何完成敏捷实践和模型实践的映射。真正理解本章节提出的两个问题，对敏捷环境下的 CMMI 评估会有很大的帮助。

8.7.1　实施选择还是模型要求

在解读 CMMI 模型要求时，有人常常把实施的选择当成模型的要求，这也是评估时经常碰到的问题。以 MA 这个过程域为例，确实有些企业会建立一个庞大的度量体系以支持组织所有过程的实施改进，但这并不意味着 CMMI 模型要求所有实施企业都要这样做。通过建立维护一个庞大的度量体系实施 MA 是企业的选择而不是模型的要求，因为 MA 只是期望组织能够收集、分析、存储度量数据，并没有明确要求这些数据是什么、它们应该如何被存储使用。这个决策或选择只能留给组织，这个选择必须是基于组织的商业目标。如果你的选择是遵循敏捷原则，在一个时间段内，仅仅关注少数几个关键度量指标，而这些度量指标也能够满足组织的管理信息需求，那么这个选择并没有和 MA 的要求不一致。

敏捷环境下的 CMMI 评估更加需要我们真正理解什么是模型的要求，什么是实施的选择。而真正理解模型的要求，往往需要我们深入探讨"目的"的问题：过程域要实现的目的是什么？特定目标或通用目标要实现的目的是什么？特定实践和通用实践的目的是什么？任何模型都不可能给出统一的实施方式，这就是为什么过程域不是过程。以敏捷为主的开发组织做出的实施选择一定和以传统方法为主的组织不同，如何用最小的代价实现模型实践的目的（实施选择）是敏捷组织的挑战。

8.7.2　理解模型的目的

模型提出了"做什么"的要求，而"如何做"则是评估时要关注的问题。敏捷环境下 CMMI 评估经常遇到的一个问题是：从字面上来看，模型的某个实践好像没有执行，但评估组不应该轻易下结论，而应该深入了解，也许就会发现一些本地做法，它们也有可能满足模型的预期要求。每家软件企业都会有自己多年形成的有效实践，这些在特定环境下逐步形成的做法是改进和评估的起点和基础。很多人不把它们看作传统意义下的过程，但它们却是非常有效的团队实施的"过程"。

如敏捷组织的一些实践被团队看作自然而然的事，如白板前的头脑风暴讨论，不那么规范的团队任务清单，为客户演示开发出的不完整的产品等。也许你不能马上将这些活动对应到模型的实践，但这些是组织真实的过程。注意本地团队由于不了解 CMMI 模型的要求，他们一般不可能主动讲出来，评估组或诊断组要根据模型的目的提出来，而不是围绕着模型实践的字面意思打转。

我们以同行评审为例。敏捷没有明确的同行评审实践，那么 CMMI 定义的同行评审的目的是什么呢？在模型的描述部分你会看到主要目的是识别缺陷并清除缺陷，并提供改进完善建议；次要目的是为团队提供学习及信息共享的机会。

评估时如果你的问题是有没有做正式的同行评审或开了哪些同行评审会议，答案大概是没有。但评估组应该深入了解为了达到同行评审的目的，团队做了哪些工作。也许更好的问题是：在产品开发过程中，你们是如何识别并清除缺陷的？是如何给出改进、完善建议的？

也许你会听到下列答案：每轮迭代后，我们会给用户演示，发现问题，获取反馈。在每日例会中，我们会一起讨论工作的完成情况，完成的产品会放入产品库，团队成员会检查并提出反馈。

评估组应该意识到，当他们说没有同行评审时，说的是没有正式的同行评审，也就是不会在定好的时间、召集相关人员在会议室对产品进行评审并给出反馈。但在整个产品开发过程他们有持续的非正式评审，同样也可以实现同行评审的目的。在一个敏捷组织中，这应该是常见的做法。

真正理解模型的目的是完成一个有价值评估的必要条件。由于各种原因，这些目的不一定那么明显，有些需要多年的实践才能逐步领悟。

在本书即将完成的时候，CMMI 研究院会在不太长的时间里推出 CMMI2.0. 其中一个重要变化就是每个实践域（CMMI2.0 将过程域改成了实践域）的开头都是本实践域的目的。

敏捷环境下的两个CMMI实施和评估故事

故事1：从小到大裁剪还是从大到小裁剪？

这是一个很短、很具体的故事，考虑到其重要性，我将其放在本章里。

2012年，一家国内知名IT企业请我领导他们的四级评估，他们的主要开发资源集中用在维护已有产品，全新产品开发的比例不超过15%。在圈定评估范围时，我们都同意把维护升级项目作为评估主体。这家企业在2009年已经通过了三级评估，形成了一套计划驱动瀑布模式为主体的软件开发及质量管理体系，他们希望在实施量化管理时能够同时引入一些适用的敏捷实践，使其维护项目的开发管理能够更加快速、灵敏。

在初次诊断规划时，我问了两个关于过程裁剪的问题：

- 维护项目必须做的活动有哪些？
- 项目的过程裁剪策略是什么？

我得到的答案是他们没有定义明确的必须做的活动列表，但是有一个裁剪表，列出了所有能想到的活动及过程产出物，这个裁剪表适用于所有项目类型。他们没有理解裁剪策略的问题，而是告诉我项目计划时的具体的做法：项目经理会根据自己项目的特点，判断每个活动及产出物是否需要，如果不需要，就会在裁剪表中给出原因。

我告诉他们这是从大到小的裁剪策略，也就是先定义一个"完整"的过程活动及产出物列表——一个大表，项目从这个大表中选取所需要的东西形成所谓的"项目定义过程"。公司的过程改进负责人朱经理告诉我这就是他们的做法，他认为这也是CMMI模型的要求，因为组织级过程定义（OPD）的SP 1.3明确要求"建立并维护组织标准过程集的裁剪准则与指南"。他也告诉我另一位CMMI主任评估师认为OPD的SP 1.3要求裁剪必须从大到小。

我给他们解释说，模型没有要求裁剪准则及指南一定要按某种要求来写。你可以遵循从大到小的原则，你也可以换个思路，用从小到大的方法。决定用什么样的方式的最重要考虑应该是如何更有效支持组织商业目标的实现。

考虑到他们计划在维护项目流程中引入一些敏捷实践，朱经理问我有何建议。我说需要进一步了解这类项目的特点，如约束条件，客户要求，团队能力等。但是根据我的经验，从大到小的裁剪不利于敏捷的实施。从大到小的假设就是组织的大部分项目都需要完成裁剪表里定义的活动。对于维护类的小项目来讲，拿一个大而全的活动列表作为裁剪的起点会给项目团队带来极大的困扰。如何平衡避免带病迭代与增加开发敏捷度的关系极大地增加了团队计划的工作量。给他人（如QA人员）

解释某个活动为什么不需要做不是一件容易的事，对规模小、时间紧的项目，这样的裁剪方式太浪费了，也绝对不是"敏捷友好"的方式。

如果我们能定义出项目必须执行的活动——最小活动集合，让团队根据具体项目特点由小到大进行裁剪，这样就能大大减轻小项目团队的计划工作，同时又能保证"必须做"的活动不会出现在从大到小的裁剪中。"从小到大"的裁剪和敏捷方式高度一致，易于和敏捷实践结合。

在后面诊断过程中，维护团队都很倾向于采用从小到大的裁剪方式。为了避免团队无限制地追加活动、文档，我和他们一起为不同类型项目制定了一套向上裁剪标指南。以文档为例，采用敏捷开发模式的项目考虑在最小子集基础上追加文档时需要遵循两个原则：（1）追加的文档是客户或用户要的吗？（2）追加的文档是开发团队或其他敏捷社区利益相关人需要的吗？如果答案都是不，就不要要求团队制作这个文档，刚刚好就行。这些裁剪指南非常重要，因为它保证避免裁剪蔓延现象，使用得当的话可以大大减少不必要的工作。

在整个评估准备过程中，朱经理对从小到大的裁剪方式是否满足评估要求不太放心。为了让他放心，评估以前我将评估介绍 PPT 提前发给了 SEI 评估质量组。其中我们详细介绍了敏捷项目类型中使用的从小到大的裁剪方式，解释了为什么需要这样做，SEI 评估质量组完全认可这种裁剪做法。虽然新增的敏捷类项目也纳入了评估范围，但我们经过努力，还是按计划顺利完成了四级评估。

故事 2：一个产品、一个客户、一个团队的三级评估

2008 年左右我接到了一个很有意思的电话。一家很小的软件企业的总经理刘总从网上查到我，给我打电话咨询 CMMI 三级评估事宜。他明显对 CMMI 及其评估要求很不了解，仅有些道听途说的、完全错误的信息。他的要求很简单：用可能的最短时间，用最便宜的价格，花费最少的精力拿到三级证书。他说听说咨询公司可以做所有的事，因为他的团队实在太忙，不可能有精力介入评估。通常接到这类电话我会很快有礼貌地拒绝，因为这不是我的客户。但刘总公司的情况让我没有很快挂电话，他的公司只有 10 个开发测试人员，目前只服务一个美国客户。刘总算是个美国回来的海归，通过关系拿到一个 3 年软件开发项目，客户是一家在美国波士顿的保险公司。刘总和几个朋友合作，在济南成立了一个 10 人左右的软件公司。目前项目已经做了两年，客户对他们还算满意。由于这个项目就剩一年了，刘总需要找其他的机会，他觉得有个 CMMI 三级证书会对市场开拓有帮助。

让我感兴趣的是，客户要求他们严格按照 Scrum 的方式完成开发工作，并且能够实时验证团队提交的程序，随时给出反馈，并对后续需求进行调整。刘总很耐心地回答了我问的十几个问题，一小时的通话让我对他们的情况有了大概的了解。这个评估我概括为一个产品、一个客户和一个团队的评估。由于客户的严格要求、培训、监督和实时沟通，团队基本上在严格按以 Scrum 为基础的敏捷过程执行。产品经理及过程经理都很有经验，也有很好的教育背景，他们能够有效地和客户沟通。两个人都曾在美国企业工作过，之前都有敏捷实施的经验。客户在工程方面也有一定的要求，他们给开发团队提供了一系列需求、设计、编码、测试用例等模板。

刘总明显对评估要求有完全错误的理解，他告诉我评估需要做的模板他的团队不会用，希望咨询公司能帮助完成。他会指派一位刚毕业的小姑娘来协助。我简单给他解释了一下评估过程，然后给他讲了一下我的实施建议：我们会在团队现有过程基础上完善开发体系，除非是必需的、有价值的，我们不会轻易追加客户不要求的活动及产出物，也就是说不会在评估要求名义下做任何没有价值的事！由于组织范围简单，我们可以在 10 个月时间完成评估。另外我建议，如果他考虑接受我的建议，应该让波士顿的客户了解他们 CMMI 的努力，我告诉刘总，成熟的客户会赞赏他们的努力的。我请刘总认真比较一下这种以改进为目的并获取 CMMI 证书的做法和他原来的想法，看看哪种方式对企业的发展更有帮助、长期回报更大。如果同意我的建议，我会很乐意领导这次评估，因为我还是不想放弃这次 CMMI 和敏捷结合的实践。

能当老板的一般都是聪明人，只要道理讲清楚他们都会做出正确的选择，刘总也不例外。他很快决定接受我的建议，按我的思路完成 CMMI 评估。一个月后我到现场对他们的情况做了全面了解，列席了他们的每日例会、和客户一起做的评审会议，以及团队的回顾会议。检查了他们的所有工程、管理等产出物，和团队成员做了沟通访谈。现场诊断最后一天下午我给大家讲解了诊断结果，结果包括弱项、强项和后续整改建议。在他们的环境下（一个产品、一个客户、一个团队），目前团队的做法可以满足大部分项目管理过程域的要求、大部分工程过程域的要求以及部分支持过程域的要求（如 CM、DAR）。

我同时也指出，目前团队的做法没有覆盖到组织级相关的过程域（OPF、OPD、OT）以及部分支持过程域（MA、PPQA）、部分 GP、部分项目管理及工程的过程域建议的实践没有明显体现。根据和刘总的沟通，我们对改进评估目标达成了共识：

- 通过引入 CMMI，优化团队的敏捷过程；
- 建立完善一个轻量的（敏捷）度量体系，形成可信的内部能力基线，支持业务规划；

- ❑ 结合迭代回顾会机制，完善内部过程改进的有效管理机制，推进团队的持续闭环改进能力；
- ❑ 在团队效率和产品质量方面取得一些可见的改进，保证成果的可复制，支持企业的扩大；
- ❑ 通过 CMMI 三级的评估。

我提出的下列实施原则策略也得到了大家的认可：

- ❑ 改进与评估并重；
- ❑ 采用敏捷式改进及评估准备；
- ❑ 优化敏捷而不是替代敏捷；
- ❑ 按项目形式管理改进评估；
- ❑ 重视客户提出的改进要求（如减少带病迭代等）；
- ❑ 不做任何没有价值的事。

根据我的观察，在讲解报告时，我也就下列风险提醒了大家：

- ❑ 相关人员认识的差异；
- ❑ 确保已识别资源的投入：不能只保证头尾的资源，也需要保障中间阶段资源的投入；
- ❑ 繁重日常工作下改进的必要投入；
- ❑ 评估时间的压力；
- ❑ 改进的压力。

在后续的 10 个月中，我们对敏捷环境下的 CMMI 实施进行了有益的尝试，整个过程非常愉快，也很有成就感。对组织级的过程域实施，我们充分利用了 Scrum 内部的团队改进实践，充分利用回顾会机制以及改进的闭环机制。完善后的 Scrum 过程及经验积累完全可以被新的团队复用，可以有效支持公司的业务扩展。

在度量方面，我们集中关注团队的速率（velocity）以及技术债务，这两个度量项可以支持敏捷规划及质量把控。按客户的要求，团队引入了持续集成工具，经过几轮迭代，我们发现团队在两个方面都有明显的提升。

PPQA 的工作主要由过程经理来主导，我们完善了敏捷迭代检查单，重点关注改进后的过程的落地。在迭代中的同行评审方面，我们也做了有益的尝试：形成了灵活的现场及非现场、一对一、会议等形式，重点关注评审发现问题的能力，允许团队根据情况计划每个迭代的评审，包括内容、形式和人员。这些评审任务都会出现在团队的任务白板中。

我们充分利用敏捷迭代的优势，增量式试用新的实践，并在迭代总结时收集反馈、不断改进，CMMI 的互补优势得到了很好的体现。

第四部分

新一代精益软件工程

■ 第 9 章　敏捷不是解决软件开发问题的银弹

■ 第 10 章　软件开发的新模式——新一代精益软件
　　　　　工程

第 9 章

敏捷不是解决软件开发问题的银弹

在前面章节里面我们探讨了实施敏捷的方法。要想找到一个适用于所有可能场景的固定敏捷开发模式是不可能的，这是因为每家软件企业面临的问题、挑战不尽相同，希望引入敏捷来解决的问题也不一样。但重要的是要有足够的勇气去尝试、去实践、去犯错误、去总结，让敏捷价值、原则、实践本地化，不断提高自己的认知。还是那句话"Just do it!"。Scrum 加些极限编程的实践是个很好的起点，搞清楚你希望敏捷解决你组织内的什么问题，朝着目标不断调整，不断前进，在实践中不受任何门派约束，将有用的实践融入自己的体系中。在这里我想说的是标签已经不重要，找到一个真正有效的软件开发模式才是目的。

Frederick Brooks 在 30 多年前就正确地指出，在相当长的一段时间内，不会有任何一个管理或技术的创新能大大简化软件开发的复杂度，让我们在开发效率及可靠性方面取得显著的改进（Brooks，1987）。但是他同时也指出：只要我们坚持不懈，不断创新，并将这些创新不断推广，我们最终能够在效率及可靠性方面获得较大的提升。多年以来，通过无数软件实践者的努力，我们在提升软件开发能力方面持续学习改进。

在本书的最后一部分，我希望能把几十年的感悟总结一下。软件开发到底特殊在哪里？什么样的过程体系能和其匹配？我希望我们能把这两个问题讲透。在这个基础上，我们再来看敏捷方法的局限性。如果制造业的生产开发模式不适用软件开发，那么我们可以从哪里寻找到更好的参照物呢？这些是第 9 章要回答的问题。

许多软件组织已经开始引入看板方法，并取得了令人振奋的效果。第 10 章会探讨解决其落地实施的一些难点，并总结目前成功应用的经验。我认为看板是初级软件精益开发方法，如果将其应用在大项目或全新项目的开发上，还是有很多不足之处。在第 10 章，我们会深入探讨如何将 Don Reinertsen 提出的支持创新的新一代精益开发方法（Reinertsen，2009）移植到软件产品开发中去。一方面软件的实践者其实已经用了其中不少原则，但他们只是凭直觉零零散散地在用；另一方面，其中的一些原则是和目前软件开发常见做法背道而驰的。抱着开放心态去阅读第 10 章的读者一定会获得有益的收获。

9.1　再议软件过程的特殊性

在本书多处我们探讨了软件产品开发和其他行业产品开发的不同之处，也指出了为什么以瀑布模式为代表的开发方法不能高效支持软件开发。这里我觉得有必要系统探讨一下软件过程的特殊性，从理论上论证为什么敏捷以及精益方法是最好的选择。

9.1.1　软件过程公理

没有人比 Frederick Brooks 更清晰地描述了软件开发的困难之处，在 "No Silver Bullet—Essence and Accident in Software Engineering" 一文中，他指出了两类软件工程中的困难：软件自身带来的困难以及今天由于技术及其他的局限带来的困难。软件自身的困难主要体现在 4 个方面，即复杂性、符合性、可变性及不可视性。这些是我们需要面对的常态软件开发中的挑战，也是我们在瀑布模式主导的年代一直没有解决好的问题。最近再读 Brooks 的这篇经典文章，我对这位图灵奖获得者更多了几分尊重。建议本书的读者都再认真拜读一遍，本章讨论的新一代精益软件开发原则是目前最适宜应对 Brooks 阐述问题的方法。

10 年前，我无意中在学校图书馆翻到了一本不起眼的书，记得书名好像是《软件过程法则》，这是一本读起来很累的书，有许多观点确实有标新立异之嫌，估计没几个人看过。但我对作者提出的所谓软件开发过程碰到的 4 级迷茫的观点还是有一定的认可。其 4 级迷茫的定义大致如下：

- 0 级迷茫：开发过程需要做的一切都很清楚，没有迷茫之处。
- 1 级迷茫：清楚地知道自己有一些不明确之处。
- 2 级迷茫：没有意识到自己有不清楚之处。
- 3 级迷茫：没有掌握有效的方法以发现自己不清楚之处。

我们以软件估算为例，看一下它们之间的差别。如果仅有 0 级或 1 级迷茫，一般估算者会在对已知内容的基础上加些缓冲以应对目前没有考虑到的后续问题。如果存在 2 级迷茫，一般就会低估所需的努力，因为你不会考虑自己完全没有意识到的东西。许多软件项目都处于 2 级迷茫，这也是许多软件项目往往需要追加成本的原因。如果团队处于 3 级迷茫的状态，在开发过程中不断做重新估算就是最好的选择了。对于 2 级迷茫和 3 级迷茫，软件开发不像是一般的产品开发，它更像新知识的不断获取。敏捷及后面讨论的精益方法是目前最有效的手段。

比较一下丰田和福特的发展史及其管理方法的差异会是一件很有启迪的事情。Henry Ford（福特的创始人）是汽车制造专家，创业前他已经有 20 多年的相关经验，熟悉汽车制造的各个环节。底特律当年也是美国主要工业中心之一，所以很容易招到优秀的工程师。福特从一开始使用一套所谓科学管理方法，也就是由专家（往往是福特本人）针对汽车制造的活动制定一套"完美"的方法，工程人员则会忠实地遵循相应的过程。当年这种模式成功运用到大规模的生产活动中，造就了福特汽车的成功。

丰田喜一郎（丰田的创始人）的情况则完全不同。除了花 6 个月时间参观了一些美国汽车公司外，他在创业初期没有其他的汽车制造的经验。丰田公司的地址当年是个小村庄，没有任何工业基础，很难招到合格的工程师。显然，丰田先生没有能力告诉他的工程师如何制造汽车，他只能告诉他们：我和你们一起尽快地学会制造汽车。他的目标是制造出客户愿意买的车。

在福特的管理体系下，管理者的工作是监督下属按照一种固定的方式工作；而在丰田管理体系下，管理者的责任是不断鼓励、帮助下属学习，不断摸索出更有效的工作方式。前者成功有一个前提，就是一切必须是预知的。这个前提对许多制造业的产品开发是正常的。面对巨大的市场压力，面对不断的技术创新要求，不在汽车开发过程中引入新技术、新功能，快速响应市场需求，哪怕是老牌汽车制造商也很难在旧的福特模式下一直保持垄断地位。而所谓丰田模式，也就是其精益管理体系，能有效支持开发中的创新，丰田取得的巨大成功很大程度上来源其精益开发体系，这已经是业界的共识。在需要创新的领域，我们需要的过程不仅要能解决 0 级、1 级迷茫，也必须支持破解 2 级迷茫和 3 级迷茫。

按照业界认可的过程的定义，下面的软件过程公理是显而易见的。

公理：过程只能指导我们做已知如何做的事。

由此我们可以导出下列引理。

引理：对于从未做过的事和不知如何做的事，我们无法写出有效过程。

很多年前，一家软件企业请我指导其 CMMI 三级的实施，他们聘请了一个四五个人的咨询顾问团队帮助编写其软件过程。他们经过 2 个星期的封闭工作，参考各种资料，拿出了一套非常全面、覆盖 CMMI18 个过程域的文档。他们请我评审这些文档的有效性，我回答我只能看一下这些文档是否覆盖了 CMMI 模型中的内容，但无法对其有效性做出判断，因为我基本不了解他们的项目特点、客户要求、内部的各种约束等情况。我建议他们组织不同类型项目的一线人员根据其职责，评审一下和他们工作相关的过程，回答一系列问题。其中一个问题是：如果不对现状做大的改变，你评审过程的过程可以通过努力在项目中实施吗？如果不可以，请给出原因。结果大部分答案是不可以，常见的原因是：所写过程过于泛泛，对项目实施过程中许多可能碰到的问题没有给出任何有价值的建议。对于有一定复杂度的项目来讲，也就是说其中包含一些从未做过的工作，是无法写出有效过程的，许多软件组织在编写过程时往往忽略了这一点。对于这类项目，有效过程的产出物更应该是新知识而不是已知的重复制造的产品或产出物，那么以此匹配的过程也不应该是传统菜谱式的，而应该是可以通过反馈支持快速学习。

打个比方，如果定义明确的传统生产过程输出的是蛋糕，那么复杂软件开发过程的产出物则是做蛋糕的具体程序，敏捷、精益过程提供了目前最能满足这个要求的方法。

9.1.2 软件过程体系应追求的价值

价值驱动是敏捷、精益的首要目标，也是贯穿本书的一个主题，用一句话来概括，我们可以说敏捷和精益追求累积效益的最大化。那么软件过程体系应该追求什么样的价值呢？这是个经常被忽略的重要问题。我特别赞成精益开发的一个理念：创造价值胜于管理浪费，会挣钱比会省钱更重要！这里我提出软件过程应该追求的 4 个方面的价值。

1. 过程体系应关注创造知识的价值

新的有用的知识是开发过程创造的重要价值，开发过程也是学习的过程。我们特别要关注 3 个方面的学习。

- 综合性学习，包括熟悉了解客户、用户、供应商、合作伙伴，包括深入了解所开发产品的使用场景，使得所选解决方案可以满足各类利益相关人的需求，特别是客户及用户的需求。
- 创新性学习，包括在开发中学习新的技术、新的业务模式，丰富自己解决问题的路数。
- 平衡性学习，包括掌握好平衡质量、成本、范围和进度的能力。做好决策，在满足约束条件的前提下，将开发收益最大化。

开发过程中学习到的新知识能帮助减少缺陷，增加开发中的价值创造工作，让客户对我们开发出的产品充满期待。

2. 过程体系应将价值创造活动最大化

抱怨人手不够是产品开发过程中最常听到的一个借口。其实如果仔细分析一下，你会发现在产品开发过程中，不是所有活动都是直接创造价值的活动，这些活动有些是必要的（如归档），有些则是纯粹的浪费。如果团队 30% 时间做有价值的活动，10% 做一些必要的不创造直接价值的工作，浪费是 60% 的话，我们首先应该将 60% 的浪费变成创造价值的活动。在没有追加资源的情况下，我们就将效率提升了两倍。

产品开发过程中常见的浪费往往没有被意识到，其中许多浪费是可以通过有效的过程体系将其消灭。我们在解决问题时，应该考虑所做的决定会带来浪费。如增加新人一定会带来沟通成本；不断地去检查，不断要求团队做汇报会干扰他们的工作，造成浪费；没有经过认证就接受一个客户要求追加的功能，很可能实现了一个对用户没有价值的功能，其中所有工作都是浪费。

当同样的信息出现在不同的文档时，当文档模板包含了许多无用信息时，当在向沟通对象传播无用信息时，当收集、统计、分析、展示一个没人用的度量数据时，团队都在做毫无价值的事情。

在完善改进过程体系时，应尽可能地将浪费活动量降到最低，尽可能将手工工作量降到最低。好的工具的使用至关重要。

3. 过程体系尽可能减少开发过程中产生的接力棒

开发过程中接力棒的传递是产生浪费的一个主要场景，Allen Ward（2009）指出造成接力棒传递的原因是我们将知识技能、责任、行动和反馈分开了。当项目负责人需要对市场人员制定的需求承担责任时，我们就已经制造了一个接力棒。接力棒出现在瀑布模式的各个角落，因为下列现象是很普遍的：领导决定开发什么；EPG 和专家一起制定了开发过程；开发团队按照开发过程执行；不断重复这个过程，完全忽略了反馈。

在完善过程体系时，在完成瀑布模式到敏捷模式的转换时，我们应该识别出当前过程中的接力棒，首先让大家了解接力棒带来的风险，尽可能将知识技能、责任、行动和反馈集成整合。

本书讨论的敏捷过程的一个重要优势，就是它消除了产品开发过程中的许多接力棒，同时也消除了许多开发过程中的等待！

4. 过程体系要尽可能减少无根据的决策

想象一下测试不依据需求进行、决策仅凭感觉而不是数据、不利用开发前期获取的知识等行为，这些行为的后果是什么？一定是不必要的浪费。同样的，一个经过深思熟虑并持续改进的过程，是能减少、清除这种行为的。

前面的软件过程公理告诉我们，充分利用开发过程中创造的知识至关重要。

9.2 敏捷的局限及挑战

在本书第 3 章，我们也讨论了目前常见敏捷方法的局限性。这里我重点描述一下有效实施敏捷的挑战。通过本章的讨论，读者可以得到这样一个结论：新一代软件精益是敏捷的自然进化及完善。

9.2.1 如何尽早获取有价值的用户反馈

成功的敏捷实施很大程度上依赖于有效、频繁的反馈。这需要我们做到两点，一是迭代周期不能过长，二是展示给客户或用户的软件要能从他们那里获得有价值的反馈。在某种意义上来讲，这两点是相互矛盾的，也是敏捷实施中没有很好解决的问题。如果仅仅做到迭代以及增量交付，但没有实际的反馈或迭代周期过长，我们就都不是实施真正意义上的敏捷。

解决这个问题的关键在于如何将一个大的产品分解成一系列由简至繁的可反馈的产品发布，通过收集前期发布软件的反馈，团队不断完善下一个发布，直到开发出让用户、客户满意的版本。

Scrum 和极限编程等为代表的敏捷方法都没有解决这个问题的好办法，如果所展示的功能是不可反馈的，那么迭代结束时的评审会就不会有实质的价值。近年来业界在这一方面有一些新的产品规划的方法，如前面章节提到的 MMF（最小有价值需求特性）方法就是一个很好的实践。困难之处在于如何识别 MMF，使之既小又可用。其实"小"的目的是为了"早"，早反馈意味着进入市场周期的缩短。

前两年提出的最小可行产品（minimum viable product，MVP）的概念和 MMF有异曲同工之处，但什么是最小可行产品这一点又造成了许多困惑。Henrik Kniberg（2016）在其著名的博文 "Making sense of MVP (Minimum Viable Product) -why I prefer Earliest Testable/Usable/Lovable" 中，通过 4 个深入浅出的例子，清楚地解释了 MVP的目的，以及由简至繁的产品进化过程及方法。

软件产品开发和其他产品开发有一点是一样的，那就是赢家是真正理解并始终关注用户要解决的问题的公司，并能最快、用最节省的方式找到解决方案。这其中关键一点就是找到最简单、最快的方式，开始团队的学习之旅。

我们不需要从所有用户处得到反馈（华为会选一些典型用户）；我们不需要开发出一个实物（一个简单的原型也可以）才能得到反馈；不要寄希望于项目前期的全方位分析，因为只有看得到、用起来，才知道是否合适，早发布才是硬道理。反馈往往是验证一些假设，我们往往只需要在局部或小范围完成验证即可。

也许你的版本规划可以包含 4 个发布：最早可反馈→最早可体验→最早可用→最早被喜欢。这才是一个创造知识的过程。

最早的要求也意味着当我们进入迭代开发阶段时，必须做到短、平、快，这就意味着在关键路径上不能有技术难点。迭代准备工作应该包含对所有技术难点的攻关已经取得了足够的进展。

9.2.2　如何设计软件架构支持快速迭代开发

是否能够成功实现快速迭代开发依赖于许多因素，常常被忽略的一项是软件架构。没有合适的、早期确定的架构，高质量的快速开发很难实现。

Reinertsen 在其 *Managing the Design Factory* 一书（Reinertsen，1997）中，提出支

持快速开发的架构要能做到以下 3 点。

- **支持子系统的复用**：显而易见，高复用度意味着高速开发。高复用要求我们的架构设计必须是模块化的。
- **尽早冻结子系统间的接口**：接口需要明确定义清楚，并划分清楚相关责任田。接口设计的冻结点确定要足够早，同时接口设计要有足够的灵活性，这样既可以有效支持同步开发，同时又能处理好不可避免的需求变更。在某种意义上，这是一个用成本换速度的办法。
- **尽量避免使用对进度影响大的技术**：由于新技术的使用往往会导致进度的不确定性，如果进度是第一考虑，那么架构设计应优先考虑支持使用熟悉的成熟技术。

9.2.3   缺乏具体有效方法实现敏捷原则

第 2 章中所列的敏捷原则提出了许多具有很好的指导意义的软件开发策略，可惜在具体实现方法层面还缺少经过验证的套路。

敏捷原则强调尽早、持续交付有价值的软件，而且建议交付间隔要短，但要做到这一点却是非常困难的一件事。Scrum 和极限编程为代表的敏捷方法都没给出真正有用的办法。

形成并保持一个长期的、恒定的开发节奏是敏捷原则提倡的一件事，除了前面所提到的时间盒，我们也没有看到能够让团队长期保持动力，在可预测的节奏下有效快乐工作的具体方法。

在开发过程中关注使用卓越新技术也是敏捷的一个原则，如何平衡新技术带来的不确定性及带来的变异，传统敏捷也没有给出具体的做法。

我个人欣赏的第 10 原则"简于形"是最大化的减少不必要工作的艺术——这是敏捷精髓，那么如何才能有效地减少不必要的工作呢？

让敏捷 12 原则落地，我们需要方法论层面的支持，在这方面常见的敏捷方法没有给出有力的支持。

9.2.4   忽略了开发中的等待队列

和传统软件开发模式一样，业界流行的敏捷方法也仅仅关注软件过程中的各种工程、管理任务，忽略了影响响应时间的另外一个重要因素——开发过程中的各类等待时间。

仅仅关注开发过程中的任务，即要做的事，导致我们片面追求所谓效率的提升。相信许多人有这样的经验：以提高效率为目标的管理模式常常让团队超载。同时让一个工作多年的工程人员提升其能力，也是一件非常困难的事。我看到许多团队所谓效率的提升并没有带来实际的效益，如客户响应时间并没有明显减少。

什么是降低响应时间最经济的做法呢？常见的做法有加班、想办法提升团队能力、引入新的技术和工具等，而这些都是费力难讨好的做法。多年来我们忽略了一个最省力的方法，就是管理好软件开发过程中的等待队列。简单来讲，响应时间是过程中已经可以处理的工作产出物的等待时间与它们的处理时间之和。传统软件开发模式完全忽略了开发过程中的等待队列，而流行的敏捷方法也没有给出管理队列的有效方法，仅仅笼统提出限制 WIP 的个数的概念，没有和队列理论挂上钩。在如何管理队列方法上，传统敏捷有着明显的不足，而等待队列带来的浪费是软件开发过程中许多问题出现的根本原因。

9.2.5 忽略了开发过程中的变异管理

软件开发过程中会产生各种变异，它们有可能会带来一些机会，也可能会带来负面经济后果。流行敏捷方法完全忽略了开发过程中的变异管理。

由于软件产品开发常常需要技术或业务的创新，这些创新会增加不确定性，增加过程中的不确定性。虽然 CMMI 四级的过程域提出了管理变异量的要求及框架，但受六西格玛影响，它把一切变异都视为洪水猛兽，因而对于不确定性高的软件项目，有许多不适用之处。

变异管理一直是软件开发没有解决好的一个薄弱点，敏捷完全没有涉及它。如何在软件开发中解决这个问题是一个我们必须面对的挑战。

9.3 有效软件开发借鉴之源及应具备的特点

我一直认为几十年来造成软件开发问题的一个重要根因是我们借鉴了不合适的产品开发模式，也就是制造业可预测的开发模式，在前面章节中我罗列了它带来的各种弊端。那么，在继续摸索软件开发模式的努力中我们应该借鉴什么呢？有效软件开发模式应该具备哪些特点呢？这两方面的内容对软件开发应该走的方向至关重要。

9.3.1 软件开发借鉴之源

不需要创新的产品开发、生产模式，如流水线模式，对软件开发的借鉴意义不大。我认为软件开发更应该借鉴业界成功的创新性产品开发模式。和软件开发一样，如何管理好不确定性，用最小的代价获取最大的利益，都是大家面临的共同挑战。

在这类案例中，丰田的精益开发模式是最成功的。毫无疑问，它对软件开发具有针对性极强的借鉴意义。在丰田模式的基础上，Donald Reinertsen（2009）提出了第二代精益产品开发原则，这些原则极大丰富了软件开发可借鉴之源。我主张 CMMI

高成熟度应该从六西格玛中走出来，可重复、可复制的流水线开发模式对变异的处理方式是不适用于软件场景的。不确定意味着变异的不可控性，创新会带来变异，我们不应该仅仅关注变异量，盲目把消灭变异作为改进的主要目的。正确的做法应该是关注变异带来的机会及负面影响，通过对变异的管理获取最大的经济价值。这个理念颠覆了几十年来的公共认知，在本书最后一章我会对其做进一步的阐述。

经过几十年的不懈努力，软件开发也形成了许多经过验证的好的实践。传统开发模式也有其有价值之处，在相对稳定、明确的开发环境下，它不失为一个有效的做法。软件工程领域在架构设计、产品需求管理、质量控制、各种开发技术等方面也形成了许多好的实践。各种软件开发标准，如 IEEE 软件工程标准、军标、行标等各类软件标准代表了软件优秀的工程实践集。

当年的 SEI（Software Engineering Institute），今天的 CMMI 研究院，通过维护 CMMI 开发模型，将软件开发的有代表性的优秀实践通过一个产品开发模型展示出来。全球许多软件企业按其要求进行过程改进的事实，也证明了它的价值。

统计方法及队列理论也是软件开发可以借鉴的用来实现量化管理的重要工具。其正确的使用，要求我们必须和组织的商业目标相结合，和软件开发特点相结合。我们必须超越传统六西格玛的范围。

近年来，我们在互联网、大数据及人工智能等方面取得的成就，也很有可能用来改进软件开发方式。我相信我们越来越接近软件开发之匙，在不远的将来，软件工程的效率不再远远落后于其他工程领域。

9.3.2　有效软件开发模式应具备的特点

软件实践者从来没有停止摸索真正适用于软件开发模式的努力，那么有效软件开发模式应该具备什么样的特点呢？考虑到软件开发的巨大差异，这个问题不太容易回答，下面是我的一些不太全面的总结。

软件开发必须有明确的成功商业指标，也就是开发真正追求的目的，而不是仅仅有替代指标。不同项目的目的可能不一样，但是在立项阶段，所有人应该对企业做这个项目（不论大小、重要程度）的目的有一致的理解。同时团队清楚相关约束条件，如进度、资源、开发范围、质量要求等，在满足约束条件下，根据目标，开发模式应该可以平衡已知活动和不确定活动的管理，支持恰当的创新活动。通过不断地反馈完善创新内容，支持新知识的生成，并能实时纳入开发过程中。

在保障质量前提下，开发应关注响应时间、同时管理任务处理时间以及等待时间。等待队列应该是显性的，保证开发瓶颈应完全透明，这样组织才可以有效、有针对性地处理项目中的问题。

关注资源使用率，避免资源的过度使用。同时从需求特性开始，能够有效分解开发过程中任务包的规模，前面的工作能够支持后续工作。

　　新技术开发和产品开发分离，但二者统一规划，通过明确的复用层次，保证顶层开发能够做到短、平、快。

　　开发过程的变异量管理的关注点是使价值最大化，而不是盲目追求一致性。在整个开发过程中，要抓住稍纵即逝的各种机会。

　　开发过程中的重要变更有相关组、人及时同步协调的支持。有合理的集中及分散决策的机制，保证必要资源的集中使用及一线机会的及时把握。

第 10 章

软件开发的新模式——新一代精益软件工程

多年敏捷的成就让许多怀疑者变成了实践者，同时也让不少人感觉到不够过瘾。总觉得在系统层面、方法论层面和数学基础层面还不够全面。我们看一下最常见的敏捷方法 Scrum，它的局限又在哪里？相当一部分 Scrum 的问题是错误的实施带来的，但我们也不能否定其方法中的缺陷。相信不少人经过一段时间的实践，会发现 Scrum 过于简化了软件开发中的一些活动。如其产品经理的角色定义，产品需求列表的使用定义在一定程度上忽视了产品规划、产品设计和需求分析的困难。Scrum 的另一个问题是它没有做到端到端的覆盖，其从概念到开发、到运维服务的过程是个"从概念到利润"的价值链。价值的追求是敏捷的重要核心理念，以 Scrum 为代表的敏捷方法站的高度还是低了一些。

2011 年我第一次读了 Don Reinertsen 里程碑式的著作 *Principles of Product Development Flow: Second Generation Lean Product Development*（Reinertsen，2009），大有耳目一新的感觉。其中许多内容也是我在实践中身体力行但未形成系统的东西。在和 Reinertsen 的一次沟通中，他说自己做得好的一点就是讲清楚了许多人觉得是理应如此的实践，特别是回答了为什么的问题。虽然 Reinertsen 的书不是针对软件产品开发的，其中许多很好的例子也缺少软件的特点，但他描述的新一代精益产品开发基本思想及大部分原则，在经过适当调整后，都将极大地完善提升敏捷开发模式，将其带入一个新境界。我把以 Reinertsen 原则为基础的软件开发模式称为新一代精益软件工程，目前系统采用这个方法的成功案例还不是很多。

受 Reinertsen 的影响，David Anderson 参考丰田生产模式（Toyota production system）创立了看板方法，其在维护项目的成功引起了软件界的重视，成为最为流行的精益开发模式。在 *Kanban: successful evolutionary change for your technology business*（Anderson，2010）一书中，Anderson 详细介绍了看板方法及其成功实施的案例。到目前为止，这是一本最全面的有关看板方法的书。站在新一代精益框架下，我认为看板代表的是初级精益开发模式。目前国内一些企业已经开始了看板之旅，如华为、招商银行 IT 部门等。

10.1 初级软件精益开发模式：看板方法

几年前在研究丰田生产系统时，我第一次了解到看板在制造业精益开发中的运用，但其场景是管理重复可预测的任务，也就是说任务的周期及延期成本是不变的。那么它能用在软件环境下吗？在几次国际会议上，我有机会看到以 David Anderson 等展示看板在软件开发中的成功应用案例，认为看板是一个非常有前途，并能和 Scrum 结合，形成一套系统的软件开发方法。

看板是一个来自日语的词，按其实际意思，中文应该翻译成"信号卡"。在制造业生产线环境里，看板指的是上游只有在看到了信号卡之后才会开始工作。在丰田内部，看板代表其精益生产体系中的信号系统。

看板包含很多方面的内容，但其核心就是实现一个精益拉动计划系统，它主要包含以下 3 大块。

- **将工作流程可视化**。看板团队需要梳理清楚工作流程，完成任务分解，将每个任务写在一张卡上并贴在墙上，任务队列及正在执行的任务形成一个看板。看板的每一列代表工作流中的一个阶段或状态，它和 Scrum 的白板既有类似之处，也有差异。Scrum 的白板不需分解出任务的解决流程。
- **限制在制品（work in progress，WIP）数量**。这是看板的一个重要设计决策，也是看板方法的精妙之处之一。各个阶段或状态中的 WIP 的上限决定了开发资源的利用率，从而很大程度上决定了响应时间，基本的队列理论可以验证这个结论。在本章中我们会详细讨论 WIP 的价值。
- **关注并度量响应时间**（lead time，也翻译成"前置时间"）。在保证质量的前提下，缩短开发响应时间并使之可预测是看板的重要目标。让隐形的等待队列现形，并将其管理起来，也是看板及新一代精益的核心理念之一。合理管理等待队列是缩短响应时间的简单有效做法。.

制造业的实践显示看板能带来许多好处，和其他方法比，它更快、效率更高，并能直接、快速响应客户的诉求。看板的可视系统能够明确标示生产活动的开始和结束时机，重要的是可以实时暴露过程中的瓶颈。

看板的另一个重要特点是，你可以将其和你现有流程相结合，指导更具针对性的过程改进。看板的第一步工作就是将当前的过程可视化，发现瓶颈所在。当开始引入 WIP 的上限时，对工作流评估自然形成高优先级的改进项。在执行过程中，瓶颈会第一时间显示，这就可以让整个团队一起关注优化点，将改进价值最大化。这一点就像李小龙描述的水："水倒入杯中就成了杯子的形状，倒入瓶中就成为瓶子的形状，倒入茶壶中就成为茶壶的形状。"看板像水一样，可以和不同团队的过程融合，适应各自的具体情境。看板的基础是共有的基本原则，每个团队可以根据自己的情况进行适配调整。

在某种意义上来讲，看板意味着权利下放，也就是允许与众不同的权利。

下列是我看到的一些常见的看板误区。

- **看板不用迭代**。根据实际需要，看板也支持迭代。当看板方法被用在有一定规模的软件开发时，迭代是必需的。看板没有明确对批量规模（batch size）管理提出要求，这也是看板仅是初级精益方法的一个原因。当开发有一定规模软件系统时，看板可以和 Scrum 自然结合。感兴趣的读者可以参考 Corey Ladas 关于 Scrumban 的书（Ladas, 2008），也可以看一下 Ajay Reddy（2015）对二者结合的见解。
- **看板不做估算**。如果需要，看板同样也支持估算。
- **看板是个可替换所用工具、方法的替代物**。其实看板一般不会替代任何东西，它更像一个改进驱动器。看板从你当前使用的过程开始，通过引入 WIP，让你步入完善变革之旅。

有为数不多的国内软件组织也在尝试看板实践，但许多基本仅局限于白板（white board）的使用。看板用的白板确实能够将 WIP 突出出来（可惜 WIP 常常没有出现在白板上），但它只是看板中的表现形式，只有引入看板的核心理念，我们才能看到改进效果。

由于每个企业的过程不同，其看板的实施必然和本地的工作流及瓶颈有关，看板的实践者需要首先掌握其大的框架，找到自己希望解决的问题，逐步改进，这才是引入看板的必经之路。

10.2　精益软件开发框架

Dean Leffingwell 参考丰田产品开发体系及 Reinertsen 提出的新一代精益实践，提出了一个精益软件框架（Leffingwell, 2011）。这个框架包含了以下 5 部分内容。

- 屋顶，目标：快速、持续交付有价值的需求。
- 支柱 1：对人的关注。
- 支柱 2：持续改进。
- 基础：精益管理支持。
- 内容：精益产品开发流。

框架的核心内容就是 Reinertsen 提出的产品开发的八大方面 175 条原则，可惜 Leffingwell 未能将这些原则和软件开发具体结合，使之更具指导意义。作为本书最后一章，我希望能够将 Reinertsen 提出的重要原则和解决软件开发问题的思路连接起来，帮助读者使用这些原则解决自己的实际问题。

　　首先我们解决指导软件开发所有决策的依据问题，也就是如何用经济指标而不是替代指标指导软件开发活动。然后我们讨论新一代软件管理方法的数学依据：队列理论及统计分析方法及其应用。接下来我们会讨论如何关注软件开发中的两个关键指标：开发过程中的批量规模（精益中的所谓的 Batch Size）及在制品（WIP）规模，这两个概念在传统开发模式中完全被忽略，在许多敏捷方法中也未被显性关注。最后我们探讨新一代精益管理方法及有效实践。Reinertsen 提出的八大方面 175 条原则有许多相辅相成的点，在设计精益过程时需要关注这些关联点。

10.3　用经济指标指导软件开发

　　在回答为何做软件过程改进这个问题时，常常听到的答案是提高开发效率、提升产品质量、提高进度按时完成率等。这些其实都不是真正的目标，而是替代目标。真正的目标只有一个：赚更多的钱，增加利润。

　　可惜在软件几十年的发展过程中，以经济指标作为决策依据的微乎其微。很多企业自以为是这样做了，其实未必。举个简单产品发布的例子，是否需要延期一个月多开发一个功能呢？决策依据应该是什么呢？如果以经济指标作为标准，那么我们就要判断一下这个多开发的功能能给公司带来多少新的价值，同时评估一下延迟发布一个月造成的损失。如果前者大于后者，延期发布就顺理成章了。可惜大部分软件主管不是用这种方式决策的，而是凭感觉和经验。

　　在为某电信 IT 供应商做评估时，我问他们一个项目经理：如何和用户一起根据合同要求确定需求范围？他的回答是，为了让客户满意，他会尽可能满足客户的要求，基本不大考虑合同要求。我的下一个问题是：答应客户一切要求就能让客户满意吗？答案是否定的，因为答应的不一定能做到，答应的不一定能按时完成，答应的不一定对客户有价值。考虑到他们有两种合同模式——一个是固定预算、固定价格，另一个是根据实际投入的工作量算账，我的原则性建议是：对于固定预算的项目，尽可能控制需求范围，确保不必要、不成熟、通过其他功能可以实现的特性功能都不包含在其中。同时引导客户，尽可能将一些功能放在下一期做，用最小的代价实现最大的经济效益，也为公司争取后续的业务。而对于实报实销的项目，则可以适当考虑尽可能将技术成熟、把对客户有价值的功能纳入实施范围中来。总之，要用经济指标指导我们的所有重要决策。在维护好客户关系的前提下，客户不付钱的事少做，客户付钱的事多做！

　　另一个例子是我在一家著名日本企业在中国的一个软件外包子公司做咨询时碰到的。由于市场规模是由日本总部来决定，这成了他们多年来发展的瓶颈。他们碰到了一个很好的发展机会，日本总部希望他们能够快速壮大，逐步开始作为其在中国的最主要开发团队，并愿意提供一些经济上的支持。但这件事还是有一定的困难和风险，他们有些犹豫不决。吃饭时他们问我的意见，我的建议是考虑一下这件事做成的回报和可能性有多大，同时考虑一下最坏的后果是什么。如果有 30% 的成功可能，成功的回报是 10 亿人民币，而失败的后果是损失 1000 万人民币的话，我的建议是抓住这个机会，因为预期回报远远大于可能的损失。这个风险是值得冒的。

作为一个原则，决策者在做重要决定时，必须同时考虑失与得。考虑到软件开发中会碰到的众多决策，哪怕我们无法完全做到对失与得的量化度量，这样做的累积效应也是不可估量的。在使用替代指标做决策时，一定要和真正关注的经济指标联系起来，这和我们在第 1 章讨论的新的敏捷铁三角理念完全一致。

1. 用延期成本指导产品决策

Reinertsen 十分推崇使用延期成本指导产品的重要决策。这个度量不仅可以用来指导开发阶段的决策，如是否延期发布的决策，它的更大的价值体现在产品前期的考虑。所有软件产品经理都应该意识到的一个基本事实是：从一开始意识到市场有需求到产品正式发布，**延期成本在各个阶段都是一样的，但不同阶段的时间代价则差异巨大**！延期一个月的后果不会因为是项目前期造成的还是项目后期造成的而有所不同，但在项目前期争取一个月时间的代价则远比项目后期争取提前一个月的代价要低很多。

多年前，我在硅谷的一个朋友自己创业，一开始从技术到管理全是同一个人负责。偶然一个机会，他了解到一家全球知名大企业在考虑做的一个项目，他觉得这是个很好的机会，于是立即开始组织人员进行可行性分析，同时开始设计工作。等他的团队完成了全部设计工作并开始开发时，那家管理有序的企业还没有完成立项阶段的工作。我相信进入开发阶段后，大企业凭借自己的技术、资源实力优势，会比我朋友的团队更快地完成产品的实现，但我朋友抓住了前期的开发周期，抢到了时间，从而赢得了市场先机。对这家知名企业来讲，项目前期的延期成本是其实际投入成本的几千倍。

延期成本的概念告诉我们，由于延期的代价都是一样的，我们对待项目前期的时间应该和项目后期的时间一样。不幸的是许多资源管理者没有充分意识到这一点，他们认为只有花出去的成本，如人时、买的设备等才是成本。他们把时间周期看作是免费的资源，特别在项目前期更是肆意浪费。在互联网时代，快鱼吃慢鱼，前松后紧是非常愚蠢的做法。从性价比来讲，项目前期投入是非常明智的做法。

虽然 Scrum 没有明确使用延期成本的概念，但其实践非常鼓励从有想法到产品进入市场，通过不断迭代抓住所有时间周期，比传统按部就班的方式更能减少延期成本。

2. 追求响应时间的改进高于效率的改进

我认为单纯追求工作效率是软件过程改进的一个问题，也是替代指标遮盖了真正指标的常见例子。许多管理者抱怨的一件事是，效率貌似提升了，但并未看到项目进度的明显改善，原来的问题依然存在。没有提升产品进入市场周期的效率改善是没有很大意义的。

David Anderson 在其《看板方法》（Anderson，2010）一书第 4 章给出的软件维护团队案例也能说明这个问题。一个 CMMI 五级的团队应该是个高效团队，但由于不能及时响应用户需要，却成了微软最差的团队。当其明确改进目标是缩短响应时间（lead time，经常被翻译为"前置时间"，但我认为响应时间表达的意思更接近原意）时，通过引入看板方法，团队在 5 个季度内从最差变为最好。注意在这个过程中，团队的效率（或能力）并没有发生大的变化。如果仅仅追求效率，我们就忽略了影响响应时间的另一个重要因素——等待时间。在后面章节中我们会进一步探讨这个问题。

所以在软件过程改进中，测试响应时间高于测试效率，开发响应时间高于开发效率。总而言之，任务的响应时间高于处理这个任务的效率。

10.4 用基本队列理论、统计方法管理软件开发过程

首先来回答一个简单的问题：软件开发周期是由什么决定的？很多人会说是由需求分析时间、设计时间、编码时间、测试时间、评审时间决定的。这个答案忽略了决定开发周期的一个重要部分——等待时间！由于资源有限，有些上游输出物到达时，不能马上被服务，就形成了软件开发过程中等待评审的需求，等待设计的需求，等待开发的设计，等待集成、测试的代码，等待发布的程序。也就是说，在软件开发过程中，其实有许多隐形的等待队列。虽然这些等待队列是不可见的，但它们确实存在。这些队列包含了被闲置、等待下阶段处理的产出物。

以测试周期为例。在某一个时间段，测试资源是固定的，需要测试的代码包源源不断提交给测试团队，形成一个等待队列。注意这些代码包提交的时间是随机的，每个代码包所需的测试时间也不一样，也就是说都是不确定的。测试响应时间就是队列等待时间加上实际测试时间。测试人员加上测试环境等形成服务于测试等待队列的资源。

那么等待时间和所投入资源以及资源利用率的关系如何确定呢？这恰好是非常成熟的队列理论可以帮助我们解决的问题。而这个过程中不确定性（变异性）对等待响应时间等的影响也是统计过程控制的范畴。

本节我们不会具体讨论数学公式，而是专注于相关数学分析的结论所产生的软件开发应遵循的原则。长期以来这些原则被软件界忽略，产生了许多软件产品开发中的错误决策。

10.4.1 管理好软件开发中的等待队列问题

图 10-1 展现的队列特性告诉我们两条和软件开发管理相关的重要结论。

▫ 资源使用率接近 90% 时，等待队列会出现超负荷情况，这就意味着等待时间的快速增加，导致响应时间剧增。

▫ 资源使用率和队列等待时间是非线性关系。资源使用率小于 50% 时，等待时间基本可以忽略。当使用率从 60% 增加到 80% 时，等待时间会翻倍。使用率从 80% 增加到 90% 时，等待时间会再次翻倍。而从 90% 增加到 95% 时，又会导致等待时间翻倍。也就是说，当开发人员项目工作饱和度已达到 90% 时，管理者再加 5% 的额外任务，会让开发周期延长一倍。

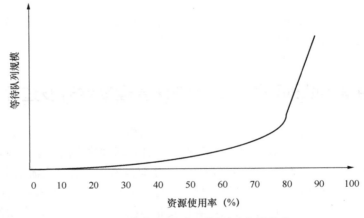

图 10-1 等待队列和资源使用率之间的关系

这两个结论告诉我们等待队列的规模（等待时间）是由资源的使用率来决定的。通过观察高速公路上堵车是如何形成的，就会理解这个现象。当高速公路的使用率低于 60% 时，不会有堵车现象。随着上高速路车辆的增加，也就是公路使用率的增加，堵车会越来越严重。使用率从 60% 增加到 80%，堵车时间（队列规模）会增加一倍。当使用率再增加 10%，从 80% 达到 90% 时，堵车时间又会增加一倍。当车流量再增 5%，道路使用率从 90% 增加到 95% 时，堵车时间再一次翻倍。

可惜长期以来软件经理的管理直觉恰恰相反，他们认为只有给开发团队一堆任务，他们才会一直忙，才会高效，才对得起老板开的工资，老板最见不得的是员工没有在上班的每一刻做和赚钱有直接关系的工作。这种思维导致软件开发中只关注开发任务的时间（需求分析、编码、测试等），而完全忽略了这些任务等待处理的时间。

队列研究结论也验证了最新精益思想：关注人不如关注闲置的工作的产品。就像跑接力时，我们应该盯着接力棒而不是运动员，因为最终成绩是由接力棒的移动时间所决定的。一个需求包的开发周期，是这个需求包在整个开发过程的停留时间决定的，这既有分析、设计、开发、测试等的处理时间，也包含所有的闲置等待时间。仅仅关注处理时间是无视问题的另外一面。片面强调提高效率的后果常常是让开发团队超负荷工作，这样做往往会适得其反。记得一位知名企业管理者抱怨说：效率似乎不断提升，可是产品开发周期并没有缩短，响应时间还是不尽人意。

敏捷方法，如 Scrum，也关注到了开发中的队列问题。如在第 5 章中，我们提到要避免迭代中形成任务泳道。但它没有对这个问题做深入分析，也没有提出系统的解决原则。看板方法通过限制在制品上限，约束同时开展的工作个数，既控制了等待队列的规模，也控制了资源使用率，而队列理论提供了这种做法的数学依据。

在软件开发过程中，有哪些有效做法可以减少等待队列规模从而缩短响应时间呢？下面我们探讨一些好的实践。

1. 平衡并设置恰当的资源规模

如果钱能解决的问题不算问题的话，那么按任务峰值设置资源就是最简单的做法。可惜由于软件业高人力成本压力，绝大多数企业无法做到这一点。以软件外包企业为例，设置什么样规模的团队合适是一个很重要的决策。这种企业只有团队在做项目时，公司才有钱赚。等着接新项目的人员太少，接不到大单子；而人员太多，又可能让企业负担不起。

这里我给出几个平衡资源水平的有效实践。加班是所有软件公司都有的现象，也是平衡资源与成本的必要手段，但不能让其变成常态，因为这不是可以持久的做法。设置共享资源池、专家池是个好办法，他们可以支持所有项目。一般来说，项目中需要啃硬骨头的任务不是很多，将这些任务集中处理的做法很好平衡了资源与响应时间的矛盾。

人员外包或使用兼职人员也是一个常见的平衡做法，这样做可以避免有过多的闲置人员。注意这种做法也有风险，因为新人都有个学习过程，这就给项目带来额外压力。管理不好的话，追加了临时资源反而没有减少等待队列的规模。成功人力外包需要做到人员相对稳定，选择好合适的任务外包，不间断地给外包团队下达类似的任务，明确任务，明确要求，明确沟通管理机制。

为开发团队配置好的装备也至关重要，如提供端到端的开发管理平台，尽可能将重复的工作自动化，都是不加人但加了资源的聪明做法。当企业有了一定规模，建立支持开发团队的 IT 团队是非常必要的。当然前提是规划管理好平台建设，这是个战略性的工作，不可能一步到位。

参考传统精益的做法，在设计开发流程时，如需要追加客户不要求的活动，一定要考虑性价比，要大胆清除掉无价值或低价值的活动。记住：如果减错了，你随时可以再加上去。如同我们在前面章节讲的，让开发团队轻装前进，因为这样做实际上就是增加了宝贵资源。

通过培训提升人员能力，培养 T 型人才也都是低成本增加资源的有效做法。

2. 科学管理开发团队的任务包规模

除了处理好资源设置外，管理好等待队列还要求我们管理好给团队的任务包规模，也就是源头的控制。看板的 WIP 上限的设置是一个简单有效的做法。除此之外，还有一些适用于软件开发的好实践。

软件项目中最重要的队列是需求队列，从某种意义上讲，控制好需求，项目就成功了一半。而这不是很容易做到。我认为首先我们需要改变一些理念：软件需求不是必须，而是有一定灵活性的。ISO 中的质量要求过分强调了和需求的一致，错误的 CMMI 实施让团队恐惧需求变更。在我接触到的软件团队中，极少看到来自开发的需求变更申请。其实提出合理的需求变更可以成为开发团队拯救一个失控项目的最好手段。

这里我们来看两个例子。如果软件需求规格要求网上支付能够支持所有银行，由于 Y 银行和其他银行有巨大差异，且其 IT 能力较弱，开发团队低估了其实现难度。如果不改需求，项目需要延期数月，延期成本是公司难于接受的。在这种情况下，当前版本暂不包括 Y 银行是一个明智的选择，因为我们只是将用户群从 100% 降到 95%（假设 Y 银行的用户不超过 5%）。这个损失换回的是项目按期、高质量完成。

如果需求规格要求系统和所有微软 Windows 版本兼容，而前期版本的 Windows 用户已经接近于 0，那么开发团队应该要求将这些需求从规格中删去。

规划好产品特性、避免需求蔓延是软件精益开发管理最重要的一点。5.1.3 节讨论的最小有市场价值特征（MMF）集方法对解决这个问题很有帮助，通过迭代方式实现持续交付对用户有价值的产品特性，同时保证每个迭代的需求列表规模不会让团队超负荷。

增加软件开发各个环节的复用率对减少开发团队的任务量也很有帮助，软件企业一方面要投入更多的资源，同时也要在其过程中设计好复用管理的各个方面。

3. 科学管理队列

有些项目管理背景的读者都知道关键路径对进度控制的重要性，队列管理也不例外。处理关键路径上的队列应遵循一个原则：尽可能将其从关键路径上移开。通过将宝贵资源投入到合适的点，尽可能将队列处理的一些任务提前，降低过程中的不稳定点都是一些有效做法。后面我们也会讨论减少开发中批量规模对于队列有效管理的益处。

4. 软件开发中的 3 个队列例子

除了开发源头的需求队列外，软件开发过程中也有很多等待队列，这里我们举 3 个例子：评审、测试及缺陷修复和采购。

（1）**评审队列**：由于评审专家资源紧张，许多同行评审，如需求评审、设计评审等，都会形成等待队列。如何在保障评审效率的前提下缩短评审周期是设计评审过程的挑战。根据队列理论，我给出几个建议。

- 根据评审文档的重要性，平衡可用资源及进度要求，减少评审内容。例如，选择关键的（如设计接口）、问题较多的地方（如新手写的程序）进行评审。
- 有效管理使用评审资源。可以采用多种形式的评审，如一对一评审、非会议形式评审、线上评审和分工评审等方式。
- 尽可能形成固定评审时间、时长、规模，使之可预测，从而减少变异。

通过控制源头以及合理评审资源使用，应该可以看到明显改进。

（2）**测试队列和缺陷修复队列**：测试队列在软件开发中非常重要，因为一方面它是在关键路径上，另一方面测试资源高使用率是常态。测试阶段的进度控制往往是比较困难的。敏捷带来的持续集成减少了测试的程序包规模，让测试变得有节奏可预测，同时大大增加了测试自动化的程度。这些对减少测试队列规模及测试响应时间缩短都会有很大的帮助。队列理论也告诉我们要努力追求测试自动化。

缺陷队列是软件开发过程中最能看得到并且被管理的等待队列，所有 Bug 管理工具都会列出需要修复的缺陷及状态。队列理论告诉我们应该关注队列规模，这里通过用缺陷规模作为判断程序的健康状况的指标，通过比较缺陷发现速度和修复速度，判断是否需要投入更多资源。

（3）**采购队列**：由于缺乏必要的管理，大部分软件开发中的采购活动都成了关键路径上的障碍。一个采购人员同时处理数十个采购项是常见的事，导致采购响应时间过长，造成项目延期，这种现象在军工和集成开发组织中尤为突出和普遍。这里我提两个改进方法：首先考虑减少采购任务包规模，尽量将大采购分解成一系列小任务，纳入每个采购人员的采购队列。第二条更加重要，根据采购类别，采购申请提出点必须给采购足够时间，如采购申请至少要给采购部一个月时间完成采购。这样做一方面可以保证足够处理周期，同时也避免批量采购申请同时提出。

10.4.2　软件开发过程中变异量的管理

长期以来，受六西格玛及 CMMI 模型高成熟度错误实施的影响，软件开发过程中的变异总被认为是一件坏事。消灭变异变成了改进的目标。"第一次把事情做好""零缺陷"等成了一些软件团队的口号。这也是汲取自制造业而给软件开发带来误解的另一个经验。

在制造开发过程中，差异往往就是缺陷，通过消灭差异清除浪费带来了很好的经济价值。在统计学中，我们用标准差（也就是 σ，即西格玛）来表示变异量，到目前为止，改进都是以追求标准差的缩小为目的的。我同意 Donald Reinertsen 提出的一个重要见解：在不确定环境产品开发过程中，变异量远没有变异成本重要，而变异成本是由变异带来的经济效益决定的。

前面也提过制造开发和软件开发的一个重要区别是，制造开发的经济价值是由所开发出的产品决定的，重复开发出的每个合格产品都会带来回报，都有价值。而软件开发的价值是知识、是信息、是做菜的菜谱。如果你创造两个同样的菜谱，第二个的价值就是零。从某种意义上来讲，只有通过创新（或者难听一点的说法是引入不确定性），我们才有可能在软件开发中增加新的价值点。

很明显，创新很可能带来更大变异量。但在一定场景下，增加的变异量会带来经济价值。

如果你是个短线股民的话，你是喜欢股市波动的，因为这个波动是能给你带来更大收益的。如果你用 10 万元钱投资，钱放在银行里，一年利息 3%，你的回报是 3000 元，并且零风险。如果你买腾讯的股票，假设可能的回报是 20%，但这个概率是 50%，你应该选什么呢？从预期回报来看，选择银行是 3000 元，但选择买腾讯股票则是 10000 元。虽然后者波动大、变异高，但这个波动带来的经济价值远远大于没有波动的银行选项，所以大多数人会选择有风险的选项。

既然我们把软件开发活动看作是创造知识信息的过程，那么变异量低的活动所含新的信息量就少，而变异量高的活动则更有可能产生出新的信息。以软件测试为例，这个活动不应该仅仅看作是确认设计的活动，它也可能是产生新信息的活动。特别是对不确定性高的项目（如研发项目），测试不应该过度追求测试通过率（低缺陷率），因为有时发现的缺陷会带来新的信息，价值更大。

作为精益软件过程改进的一个原则，我们不应仅仅关注减少变异量，更重要的是关注变异量变化可能带来的经济价值，因为追求价值最大化是我们的目标。这一点会对软件现有理念有巨大的冲击，也会要求我们回过头来重新审视 CMMI 高成熟度在软件中的应用。

CMMI 四级的核心要求是过程性能模型（process performance model）的建立及其在开发改进中的应用，在具体实践中一个很大的问题是如何跳出数据泥潭，让模型真正发挥出模型预期的作用。很多 CMMI 四级、五级团队反映，他们使用的模型并没有带来真正有价值的预测。很多模型预测的也是意义不大的替代指标，可控因子也基本都脱离不了人。

我认为精益对变异管理的新理念对如何正确实施 CMMI 高成熟度有革命性的扩展。仅从过程性能模型角度来讲，我们可以更加关注响应时间的预测，本章讨论的 WIP 的个数、等待队列规模、任务规模等都是很好的可控因子的候选项。它们和响应时间的关系及预测对软件开发过程有显而易见的价值。

在一定前提下，降低变异量也是十分重要的。Donald Reinertsen 提出了一些有效降低变异量方法，这些方法完全可以映射到软件开发中去。当变异量的增加会带来负面经济效益时，我们需要考虑减少变异，下面是 7 个在软件开发过程中减少变异量的方法。

（1）**统一使用共享资源池，服务差异大的上游下来的任务**。假设测试团队有 4 个测试工程师，他们需要支持 4 个开发组。为每个开发组指派一位固定的测试人员是一个常见的安排。如果每个开发组的测试需求差异不大，这是一个不错的安排；但如果 4 个组的测试要求差异很大，这种做法会加大变异量，同时增加平均测试周期。在这种场景下，将 4 个人组成一个共享资源池会是更好的做法，在大大降低变异量的同时，也会缩短平均测试周期。

（2）**缩短计划周期**。产品需求规划一般不要超过两年，因为随着时间前推，所有预测的难度会呈指数级增长。计划周期越短，变异越小。对一家做大数据的企业做评估时，我看到了他们产品的 5 年规划。5 年里技术、市场、用户要求、竞争对手等都会有无法准确预测的变化。在产品愿景明确的情况下，3 ～ 5 年以后的事到时候再说。注意在软件项目开发过程中，要缩短计划周期，我们必须能够将需求分解到小的独立包。

（3）**尽可能将大创新分解成多个小创新**。建立产品线的好处很多，其中一个好处是把大的创新分解成一系列的小创新。考虑下面两种情况哪个风险更大：在一个大产品中引入一个包含了 10 个创新的新技术；分 10 次在 10 个小产品中分步引入 10 个创新。答案是显而易见的。

（4）**重复有益的活动**。系统性地重复一个活动比将所有活动一次完成更能减少变异量。如极限编程的持续集成每日构建远比 6 个月做一次的好处多很多。这是个显而易见的观察。

（5）**复用减少变异**。这也是一个显而易见的原则。需要注意的是复用不是永远的第一选择，因为复用不利于创新，意味着对新技术说不。虽然创新会增大变异量，但有时会带来更大的经济效益。

（6）**针对性的调整可以减少变异**。当软件测试团队持续面临大量测试的压力时，如果不能追加专职测试资源的话，我们就必须想出其他有针对性的办法。一个常见的办法是培训开发人员，让他们掌握一些简单的测试技巧，这样可以控制好等待测试的队列，减少变异量。让上游人员掌握一些下游工作的方法，是通过针对性调整、减少变异量的例子。

（7）**使用缓冲积蓄可以减少变异**。这是个用钱或用时间买确定性的做法。如果你有 50% 的可能性用 10 个月交付，那么追加 3 个月很可能将可能性追加到 90%。关键是平衡好缓冲的成本和由此产生的确定性带来的价值。

如何将变异可能带来的代价最小化、价值最大化呢？ Donald Geinertsen（2009）也提出了几个原则，在这里，我把它们转换成软件开发中变异成本管理的原则。

（1）**关注软件开发过程中变异的后果**。长期以来受制造业的实践影响，软件组织在做过程改进时仅仅关注变异量的降低，完全忽略了由于变异量变化带来的后果。在动态的软件开发项目中，这种做法没有抓住问题的要害。创新和稳定有时是矛盾的，和制造业完全重复的开发流程不同，软件开发过程中，我们应该更加关注变异的后果。我们都知道在开发过程中团队对需求的理解会越来越清晰，当意识到我们低估了某个软件功能实现的难度，也许将其剔除会降低整体成本；而当某个功能的实现比预期的简单很多时，将其实现最大化很可能会带来更大的价值。

（2）**快速反馈能够让团队管理好变异的后果，将价值最大化**。变异量带来的后果一开始并不都是明确的，及时产生可反馈的结果，并做出必要的调整至关重要。通过快速反馈，我们才有可能或者降低变异的损失，或者抓住变异带来的机会。

（3）**将变异控制在可接受的范围内**。我们用项目延时的例子来说明这一点：当延时在一定范围内时，其后果都可以控制，延时期间开发的功能有可能弥补延期成本；但当延时超出一定范围时，市场的变化可能导致产品错过最佳时机点，这个后果是不能接受的。

（4）**用低代价的变异替代高成本的变异**。如果一家旅游公司希望在网上推出国庆长假的项目，10 月 1 日前上线是必须做到的。当进度目标不能完成时，追加人员、追加成本会是常见的选择，因为这个投入代价比起超期造成的损失会小很多。追加成本的变异带来了进度的稳定，花钱买稳定往往是在用低代价的变异（成本）替代高成本的变异（进度）。

（5）**缩短迭代周期是降低缺陷的有效做法**。提高开发速度也就是缩短迭代周期比花精力在迭代中多发现缺陷是性价比更好的选择，提速同时也减少了开发过程中的等待时间，增加了反馈点及频率。

（6）**将变异过程转移到成本最低的阶段**。Reinertsen 用航空管制系统的例子来说明这个原则。保持一定的间距是飞机落地控制的重要手段，想象一下繁忙的北京国际机场，如何避免多架飞机同时降落呢？飞机在哪里等最好呢？考虑以下 3 个选择：在北京机场上空盘旋等待降落；在航路上减速飞行；让飞机在始发机场等待。从成本角度来看，第三个选择是最安全、最省钱（油钱）的做法。

由于不确定性的存在，变异是软件开发的必然产出物。不要把它当成是洪水猛兽，我们应该关注后果，把它作为一个创造价值的工具。

10.5　两个关键关注点

软件精益开发过程中，有两个至关重要的度量项：批量开发规模及在制品（WIP）个数。通过对这两个度量项的控制，我们可以在不追加资源的情况下减少响应时间。

10.5.1　控制好软件批量开发规模

近几年来，软件界或许已经无意识地在减少软件批量开发规模，它主要体现在减少需求颗粒度上。小的需求包意味着小的设计包，小的设计包意味着小的开发包，小的开发包意味着小的测试包。在软件开发过程中，小的需求包会带来一系列的好处：

- 缩短迭代周期；
- 减少代价高的变异量；
- 缩短反馈周期；
- 降低开发风险；
- 减少管理成本；
- 提升开发效率；
- 提升团队的紧迫感。

减少软件需求包的规模更是敏捷革命的核心内容之一。但是为何要控制软件批量开发规模？它带来的经济价值是什么？软件开发人员并不能明确回答。

瀑布模式将需求包最大化，这就意味更大的设计包、开发包、测试包。推着一个巨大的雪球往前走也会带来高的管理成本。因为项目需要维护各类状态报告，需要大量的沟通。大的测试包意味着会发现大量缺陷，仅确认重复缺陷的成本就会多很多。如果已发现 500 个缺陷，对每个新缺陷我们需要比较 500 次。其相比小迭代仅发现 10 个缺陷，工作量明显增加很多。

那么除了减少需求规模外，还有哪些减少软件批量规模的方法呢？首先我们可以把批量规模分成批量处理和处理后结果的传递两部分。我们往往忽略结果传递，但它是更应该被关注的。如测试结果需要尽快传递到下个活动，这样才能缩短反馈周期，并尽快开启后续活动。敏捷强调面对面沟通及团队一起办公，这也是减少批量规模的一个有效做法。开发测试工具的有效使用可以大大减少批量规模。

和增加资源解决瓶颈问题比，减少批量规模很可能是更省钱、更有效的方法。记得十几年前在华为做咨询时，每天上午 11:45 时我就被带去食堂吃午饭。为了避免吃饭时排长队，华为将午饭时间分成几个时间段，不同部门午饭时间都不一样。没有增加食堂空间、大厨人数，仅仅通过减少批量规模，华为解决了吃饭排队过长的问题。

另外需要注意的一点是批量规模有可能是动态，不一定要强求一致。因为规模过小，也会追加需要处理的次数，累积有可能增加管理成本，所以批量规模是小规模带来的价值和处理成本的平衡。我们以软件测试为例，项目前期的测试结果通常会带给我们许多有用的信息，帮助我们定位开发人员的技术或应用领域的短板，反馈带来的及时调整会非常有价值。在这种情况下，我们会追求小的测试批量规模以缩短反馈周期。而项目后期，由于团队成员对需求、技术有了很多积累，测试结果的价值会越来越小。在这种情况下，小的测试规模带来的价值也许低于其带来的额外处理成本，选择大的批量规模很可能是更合理的选择。所以对没有不确定因素的项目来说，瀑布开发模式是一个不错的选择。

10.5.2　控制好软件开发队列的 WIP 个数

在资源紧张的情况下，仅仅减小软件开发中的批量规模不一定能解决根本问题，这时如何处理积压的任务会是重要挑战，精益实践告诉我们控制 WIP 的个数是一个有效的手段。在软件项目中，在看板之前很少有人关注 WIP，几乎所有的关注点都放在开发进度上，大家没有意识到 WIP 的使用是控制进度的一个好方法。

来看一个简单的例子。一个独立测试团队接受了 1 个软件项目中 8 个模块的测试任务，如果将资源平均分配到 8 个模块上，同时开始它们的测试工作（WIP ≥ 8），需要 4 个星期完成所有测试任务。如果我们将 WIP 设置为 4，情况又如何呢？所有测试资源会投入到 4 个模块中，另外 4 个则会被放置在等待队列中。当测试团队完成一个模块的测试后，会开始一个新模块的测试。这样做每个模块的测试资源增加了一倍，就大大缩短了测试周期（也就是反馈周期）。开发和测试团队能够及时分析测试结果，开发人员可以更早开始缺陷修复工作，测试团队学到的经验可以应用到后续模块的测试中。最终的结果很可能是我们还是在 4 周之内完成了 8 个模块的测试，但同时发现了更多的缺陷，缩短了缺陷修复的周期。

控制 WIP 的个数需要管理者改变心态，他们必须认识到追求 100% 人员使用率不见得能够减少延时，有时反而适得其反。

WIP 的使用也能使开发过程中直接关联过程达到速率匹配，如果需要，接受过程的 WIP 上限会逼着上游过程放慢速度，这会帮助形成可持续的开发流。但 WIP 方法不仅是设置上限，更重要的是当达到上限后如何处理等待队列。除了按看板方式完成一件再接一件新任务以外，还有下列一些可以考虑的方式：

- 放弃一些低价值、高风险的项目；
- 将一些低价值或模糊需求剔除出去；
- 追加必要资源，加快速度；
- 引入一些临时专家资源解决队列中有硬骨头要啃的任务；
- 让团队从 I 型（仅具备单一能力）转换成 T 型（有专长并具备一定其他相关技能）；
- 合理安排控制上游工作，减少队列 WIP 个数；
- 控制好需求蔓延等容易失控的任务；
- 当资源发生变化时，及时调整 WIP 的上限；
- 在开发过程中，让 WIP 变得可视。

作为精益的核心原则，在管理 WIP 时也要从经济角度考虑问题。前面空管系统的例子中有 3 个等待队列：待飞队列、飞行中队列和等待落地队列。3 个队列的成本明显不同，最贵的是在机场上空盘旋等待降落的队列，而最便宜的是在地上等待起飞的队列。所以，前者的 WIP 上限应该小于后者的上限，为了控制好前者的堵塞（也就是队列规模）过大，我们必须根据流量动态控制调整起飞频率。同样在软件开发场景下，未启动的项目队列成本最低。

我在接触的软件企业里还没有看到过通过控制 WIP 来管理开发活动的。随着精益的推广，随着大家真正理解其价值，越来越多的组织会意识到这个简单的方法能帮助解决许多问题。

10.6 精益管理控制实践

减少批量规模并控制 WIP 能帮助我们解决许多问题，但还是不能解决所有问题，开发过程中还是不能完全消除堵塞现象。这里我们讨论一些经过验证的有效精益管理控制实践。

10.6.1 在充满不确定的环境下，尽可能保持流畅的软件开发通道

敏捷第 8 条原则讲："敏捷过程提倡可持续的开发。产品的赞助者、开发者和用户应该能够保持一个长期的、恒定的开发节奏。"堵塞现象是保持恒定开发节奏的天敌，如何能够进入这样的节奏呢？答案就是在复杂的环境下，保持流畅的软件开发过程通道，持续创造价值。

前面我们提到过高的资源使用率是造成堵塞的一个重要因素，同时开发过程中不同任务的处理速度也是影响整个软件开发过程能力的另一个重要因素。过程开发能力应该用单位时间内平均能够创造的价值来度量。很明显，流畅的开发通道直接影响了软件过程的开发能力。

产品开发堵塞往往会造成更多的堵塞。例如，当太多项目延期时，会导致产品进入市场的时间滞后。在竞争激烈的环境下，为了能和竞争对手的产品竞争，就需要追加一些新的功能、新的项目，这样等待队列变得更长了。就像本书的写作，我拖延了数年才完成，而在这期间，出现了许多软件精益的优秀实践。原来规划的内容恐怕不能满足读者的需要。为了能让本书变得更有价值，就必须增加一些新的内容。

在管理堵塞时，有两个有用的原则：让堵塞情况可视；为不同队列设置不同的代价。等待时间是比队列规模更好的可视指标，如果你去过洛杉矶的迪士尼乐园，应该记得在排队等着玩某个项目时，你看到的是预计的等待时间，而不是等待人数。因为

等待时间才能帮助我们判断是否值得去排队。第二个原则在实际生活中的例子比比皆是，例如，淡季和旺季酒店、机票的价格差别很大，这是为了鼓励更多的人在条件允许的情况下在不忙的季节去旅行。

敏捷第 8 条原则说："敏捷过程提倡可持续的开发。产品的赞助者、开发者和用户应该能够保持一个长期的、恒定的开发节奏。"可是敏捷并没有给出好的方法，使之在市场高度竞争、资源紧张的环境下能够在一定程度上运转起来。Reinertsen 总结的一些方法可以帮助我们形成一些有效的软件实践，让团队可以在开发通道中有节奏地跑起来。他提出的保持产品开发通道流畅的方法中，其中 3 个对我很有启发。其实这些方法已经被软件团队有意无意地使用了，只是站的层面较低，缺乏系统性的支持。

第一个方法是建立开发节奏。节奏可以定义为在开发过程中形成定期、有规律、可预见重复活动。华为产品发布的周期是固定的，这样其时间安排可以和一些大型产品销售展同步，也和产品培训同步。由于新产品发布完全可以预期，客户及用户也容易做必要的准备。这样做还有一个好处，我们不需要将所有好的功能一次全部开发出来，让项目不断延期，而是定期发布一些给用户带来新价值的东西，将经济价值最大化。这个例子是在产品层级方面形成长期的、恒定的节奏。

另一个敏捷常用的实践——每日持续集成也是一个很好的例子。在这个场景下，代码交付的时间是固定的，何时收到测试结果也是可预期的。这就消除了测试中的不确定性，让开发组和测试组形成长期、恒定的测试节奏。

CMMI 中提出的里程碑点及项目定期出的状态报告、定期的决策评审和技术评审也是形成开发中节奏的例子。这使得项目社区对开发中的问题能定期、在可预知的时间点形成共识，并做必要的同步协调大有益处。

注意在建立过程中的节奏时，我们需要将开发规模变小，同时需要预留缓冲资源应急。所以恒定节奏的形成是有代价的，但其回报往往会更大。

Reinertsen 提出的同步方法可以帮助我们在开发过程中建立同步拉通机制。同步拉通不同于节奏，它是让多个活动在同一时间发生。软件系统测试就是一个同步拉通的例子，子系统可能有不同的开发周期，但会在一个时间点同步测试。

巧妙地在过程中设计同步拉通，对消除开发中的堵塞问题会有帮助。我们用两个简单的例子来说明。许多公司都有串行的审批流程，也就是一个批件需要通过多个部门审批。其中任何部门有疑问，就会打回到前面的部门。这种方式耗时低效，往往会产生堵塞。如果我们用同步的方法，就可以选一个时间，让所有相关部门一起参加审批会，有任何疑问都可以在会上讨论，最终在会上做出决策。在大规模敏捷开发的环境下，会有多个敏捷团队。在开发过程中比较频繁地定期召开多团队的评审总结会，这样做可以缩短反馈周期，在团队间形成经验共享机制。这对团队能力提升会大有好处。

同样，实施同步拉通也需要减少规模，也需要投入必要的预备资源。但回报是同时服务多个任务，在制品规模效应小，我们可以有很好的节省。同步也可以大大促进团队间的经验共享。

保障开发通道畅通必然牵扯到源头的把控，如何对进入通道的项目、任务把关也至关重要。排序的标准不能像制造业那样先到先行，而是要平衡多个因子，如延期成本、周期、资源匹配等。这个决策在资源少于可能的任务工作量时，会大大影响到是否能形成开发长期的恒定节奏。

10.6.2　充分、及时、有效地利用开发过程中的反馈信息

在本书中我们花了大量篇幅讨论反馈在敏捷开发中的重要性，Scrum 中迭代结束的评审及回顾会议都是围绕反馈信息的收集及据此做出调整的机制。摸着石头过河是处理不确定性的无奈之举，但要想成功，及时探头观察总结是必须做的。

如何充分、及时、有效地收集、使用反馈信息，敏捷没有给出成体系的方法。在这方面，Reinertsen 给出了迄今为止最好的总结。

在前面章节里面我们讲了很多反馈带来的价值，而从精益开发角度，反馈同样扮演重要的角色。快速反馈会让等待队列规模变小，会让迭代开发中的学习效率变高。但是我们需要创造一个好的开发环境，支持快速、高效识别反馈带来的信号，从中提取出有价值的信息。

这个环境的一个重要基础工作就是建立一个有效的反馈度量体系。反馈的度量项很有可能是替代指标，我们必须将其和真正经济指标的可追溯关系说清楚。这些度量项应该是可控因子，通过调整这些因子，我们可以达到有效利用反馈信息的目的。这点和 CMMI 模型中关于过程性能模型因子的选取原则非常一致。

我们用一个例子来说明这一点。在和一家 IT 企业讨论用什么变量来控制进度目标时，我们最终发现最好的度量是前期有效资源到位率，不是常用的任务完成时间。我们观察到资源到位率和进度有强相关性，如果资源从数量到质量都有保障，那么项目进度不是大问题；反之则项目基本都会延期。从控制角度来看，这个替代度量能够准确预测进度目标能否完成。而且通过这个反馈项发现资源到位情况较差时，资源经理完全可以根据优先级及时做些调整，要么确保进度目标的实现，要么做出适当的延期。找到合适的控制变量也需要反馈调整，不一定能做到一步到位。

我们需要学会正确区分固定目标和动态目标反馈处理的差异。固定目标追求的是按计划执行，而动态目标要求团队做出及时调整，这也是瀑布模式和敏捷模式的差异。在动态目标的场景下，我们要充分利用反馈信息，及时抓住未能计划的稍纵即逝的机会，调整计划，追求价值最大化。我认为这是反馈可以带来的最大价值。

另外，不要忽略及时反馈对人的心理的影响。当团队能够快速收集到自己工作的效果反馈时，他们会感觉到一切都在掌控中。同时，能很快看到他们的工作是有后果时，对团队的行为也会有正面影响。

软件项目管理的目的是正面影响经济效益，而反馈能让我们开发出未曾计划的新价值点机会，并在后期开发中选择实现这些机会。

在迭代开发过程中，团队应该重点关注下列 3 个大方面：

- 产品的价值；
- 产品的技术债务团队效率；
- 项目执行状况。

产品价值是敏捷团队需要随时盯紧的，在每个迭代后，产品经理和团队一起要能回答两个问题：

（1）目前已开发的功能是否能解决用户的一些需求？是否可以发布？

（2）如果不行，那么离下一次发布还有多少差距？

回答这两个问题需要有一个明确的产品愿景。在敏捷迭代开发过程中，如果没有确定产品愿景，没有明确产品给用户带来的价值，那么迭代反馈的价值是非常有限的。如果我们对于产品需要为用户解决的问题都不清楚，那么也就无法清楚判断已经实现的功能是否可以解决一些用户的问题了！有了明确的产品愿景，我们才能规划实现愿景的路径图，才能有的放矢地做出必要的调整。这也进一步要求我们在迭代准备阶段，建立好产品的愿景。

在回答第二个问题时，产品经理可能会根据项目的约束条件，对版本用户故事集做些调整。对产品价值的反馈，让产品团队、开发团队以及客户、用户对产品通过什么样的能力（功能和非功能）实现产品愿景的理解越来越好。

这里要强调的是，虽然度量产品价值不是一件容易的事，实际上它比度量计划的偏差困难得多，但是产品经理应该找到一个度量的维度，这个维度应该能够支持团队为每一个需求功能做性价比分析。这样产品经理能够更好地给出用户故事的优先级，更好地规划产品的版本计划，更好地根据反馈做出调整。

10.6.3　软件开发中集中与分散协调控制机制

Reinertsen 年轻时曾经是美国海军学校的学生，这个背景让他把产品开发和战役学联系起来了。任何战役计划都不可能预测一切可能的场景，在战争中，谁能更好地利用不确定性，及时抓住战机，谁往往就是最终胜利者。一线指挥员是最先发现新的情况的人，如果调整决策过程需要层层汇报、统一处理，那么我们会失去一些重要机会，"将在外君命有所不受"是很有道理的。这一点和互联网时代的产品开发有类似之处，能抓住机会的产品经理，才能赢得市场。做到这一点的一个重要的前提是必须给一线产品经理必要的放权。

放权不是绝对的，一定要注意平衡。对时间敏感度高的问题必须放权，否则机会稍纵即逝。当一场大火起来时，需要第一时间将其灭掉，现场救火队长必须有权处理一切。道理很简单：错过了时间，损失不可挽回。而对时间不敏感、影响大、偶尔发生的问题则可以集中决策处理。如在软件开发中，项目组碰到的技术难点往往由集中的攻关小组来处理，这个小组是所有项目的共享资源，技术难点的门槛让这种情况成为不经常发生的事件。

前面所提的动态目标要求必要的放权，而固定目标则适合必要的集权。当新的机会出现时，我们需要及时投入必要的资源，这就具备快速整合分散资源的能力，形成一个拳头。

在大兵团作战的场景下，如何成功使用分散控制机制，抓住随时可能出现的机遇及挑战，及时做出调整，并实时协调各兄弟部队，取得战役胜利，是一件非常困难的事。华为无线产品线产品开发的一个大胆的做法是：同步协调在不同领域成千上万人的团队，在较短的时间周期内让新产品进入市场。由于有各种不确定问题，在开发过程中会存在非常复杂的协调工作，当发生变更时，需要做到上下、左右的及时沟通，确保新情况下各个团队保持完全一致：也就是要求每个团队根据变更对各自的影响，及时做出调整，确保整体的无缝衔接，确保无多余及遗漏任务。

一致性的保障不能仅通过被动、详细计划维护及沟通过程来实现，还需要做到以下几点。

- 在整个产品的生命周期，各个团队对产品愿景、价值有一致理解。
- 各团队有一致的行为理念、准则、共识，这些东西是长期合作的副产品，也可以称为默契。不论多详细的过程也不可能覆盖所有可能的场景。
- 必须有明确制度化的平行团队间的沟通机制及信任，如同在战场上冲锋时，你相信战友会掩护你一样。这就要求不仅要明确团队的职责界限，同时确保一致的理解。
- 由于各种不确定性的存在，在开发过程中我们可能会调整重点，这就要求具备快速整合的能力。好的软件架构设计至关重要，在架构设计时，尽可能将不确定的部分集中在一起，并使其和系统其他部分尽量简单。

使用模块计划（modular plan）的方式也是有效处理软件开发中不确定因素的一个好做法。简单、模块化、灵活的计划能减少计划变更带来的成本。模块化的计划方式就是尽可能剥离出可预测的活动，并对其做详细规划。CMMI 集成项目管理过程域（IPM）可以指导我们建立模块化的计划管理模式，因为这种计划模式需要建立各个模块计划的网络关系。

如软件开发中的代码走查计划可以明确描述具体步骤、做法、和其他活动的依赖关系、部分相关人员等，但不一定要明确具体时间、所有走查范围和所有人员等。当这些因素发生变化时，我们不需要重新规划，做一下简单调整即可。

何时去啃开发过程中的硬骨头是个重要的策略决策。Reinertsen 建议尽可能在前期做些有益的尝试，这样做的好处是前期对整个系统的开发有个清晰的风险评估，减少开发中的不确定性，降低各个团队的协调工作量。形成技术难点的解决思路是华为进入迭代开发的必要条件之一，这也是基于同样的考虑。

分散控制必须授权，但在授权时，管理者往往忽略了提供有用的信息支持下层的有效决策。Reinertsen 用波音 777 设计的例子说明这一点。在系统级，波音 777 建立了成本和重量的决策规则，这个规则同时传达给每个工程人员，这样就使牵涉到重量的上千个底层设计决策可以快速完成。

精益团队的一个重要共识是响应时间远比效率重要。这个认识的重要性在于追求效率导致的行为规范完全不同于追求效率带来的行为模式。

敏捷让我们关注一个以往忽视的方面，即团队及个人的主动性问题，在一定程度上来讲这是最关键的问题。主动精神、创新意识也是团队成功协调合作的关键因素，这种精神的缺乏是许多软件团队的通病，也是管理者头疼的地方。美国海军陆战队将这一点作为选拔军官的最重要的条件。永远追求做得更好，时时不忘全局思考是这种精神的具体体现，也应该是我们选择 IT 领导者的重要标准。

10.7　实践出真知

作为 CMMI 的第一批讲师，截至 2017 年，我已经做了 16 年的 CMMI 开发模型的培训。每次在讲解五级时，都会有学员问我"最佳软件开发的境界是什么？""做到 CMMI 五级就达到这个境界了吗？"这是很有意思的问题，可惜这么多年来我的回答没有变过，举的例子也没有变过。没有人能够准确描述出软件开发的最佳境界，达到了 CMMI 五级也不代表你就不会再犯错误，甚至是低级错误。CMMI 五级更多强调的是组织具备了自我完善的能力，错误还会犯，但是这些错误会成为新的改进点。

我的例子总是金庸小说《倚天屠龙记》中张无忌学习乾坤大挪移的故事（我相信软件从业者一般都是"金庸迷"）。当他在黑洞里学到这个武功的最高的第七层（像是 CMMI 的级别）时，进展停滞，感觉极差。张无忌这时做了最好的选择——放弃。金庸告诉我们，第七层的武功心法是乾坤大挪移创作者凭着聪明，纵其想象描述的一种武功最高境界，如果张无忌继续练下去会走火入魔而身亡。每当读到这里，我总是要发出感叹：放弃真是一种智慧啊！当年 Watts Humphrey 和他的同事们在编著 CMM 五级时（CMMI 五级基本继承了类似的理念），没有走乾坤大挪移作者的套路。他们把 CMM 最高级定义为组织具备自我优化的能力，能把问题和缺陷变成改进的机会，而不是试着给出软件开发的最佳境界，从这一点来说，Humphrey 比乾坤大挪移的作者要有智慧。实践出真知，讲的就是在做的过程中，不断总结形成新的知识，从而达到能力的提升。

　　在结束本书的时候，我想说的是：如果说本书有一点价值的话，那就是它能触发一些软件从业者开始在工作中实践。只有不断实践、不断总结、不断挑战权威，才能将本书的东西变成自己技能的一部分，才能在提升自己能力的同时，提升组织的能力。

　　希望读者能够通过自己的实践写出好的续篇。

参考文献

Anderson D J, 2010. Kanban: successful evolutionary change for your technology business [M]. Sequim: Blue Hole Press.

Armour P G, 2004. The laws of software process: a new model for the production and management of software [M]. Florida: Auerbach Publications.

Beck K, 1999. Extreme programming explained: embrace change [M]. Boston: Addison-Wesley.

Boehm B, 1988. A Spiral Model of Software Development and Enhancement [J]. IEEE Computer, 21(5):61-72.

Boehm B, Abts C, Brown W, Chulani S Clark B K, Horowitz E, Madachy R. Reifer D J, Steece B, 2000. Software Cost Estimation with COCOMO II [M].New Jersey: Prentice Hall.

Boehm B, Turner R, 2003. Balancing agility and discipline: a guide for the perplexed [M]. Boston: Addison-Wesley.

Brooks F P, Jr, 1987. No Silver Bullet: Essence and Accidents of Software Engineering [J]. IEEE Computer, 20 (4): 10-19.

Chrissis M B, Konrad M, Shrum S, 2011. CMMI for development: guidelines for process integration and product improvement [M].3rd ed. Boston: Addison-Wesley.

Cohn M, 2010. Agile Estimating and Planning [M]. New Jersey: Prentice Hall.

Collier K, 2012. Agile Analytics: a value-driven approach to business intelligence and data warehousing [M]. Boston: Addison-Wesley.

Cong B, 2009. Apply SPC in Software Development and Process Improvement. Proceedings of NADIA 2009, Denver, USA, Oct 2009 [C]. SEI.

Cong B, 2010. Using PPBs and PPMs to implement CMMI HM. Proceedings of NADIA 2010, Denver, USA, Oct 2010 [C]. SEI.

Cong B, 2016. Making CMMI a Safety Net for Agile Development. Proceedings of Capability Counts 2016, Annapolis, MD, USA, May 10 - 11, 2016 [C]. CMMI Institute.

Cong B, Zhou E, Xu K, 2017. Spin and re-spin a web to catch all possible bugs: a new way to build and continuously refine a process performance model. Proceedings of Capability Counts 2017, Alexandria, VA, USA, May 16 – 17,2017 [C].CMMI Institute.

DeMarco T, Lister T, 2003. Waltzing with Bears: making risk on software projects. New York: Dorset House.

Denne M, Cleland-Huang J, 2004. Software by numbers: low-risk, high-return development [M]. New Jersey: Prentice Hall.

Derby E, Larsen D, 2006. Agile Retrospectives: making good teams great [M]. Dallas: The Pragmatic Bookshelf.

Fowler M, 1999. Refactoring: improving the design of existing code [M]. Boston: Addison-Wesley.

Glazer H, Dalton J, Anderson D, Konrad M, Shrum S, 2008. CMMI or Agile: Why Not Embrace Both [EB/OL]. Pittsburg, Carnegie Mellon University, Software Engineering Institute, 2008 [2008-11].

Highsmith J, 2011. Agile project management: creating innovative products [M]. 2nd ed. Boston: Addison-Wesley.

Humble J, Farley D, 2011. Continuous Delivery: reliable software releases through build, test, and deployment automation [M]. Boston: Addison-Wesley.

Kniberg H, 2016. Making sense of MVP (Minimum Viable Product) – and why I prefer Earliest Testable/Usable/Lovable [EB/OL].[2016-01-25].

Krishna V, Basu A, 2012. Minimizing Technical Debt: developer's viewpoint. Proceedings of International Conference on Software Engineering and Mobile Application Modelling and Development 2012, Chennai, India, Dec 2012 [C]. IET.

Ladas C, 2008. Scrumban: essays on Kanban Systems for lean software development [M]. Seattle: Modus Cooperandi Press.

Leffingwell D, 2011. Agile software requirements: lean requirements practices for teams, programs, and enterprise [M]. Boston: Addison-Wesley.

Martin R, 2010. The land that Scrum forgot[EB/OL].Scrum Alliance [2010-12-14].

McMahon P E, 2011. Integrating CMMI and agile development: case studies and proven techniques for faster performance improvement [M]. Boston: Addison-Wesley.

Radice R A, 2002. High quality low cost software inspections [M]. Andover: Paradoxicon Publishing.

Rasmusson J, 2010. The agile Samurai: how agile masters deliver great software [M]. Dallas: The Pragmatic Bookshelf.

Reddy A, 2015. The Scrumban [R]Evolution: Getting the Most Out of Agile, Scrum, and Lean Kanban [M]. Boston: Addison-Wesley.

Reinertsen D G, 1997. Managing the design factory: a product developer's toolkit [M]. New York: The Free Press.

Reinertsen D G, 2009. The principles of product development flow: second generation lean product development [M]. Redondo Beach: Celeritas Publishing.

Royce W W, 1970. Managing the Development of Large Software Systems. Proceedings of IEEE WESCON 26, USA, August 1970 [C].IEEE.

Schwaber K, 2004. Agile project management with Scrum [M].Redmond: Microsoft Press.

Schwaber K, 2007. The enterprise and Scrum [M].Redmond: Microsoft Press.

Schwaber K, Beedle M, 2002. Agile software development with Scrum [M]. New Jersey: Prentice Hall.

Smith P G, Reinertsen D G, 1998. Developing products in half the time: new rules, new tools [M].2nd ed. New York: John Wiley & Sons, Inc.

Sterling C, 2011. Managing software debt: building for inevitable change [M]. Boston: Addison-Wesley.

Sutherland J, Solingen R v, Rustenburg E, 2011. The power of Scrum [M]. North Charleston: CreateSpace.

Takeuchi H, Nonaka I, 1986. The new new product development game [J]. Harvard Business Review 64, No.1 January-February 1986.

Ward A C, 2009. Lean product and process development [M].Cambridge: The Lean Enterprise Institute.

欢迎来到异步社区！

异步社区的来历

异步社区（www.epubit.com.cn）是人民邮电出版社旗下 IT 专业图书旗舰社区，于 2015 年 8 月上线运营。

异步社区依托于人民邮电出版社 20 余年的 IT 专业优质出版资源和编辑策划团队，打造传统出版与电子出版和自出版结合、纸质书与电子书结合、传统印刷与POD（按需印刷）结合的出版平台，提供最新技术资讯，为作者和读者打造交流互动的平台。

社区里都有什么？

购买图书

我们出版的图书涵盖主流 IT 技术，在编程语言、Web 技术、数据科学等领域有众多经典畅销图书。社区现已上线图书 1000 余种，电子书 400 多种，部分新书实现纸书、电子书同步出版。我们还会定期发布新书书讯。

下载资源

社区内提供随书附赠的资源，如书中的案例或程序源代码。

另外，社区还提供了大量的免费电子书，只要注册成为社区用户就可以免费下载。

与作译者互动

很多图书的作译者已经入驻社区，您可以关注他们，咨询技术问题；可以阅读不断更新的技术文章，听作译者和编辑畅聊好书背后有趣的故事；还可以参与社区的作者访谈栏目，向您关注的作者提出采访题目。

灵活优惠的购书

您可以方便地下单购买纸质图书或电子图书，纸质图书直接从人民邮电出版社书库发货，电子书提供多种阅读格式。

对于重磅新书，社区提供预售和新书首发服务，用户可以第一时间买到心仪的新书。

用户账户中的积分可以用于购书优惠。100 积分 =1 元，购买图书时，在 里填入可使用的积分数值，即可扣减相应金额。